500
AVIONS

Adaptation Intexte

ISBN 978-3-625-13177-9

Éditeur: Rolf Berger
Illustration principale de couverture : DR, fotolia

Traduction de l'allemand: Françoise Ramson (pp. 1 - 129)
et Rémy Fankhauser (pp. 130 - 256)

Réalisation : Naumann & Göbel Verlagsgesellschaft mbH

Imprimé en Chine

500 AVIONS

INNOVATION ET MOBILITÉ

Sommaire

JU-AIR

Introduction

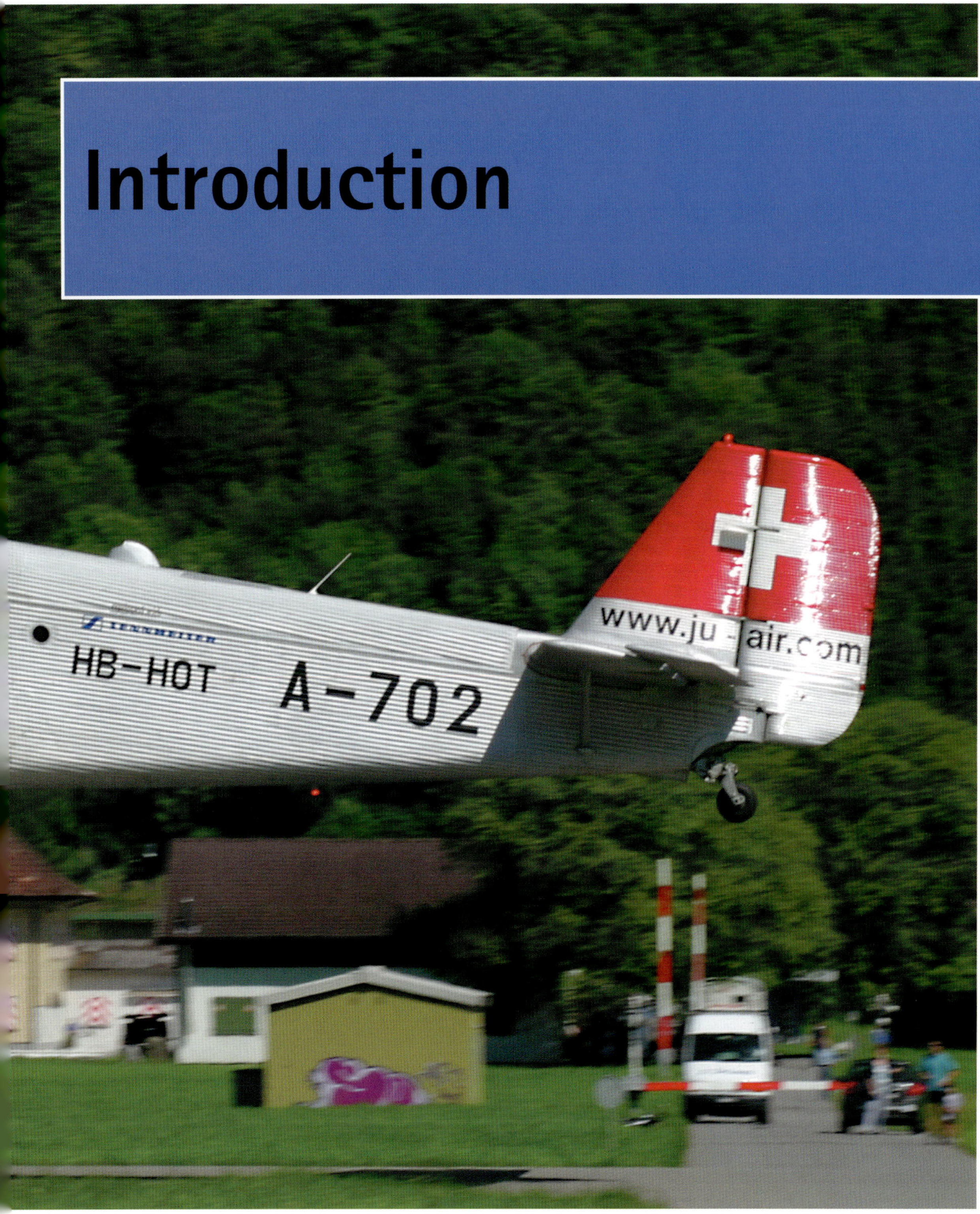

Le rêve d'Icare

Voler dans les airs est un rêve qui remonte à la nuit des temps. On le retrouve dans les mythes et les sagas de toutes les cultures. Sans doute nos ancêtres contemplaient-ils déjà avec admiration et nostalgie le vol des oiseaux et souhaitaient-ils voyager avec la même légèreté dans la troisième dimension. Une chose pourtant est certaine : aujourd'hui comme hier, le fait de voler demeure un phénomène tout à fait particulier.

Les dieux volants

L'homme a toujours donné à ses dieux et à ses héros la faculté de se détacher de la terre et de se mouvoir librement dans les airs. Etana, dieu guerrier babylonien, est représenté en vol dans les œuvres d'art d'il y a 3000 ans avant notre ère. Les divinités égyptiennes comme Isis, Horus le dieu de l'azur et le «dieu soleil» Ré, avaient le pouvoir de s'envoler, tout comme Hermès, le dieu messager aux sandales ailées, et Nike, déesse grecque capable de se déplacer à grande vitesse. Les anciens hindouistes munissaient les hommes d'ailes en plume pour qu'ils entrevoient le royaume de Shiva derrière les monts Kailas. Les Indiens d'Amérique disposaient d'une mouette en bois leur permettant de s'envoler. 5000 ans av. JC, une dynastie chinoise possédait un carrosse pour voyager dans les airs. Le Kalevala, épopée nationale finlandaise, raconte l'histoire d'un forgeron dénommé Ilmarinen qui se construisit un aigle en fer. Et son homologue germanique, Wieland, héros de la mythologie nordique, s'évada dans un habit de plumes ferré forgé de ses mains. Loki, dieu nordique rusé, récupéra le marteau volé au dieu Thor en enfilant l'habit de plumes de la déesse Freya.

Un mythe devient réalité

De la Renaissance à nos jours, Dédale et son fils Icare symbolisent le désir de l'homme d'imiter les oiseaux. Mésestimant la mise en garde de son père, Icare s'approcha trop près du soleil, ce qui fit fondre la cire qui fixait les plumes de ses ailes. Il fut précipité dans la mer (ill. ci-contre). L'ancienne parabole du «châtiment de la désobéissance» est exemplaire, dans les représentations de l'histoire de la sécurité aérienne, du lien étroit entre l'aviation et la sécurité en vol.

Ce n'est qu'à partir de la Renaissance que l'on commença à se détacher du monde des mythes et des sagas. Léonard de Vinci, génie universel par excellence en tant que peintre, architecte, technicien et naturaliste, désirait faire voler l'homme. Ses recherches dans le domaine de la physique et ses analyses du vol des oiseaux aboutirent à une série de concepts d'ailes mouvantes, de calculs sur la rotation d'hélices ainsi qu'à des constructions de parachutes n'ayant pas pu être mis en application, malgré une approche sophistiquée. À cette époque, on ignorait encore que la force musculaire et le système cardio-vasculaire de l'homme ne suffisaient pas à le faire voler. Mais partout en Europe, les hommes commencèrent à rechercher des moyens pour partir à la conquête du ciel. Le bibliothécaire allemand Hermann Flayder de Tübingen publia le premier ouvrage sur la circulation aérienne en 1627.

Le rêve de l'humanité se concrétisait lentement. Même si les échecs restaient patents, la solution du problème était déjà bien tangible.

Plus léger que l'air

Les frères Montgolfier sortirent vainqueurs de cette compétition de concepts et d'idées. Tous deux avaient fait des études en mathématiques et physique et les petits morceaux de papier montant dans leur cheminée devinrent leurs «pommes de Newton» et les incitèrent à observer ce phénomène de plus près. Ils expérimentèrent dans un premier temps avec des sachets en papier remplis d'air chaud. À l'été 1783, un tel sachet vola dans les airs à plus de 1000 m d'altitude. Par la suite, les deux frères firent monter des ballons avec des animaux à bord.

Le 11 novembre 1783 fut le grand jour : devant une foule de spectateurs, le directeur du Musée de Paris, Pilâtre de Rozier, et le marquis d'Arlandes entreprirent la première ascension en ballon captif et atterrirent sans complications cinq minutes plus tard sous les applaudissements effrénés du public. L'aéronef «plus léger que l'air» était né.

Au cours de leurs essais, les frères Montgolfier avaient reconnu que la force ascensionnelle du ballon était fournie par l'air chauffé et non, comme présumé, par un gaz inconnu plus léger que l'air (voir illustration à gauche). Ils développèrent ainsi une «grille de feu» pour accroître considérablement la durée de vol.

Les années suivantes, on assista à une véritable explosion d'innovations. Le physicien Jacques Charles utilisa pour la première fois de l'hydrogène, un gaz plus léger que l'air ambiant et qui assure ainsi la portance du ballon. Quelque temps après le vol de la première montgolfière, Charles et deux passagers audacieux parcoururent une distance de 43 kilomètres en plus de deux heures. En 1785, le Français Blanchard et l'Américain Jeffries traversèrent la Manche en montgolfière.

Mais les ballons n'étaient pas encore dirigeables. Le comte Zambeccari se rendit à l'évidence que l'engin deviendrait seulement manœuvrable avec un dispositif d'entraînement lui permettant d'avancer contre la force éolienne.

L'affectation des montgolfières fut rapidement d'ordre pratique. En effet, Napoléon s'en servit pour la reconnaissance des mouvements de troupes ennemies. Les essais de largage de bombes depuis les montgolfières furent cependant vouées à l'échec. Lors du siège de Paris (1870/1871) par les troupes prussiennes, 67 montgolfières furent utilisées pour le transport du courrier et des blessés. Malgré ces exploits, les limites de ce moyen de locomotion aérien devinrent rapidement évidentes.

Les voyages en montgolfière ont connu un regain de popularité ces dernières années. Aujourd'hui, la production d'air chaud est plus aisée que du vivant des frères Montgolfier.

Plus lourd que l'air

En effet, les inventions de l'ingénieur et pionnier de l'air allemand, Otto Lilienthal, reléguèrent la montgolfière au second plan. Comme Léonard de Vinci, il étudia avec son frère le vol des oiseaux, en l'occurrence, des cigognes. Ses recherches furent publiées dans son ouvrage intitulé «Der Vogelflug als Grundlage der Fliegekunst» (Le vol de l'oiseau, bases de l'art du vol). Il parvint en particulier à la conclusion que les ailes de l'oiseau en vol aspirent, sur le côté supérieur, une masse d'air qui se transforme en poussée d'air par la suite. Aujourd'hui, nous savons que la portance d'une aile est constituée d'environ deux tiers d'aspiration au niveau de la partie supérieure de l'aile et d'un tiers de poussée au niveau de la partie inférieure.

Dès 1890, Lilienthal entreprit des essais de vol à bord de ses appareils, qui débutèrent par des «bonds» de quelques mètres pour finir à 20 m d'altitude et à des parcours en vol de 500 m. Les ailes étaient commandées par «simple» répartition de l'équilibre en cours de vol par ce pionnier téméraire.

Le 9 août 1896, l'ingénieur allemand Otto Lilienthal s'écrasa au cours d'un essai de nouveaux dispositifs de pilotage et mourut un jour plus tard à l'hôpital. Ses connaissances théoriques et pratiques avaient influencé le développement de l'aviation de manière décisive. En Amérique, les frères Wilbur et Orville Wright avaient étudié les travaux théoriques et pratiques de Lilienthal. Selon eux, la stabilité et le pilotage constituaient les éléments clés. Aussi fallut-il trouver un moteur à la fois puissant et léger. Conseillés par l'ingénieur Chanute, ils prirent en compte tous ces éléments et le décollage autonome du premier avion «plus lourd que l'air» eut lieu le 17 décembre 1903. Ce vol inaugural dura 12 secondes et s'effectua sur une distance de 53 mètres. Cet exploit marqua le début d'une nouvelle ère. L'avion entama sa marche, ou plutôt, son vol triomphal à travers le monde.

En 2003, on célébra les 100 ans de l'aviation motorisée avec une réplique du premier avion des frères Wright.

Dès lors, les innovations et les records se succédèrent coup sur coup. Aviateurs et pilotes, parmi eux, Santos-Bumont, Farman, Grade, Blériot, Etrich, Nieuport, Breguet et bien d'autres encore gagnèrent en notoriété.

En 1909, Blériot traversait la Manche. Les performances de vol progressèrent de façon spectaculaire. En 1913, le record de distance était de l'ordre de 2 078 km, avec un plafond de 6 120 m et un temps de vol record de 13 heures et 22 minutes fut enregistré. Les premiers avions postaux prirent l'air. Les aéronefs commencèrent à se remplir de passagers audacieux ... l'aviation de ligne était née.

L'avion d'Ignaz Etrich, baptisé «Taube» (colombe) et dont l'illustration représente une réplique, fut l'un des plus célèbres appareils des débuts de l'aéronautique. Certains d'entre eux furent utilisés pour des missions de reconnaissance au commencement de la 1ère Guerre mondiale.

L'âge d'or des hydravions à coque

Ne perdons toutefois pas de vue les «plus légers que l'air». Dans ce domaine également, on put noter des progrès remarquables. Il était enfin possible de motoriser les montgolfières et par là, d'assurer leur dirigeabilité. Ainsi est né le dirigeable rigide qui porte le nom de son constructeur allemand, le comte Zeppelin. Jusqu'en 1914, près de 2 000 excursions en dirigeables transportant quelque 37 000 passagers furent entreprises. L'armée jeta également son dévolu sur ces engins puissants capables de transporter des charges utiles considérables sur des distances importantes. L'hydrogène qui assurait leur portance présentait toutefois l'inconvénient d'être facilement inflammable non seulement en cas d'avaries, mais aussi dans l'éventualité d'attaques ennemies.

La Première Guerre mondiale

Le début de la Grande guerre donna également de l'élan au développement aéronautique. Les militaires des grands états surveillaient de près les progrès dans ce domaine. Les états-majors considéraient les hydravions à coque et les avions comme de précieux instruments de guerre qui, en plus des opérations de reconnaissance longue distance, pouvaient également servir de bombardiers.

Le dirigeable LZ 129 «Hindenburg» offrait un confort accru à ses passagers, avec des salles de réception et de restauration ainsi qu'un promenoir (voir illustration en haut à droite). L'incendie du LZ 129 gonflé à l'hydrogène, survenu à Lakehurst en 1937, sonna le glas des vols commerciaux de dirigeables et mit peu à peu un terme à l'exploitation des zeppelins allemands.

En août 1914, les avions en possession des plus importants états en guerre étaient au nombre de :

	Avions	Dirigeables
Allemagne	232	8
Autriche-Hongrie	48	1
France	165	10
Grande-Bretagne	63	–
Russie	263	4

Initialement, les avions étaient uniquement affectés aux missions de reconnaissance et de transport du courrier. Dès octobre 1914 débutèrent les opérations de commandement des tirs d'artillerie depuis les avions. Les avions d'observation biplace furent équipés de mitrailleuses légères dont l'utilisation ne fut pas efficace. L'efficacité des combats fut grandement améliorée par l'invention du synchronisateur permettant de tirer à travers l'hélice sans l'endommager avec un montage fixe de l'armement en parallèle à l'axe longitudinal de l'avion. Les opérations tactiques aéronautiques se développèrent rapidement tout comme la technologie à bord des avions qui répondait à des exigences accrues. Le nombre d'avions construits dans les principaux pays en guerre connut une croissance rapide. Mais l'évolution de la guerre aérienne n'apporta pas seulement une progression au niveau quantitatif, elle assura simultanément la spécialisation des appareils. Dans un premier temps, l'unique mission des chasseurs était la protection des avions de reconnaissance contre les chasseurs ennemis. Dès 1916, les stratégies tactiques et opérationnelles furent fondamentalement modifiées. Dès lors, l'objectif de toute mission était de contrarier toutes les actions menées par l'aviation ennemie. C'est ainsi que débuta la lutte en vue de la supériorité et de la suprématie aériennes.

Le AEG C.VIII était un avion de reconnaissance construit comme biplan et triplan (voir illustration en haut) au début de la 1ère Guerre mondiale.

À l'issue de la Première Guerre mondiale, le bilan du déploiement des forces aériennes s'établit comme suit :

- En ce qui concerne l'affectation des avions, l'organisation, la technologie et les principes de combat, des changements fondamentaux s'étaient produits pendant les années de guerre, afin de correspondre aux possibilités techniques accrues des avions.
- Création d'associations aéronautiques opérationnelles – en partie comme secteur autonome des forces armées.
- Spécialisation des avions : développement d'avions de reconnaissance, de chasseurs, de bombardiers et d'avions d'attaque. Ainsi, des bases avaient-elles été établies pour la quasi totalité des types d'avions.

La Seconde Guerre mondiale

Après la Première Guerre mondiale, le développement des avions militaires se ralentit sensiblement. Bon nombre de prototypes de la Grande guerre restèrent au service des forces de l'air de différents pays. Suite au traité de Versailles, l'Allemagne dût renoncer à la construction d'avions de combat et au maintien d'une armée de l'air. Ce n'est qu'au milieu des années 1930 que l'innovation aéronautique reprit du terrain.

Les nouveaux chasseurs atteignaient des vitesses de 600–700 km/h et des bombardiers moyens et lourds quittaient les usines aéronautiques. Dès la fin des années 1930, la Seconde Guerre mondiale apparaissait inéluctable. Avec son éclatement en 1939, les forces armées aériennes jouèrent un rôle primordial. La guerre menée au moyen d'opérations de bombardements devint une tâche stratégique essentielle, alors que l'Allemagne n'était dotée d'aucun potentiel en matière de bombardiers stratégiques. Les responsables militaires misèrent sur la doctrine du «Blitzkrieg», dont l'objectif était d'emporter une victoire décisive avec des moyens limités dans le temps. Malgré cela, de nombreuses villes anglaises furent victimes des bombardements lors de la bataille d'Angleterre. Plus les années de guerre passaient, plus la suprématie matérielle des forces alliées devenait notoire. D'immenses flottes de bombardiers furent conçues pour attaquer le Reich. L'économie de guerre allemande fut peu à peu anéantie. Mais les raids aériens ne touchèrent pas seulement l'industrie, car une stratégie de terreur fut également appliquée sur la population civile. Le maréchal de l'air britannique Harris, placé à la tête du commando de bombardement britannique (Bomber Command), semblait avoir adopté la théorie du général italien

Le Junkers Ju 52 demeure légendaire, il symbolise l'aviation commerciale des années 1930.

Le Supermarine Spitfire est un des chasseurs qui a été construit dans le plus grand nombre d'exemplaires et simultanément un des plus connus de la Seconde Guerre mondiale.

Douhet, développée par ce dernier dans son ouvrage intitulé «La Guerre de l'air» (déjà paru en 1921).

Son message était on ne peut plus clair : défense terrestre et maritime, attaques aériennes massives. Harris en fit sa maxime avec l'accord de Churchill. Alors que les Américains attaquaient de jour, les britanniques prenaient la relève la nuit. Dès la fin 1944, la plupart des grandes villes allemandes étaient en ruines. Dresde ne fut incendiée que le 13/02/1945. Le nombre des morts reste toujours inconnu à ce jour et la destruction de Dresde ne répondait plus à une nécessité stratégique. Churchill prit ses distances de son maréchal à l'issue de l'anéantissement de cette ville.

La force destructrice des bombardements aériens atteignit le sommet de l'horreur avec le largage des bombes atomiques sur Hiroshima et Nagasaki.

L'après-guerre

Au lendemain de la Seconde Guerre mondiale, le monde se sépara en deux blocs. Dès le début de la Guerre froide, une course aux armements démesurée alla de pair avec la construction d'engins de combat toujours plus performants par les forces armées de l'air. De nombreux chasseurs et bombardiers supersoniques ont alors vu le jour. Des missiles stratégiques pouvaient atteindre chaque point du globe avec une grande précision. Les ogives explosives atomiques – dans les bombes comme dans les missiles – étaient munies d'une quantité d'explosifs équivalant à des mégatonnes de TNT, soit une force destructive dépassant l'entendement humain.

La guerre aérienne moderne ne resta néanmoins pas à un stade hypothétique. Depuis la guerre de Corée jusqu'à la guerre du Vietnam, en passant par les affrontements israélo-arabes, toute la panoplie des possibilités d'engagement militaire aérien a été utilisée, à l'exception des armes atomiques. Cette course aux armements aura entre autres contribué à la dissolution de l'alliance militaire du pacte de Varsovie et à l'effondrement de l'Union soviétique ; le cercle vicieux d'une compétition sans fin semblait enfin brisé. Mais le conflit des Balkans dans les années 1990 et les deux guerres menées contre l'Irak mirent une fois de plus en évidence l'énorme potentiel de combat des forces aériennes. On pourrait même affirmer que sans suprématie aérienne, ces guerres n'auraient pas été envisageables et réalisables sous cette forme.

Le 14/10/1947, Charles Yeager dépassa pour la première fois la vitesse du son à bord d'un avion expérimental monoréacteur, le Bell X-1. En 1949, cet avion décrocha le record du monde d'altitude (22 250 m).

L'aviation civile

L'aviation civile est née au lendemain de la Première Guerre mondiale. Les capacités de recherche et de production guerrières avaient été réorientées et pouvaient désormais être mises au service des civils. Dans un premier temps, on assista à la conversion d'appareils à vocation militaire en versions civiles et, bientôt, on vit apparaître les premiers avions de ligne qui pouvaient accueillir six à huit passagers en plus du pilote. Citons ici à titre d'exemple le Junkers F 13 qui effectua son vol initial en 1919 et fut le premier avion 100 % commercial. Doté d'ailes surbaissées à portée libre, d'une construction entièrement métallique et d'une cabine fermée, il fut également le premier avion «moderne» à offrir un certain confort à ses passagers.

Au total, plus de 60 versions du F 13 ont été construites. De 1919 à 1930, 350 avions de ce type ont quitté les chaînes de production. Cet appareil fut employé dans différents pays européens, fut exporté en Amérique du Nord et du Sud, en Asie ainsi qu'en Afrique. Dans tous les pays connaissant un trafic aérien, de nouveaux types d'avions de ligne naquirent et on assista à l'exploitation des premières lignes aériennes. Au milieu des années 1920, les premières compagnies aériennes importantes furent fondées, comme par ex. la Deutsche Luft Hansa (l'actuelle Lufthansa) en 1926. C'est à la fin de cette même décennie que les premiers grands avions de ligne virent le jour. Le Junkers G 38 pouvait accueillir 42 passagers et assura les liaisons aériennes vers Londres, Amsterdam, Copenhague, Malmö, Venise, Rome et Stockholm. Du point de vue de leur capacité, ces appareils, tout comme l'hydravion de ligne géant à coque Do X, avaient une longueur d'avance sur la demande réelle. C'est d'ailleurs la raison pour laquelle ces engins ne furent construits qu'à deux ou trois exemplaires. L'avion «type» des années 1930 fut le Ju 52, construit à plus de 5 000 exemplaires. Cet appareil vola aux couleurs de 30 compagnies aériennes dans 25 pays répartis sur tous les continents. Certains Ju 52 étaient toujours en service après 1979. Aujourd'hui, la Deutsche Lufthansa exploite une «Tante Ju» comme appareil historique (illustration en page 12) et offre aux amateurs la possibilité d'effectuer des circuits aériens depuis plusieurs aérodromes allemands durant les mois d'été.

Vols transatlantiques

Un obstacle restait encore à franchir : l'océan. Ce problème aéronautique aura même fait l'objet d'un film palpitant intitulé «F.P.1 antwortet nicht» (Le FP1 ne répond plus). On y construit une plate-forme flottante au beau milieu de l'Atlantique, escale pour les avions qui traversent l'océan. De la pure science-fiction, mais la réalité eut vite fait de rattraper ces pensées plutôt fantaisistes. Dans un premier temps, la traversée de l'Océan fut une réussite sur la route de l'Atlantique nord et bientôt également sur celle de l'Atlantique sud. En juin 1919, les pilotes Alcok et Brown traversèrent l'Atlantique d'ouest en est sans escale. Le vol initial en solitaire New York – Paris ne se concrétisa que le 20 mai 1925. Charles Lindbergh réalisa cet exploit à l'âge de 25 ans, en 33 heures et 30 minutes. Il atterrit sous les applaudissements frénétiques de la foule venue l'accueillir au Bourget.

Le Lockheed Super Constellation parcourut – entre autres aux couleurs de la Deutsche Lufthansa – les lignes transatlantiques de 1956 à 1966.

L'Airbus A380 est aujourd'hui le plus grand avion de ligne du monde. Il restera probablement en service durant plusieurs décennies.

Au mois d'avril 1926, les Allemands Köhl et von Hünefeld traversèrent l'océan dans la direction opposée. C'était un premier pas, mais pour assurer une ligne transatlantique régulière, il fallait encore faire évoluer les systèmes de navigation et d'instruments à bord pour permettre un voyage sans entraves même dans les pires conditions météorologiques, ainsi que mettre en place une logistique pertinente. À l'issue de la Seconde Guerre mondiale, le trafic aérien international connut un essor rapide. Les expériences faites dans le domaine de la construction aéronautique militaire, notamment au niveau des bombardiers, profitèrent à l'aviation civile. Un trafic régulier fut mis en place entre l'Amérique et l'Europe à bord d'appareils performants. Les premiers avions à réaction étendirent les possibilités de l'aviation civile. Le Comet 4B anglais, le Tu-104 russe, le Boeing 707 américain ainsi que la Caravelle ouvrirent l'ère des jets.

Il s'agit du plus grand avion du monde destiné au transport de passagers et il est en service régulier auprès de Singapore Airlines depuis le 25 octobre 2007.

Perspectives du trafic aérien international

À quels problèmes l'aviation internationale est-elle confrontée de nos jours et quelles perspectives se dessinent à l'horizon ? Dans le secteur militaire, on mise à nouveau sur la spécialisation des engins plutôt que sur leur polyvalence. Pour les appareils polyvalents changeant de fonction en cours de mission, quelques concessions ont dues être faites en ce qui concerne leur potentiel de combat, car techniquement parlant, ils n'étaient pas à même de remplir toutes les missions de la même manière. La manœuvrabilité accrue demandée à un chasseur ne permet ainsi pas d'emporter un lourd chargement d'armes comme dans le cas des chasseurs-bombardiers. Un compromis pourrait alors être constitué par la mise en place d'autant de modifications différentes que possibles sur une plate-forme.

Bon nombre d'innovations techniques réalisables ne seront d'une part jamais mises en pratique tandis que certaines innovations ne seront réalisées que quelques décennies plus tard sous une forme modifiée. Les vols supersoniques, une évidence sur le plan de l'aviation militaire, furent un échec économique et écologique dans le secteur de l'aviation civile. Les avionneurs russes sont en train de concevoir le Tu-444, un avion d'affaires supersonique, pour lequel les instituts économiques renommés prévoient une construction de 400 à 700 exemplaires, à la seule condition que les frais ne dépassent pas plus de 20% ceux des avions conventionnels.

À l'exception du Me 163, les avions-fusée ne furent à ce jour utilisés que dans un cadre expérimental. Ces engins se caractérisent par des performances de vol extrêmes, tant sur le plan de la hauteur que de la vitesse atteinte. Toutefois, les moteurs-fusée ne joueront pas de rôle dans les futurs appareils de série.

Pendant la guerre froide, on expérimenta même des avions équipés de moteurs nucléaires. Au début des années 1950, des concepts de ce type ont été développés par l'Union soviétique, les États-Unis et la Grande-Bretagne. Les deux premiers pays mentionnés auraient même réalisés des essais avec des moteurs à réacteurs nucléaires. Ces projets ne se concrétisèrent pas et l'on ne s'attend pas non plus à ce que l'énergie nucléaire comme moyen de locomotion revienne à l'ordre du jour dans l'immédiat. En effet, des raisons économiques, mais également écologiques et de politique de sécurité viennent s'y opposer.

Le North American X-15 servait à tester des vols à vitesses extrêmes (03/10/1967 : 7 272 km/h) et à hautes altitudes (22/08/1963 : 107 960 m). Une commande à réaction supplémentaire maintenait la manœuvrabilité de l'avion à haute altitude.

La technologie de l'hydrogène pourrait présenter une alternative au kérosène. Les États-Unis et l'Union soviétique s'étaient déjà penchés de près sur cette technologie et la Russie continue actuellement sûrement à poursuivre ce projet.

La lutte pour les parts de marché engendrera-t-elle des avions de plus en plus grands et rapides ? L'A380 demeurera sans doute le plus grand avion du monde de longues années durant. Certains faits empiriques témoignent en faveur d'une éventuelle évolution.

Les actuels avions expérimentaux qui recevront sous peu leur autorisation de vol seront exploités pendant les 30 à 40 années à venir. À titre d'exemple, citons le Boeing 747 (37 ans de service), le F-4 « Phantom » (48 ans), le F-8 « Crusader » et le MiG-21 (51 ans de service). Les B-52 sont également exploités depuis plus d'un demi-siècle et l'avion de transport C-130 est construit en série depuis 50 ans, dans des versions toujours améliorées. Bien évidemment, ce n'est pas l'avion en tant que tel, mais son type qui atteint cet âge avancé. Au cours de sa production, il se métamorphosera de nombreuses fois, ressortant toujours d'usine avec des réacteurs et un fuselage dernier cri. Et dans de nombreux cas, des unités moins récentes d'un type d'avion donné seront également équipées ultérieurement selon le standard des systèmes les plus modernes. Un avenir prometteur est également réservé à l'aviation régionale. En Afrique, en Asie, mais également en Amérique, de nombreuses régions ne sont pas encore desservies par des aéroports. Le trafic régional y joue un rôle beaucoup plus notoire qu'en Europe, par exemple en regard à l'étendue de ces pays, comme à l'instar du Brésil. Ainsi, il paraît évident que des sollicitations de construction d'avions et de développement du trafic aérien concernent justement des pays dits émergents.

Le trafic aérien va en croissant et la densité que cela implique présente également des risques. Même si l'avion demeure le moyen de locomotion le plus sûr, chaque accident devrait pouvoir être évité. L'OACI, une organisation qui a déjà été créée en 1944, le trafic aérien international s'est doté d'une structure qui joue un rôle croissant à l'heure actuelle. Les codes OACI assureront, également à l'avenir, le contrôle du trafic aérien et les opérations telles que les plans de vol des grands aéroports du globe.

En 1987, l'avion à propulsion musculaire non motorisé Daedalus 88 (année de construction 1987), conçu et construit par les professeurs et les étudiants du Massachusetts Institute of Technology (MIT), a parcouru 199 km, depuis la base aérienne d'Héraklion en Crète jusqu'à l'île de Santorin, en 3h54 mn : un nouveau record de distance et de durée de vol pour les avions à propulsion humaine.

À propos de la sélection et de la structure de l'ouvrage

Les plus de 500 types d'avions sélectionnés sont répartis au sein de sept chapitres. Toute structure présente autant d'avantages que d'inconvénients. Ainsi, la clarté voulue ici peut aussi entraîner une éventuelle séparation d'avions similaires. Le classement d'un avion dans tel ou tel chapitre n'est pas toujours chose facile et demeure contestable. D'une manière générale, les différentes familles d'avions (d'un fabricant, constructeur ou bureau d'études) doivent être représentées dans leur contexte dans la mesure où une classification dans les chapitres est indiquée. Dans chaque chapitre, les fabricants et constructeurs des avions décrits ont été classés par ordre alphabétique. En règle générale, plusieurs types d'appareils d'un fabricant ont été classés dans l'ordre de leur vol initial, de la date du premier essai ou de l'année de construction. Dans de nombreux cas, cette procédure a été rendue difficile du fait des reprises et des fusions d'entreprises ainsi que des changements de dénominations sociales intervenus pour diverses raisons. Dans de tels cas, le nom de marque a été préféré aux noms changeants des avionneurs, notamment lorsque la désignation du type s'était établie comme nom de marque (comme c'est le cas pour Beechcraft, Gulfstream ou Learjet).

Abréviations fréquentes :

kN	Kilonewton	USAAC	U. S. Army Air Corps
kp	Kilopond	USAAF	U. S. Army Air Force
kW	Kilowatt	USAF	U. S. Air Force
CV	Cheval-vapeur	VSTOL	Vertical Short Takeoff and Landing (décollage et atterrissage verticaux/courts)
RAF	Royal Air Force	VTOL	Vertical Take-off and Landing (décollage et atterrissage verticaux)
RLM	Reichsluftfahrtministerium (Ministère de l'aviation du IIIe Reich)	SHP	Shaft horse power (puissance effective transmise à une hélice ou un réacteur)
STOL	Short Take-off and Landing (décollage et atterrissage courts)		
STOVL	Short Take-off and Vertical Landing (décollage court et atterrissage vertical)		

germanwings
BERLI

Avions de ligne et de transport

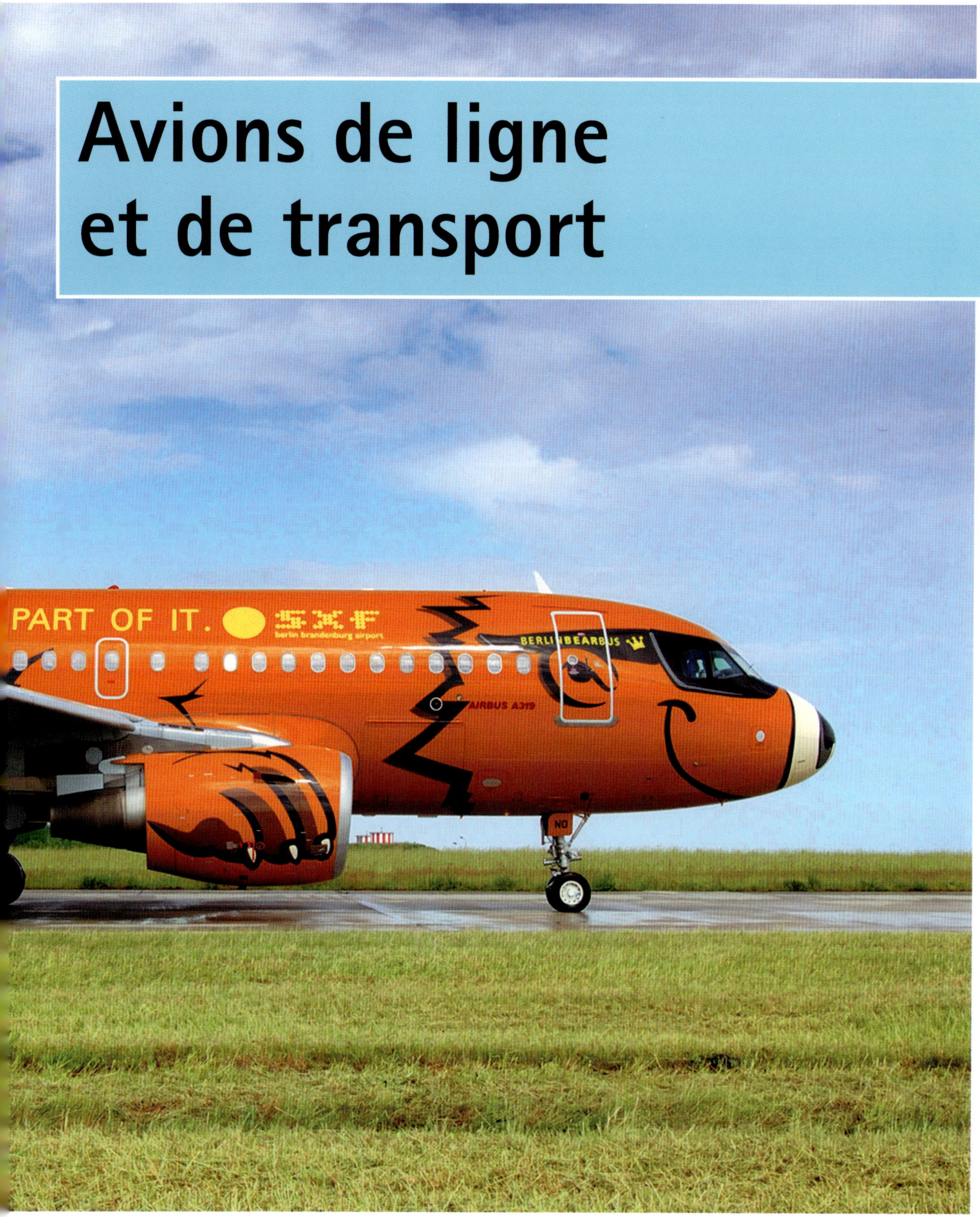

Avions de ligne et de transport

Ce chapitre rassemble les avions destinés au transport civil de passagers, de fret et de charges ou affectés à des tâches spécifiques (photographie aérienne, service de patrouille, travaux agricoles etc.) et qui évoluent depuis des bases terrestres. Les types d'avions présentés ne sont pas tous des avions commerciaux au sens étroit du terme, ce chapitre est également voué aux avions de transport s'ils appartiennent à une certaine « famille ». Vous y découvrirez également les avions de tourisme et polyvalents du vaste domaine de l'« aviation générale » les plus représentatifs du plus grand segment de l'aviation civile en termes d'aéronefs construits et de mouvements aériens. Dans ce secteur également, les limites sont parfois assez floues. Bon nombre d'avions sont à la fois exploités par les grandes compagnies aériennes et utilisés par des personnes privées dans le cadre de l'aviation générale. Aussi, certains avions commerciaux ont leur homologue pour le fret et de transport, tout comme certains appareils militaires ont été convertis en une version civile et vice-versa. Dans la mesure du possible (en fonction de la sélection), les similitudes internes au niveau des lignes d'évolution et des familles d'avions ont été conservées, même si cette méthode peut parfois entrer en contradiction avec une stricte systématique.

152 (Baade 152)

Avion de ligne quadriréacteur à ailes surélevées (vol initial du premier prototype le 4/12/1958). Le 152 (également appelé BB-152 d'après ses constructeurs, Baade et Bonin, ou encore Dresden 152) fut le premier avion de ligne à réaction allemand. Son développement a même été documenté par le DEFA, studio cinématographique de l'ex-RDA, dans un long-métrage intitulé « Menschen mit Flügeln » (Des hommes avec des ailes). Le concept est dérivé d'une construction militaire développée en Union soviétique par des anciens collaborateurs de Junkers autour de Brunolf Baade. Trois prototypes furent construits à Dresde dès 1958. Après le crash du premier prototype (04/03/1939), le projet prit de plus en plus de retard. Le second prototype (152/II V4) ayant subi des modifications considérables au niveau du nez, des nacelles des moteurs et du train d'atterrissage, fut encore testé en vol (vol initial 26/08/1960) alors que son successeur (152/II V4) ne décolla jamais. La production en série, lancée en 1961, fut abandonnée la même année sans que d'autres appareils prêts à l'envol n'aient pu être livrés. L'Union soviétique renonça finalement à l'achat de ce type d'avions et aucune autre commande de l'étranger ne fut enregistrée.

Type : 152/II V4
Pays de production : RDA
Utilisation : Avion de ligne
Envergure : 27,00 m
Longueur : 31,42 m
Motorisation : 4 réacteurs Pirna 014 de 31 kN (3 150 kp) de poussée chacun
Poids maximum au décollage : 46 500 kg
Vitesse de croisière : 800 km/h
Autonomie : 2 500 km max.
Plafond : 10 700 m
Capacité : 58–72 passagers

AASI Jetcruzer 450/500 P

Avion d'affaires monomoteur (vol initial le 11/01/1989). Se caractérise notamment par un empennage canard et l'absence d'empennage conventionnel ainsi que par une hélice propulsive installée à l'arrière du fuselage. Le type 450 est le premier avion anti-décrochage certifié FAA. Jamais construit en série, le 450 a servi de modèle au type 500 P à fuselage pressurisé (vol initial 22/08/1997).

Type : AASI Jetcruzer 500 P
Pays de production : États-Unis
Utilisation : Avion d'affaires
Envergure : 12,86 m (bords d'attaque : 5,77 m)
Longueur : 9,20 m
Motorisation : 1 turbopropulseur Pratt & Whitney Canada PT6A 66A de 1 200 kW (1 572 CV)
Poids maximum au décollage : 2 495 kg
Vitesse maximale : 593 km/h
Autonomie : 3 000 km
Plafond : 9 140 m
Capacité : 5 passagers + 1 pilote

Adam A500

Avion d'affaires bimoteur (vol initial le 11/07/2002) avec des caractéristiques de vol comparables aux avions monomoteur grâce à une motorisation tandem, c'est-à-dire, un moteur à l'avant et l'autre à l'arrière du fuselage. Ce monoplan, muni d'un double empennage, a presque exclusivement été réalisé à partir de matériaux composites (fibre de carbone).

Type : Adam A500
Pays de production : États-Unis
Utilisation : Avion d'affaires
Envergure : 13,41 m
Longueur : 11,15 m
Motorisation : 2 moteurs Teledyne Continental TSIO-550 E de 255 kW (346 CV) chacun
Poids maximum au décollage : 4 420 kg
Vitesse de croisière : 427 km/h
Autonomie : 2 920 km/h
Plafond : 7 620 m
Capacité : 4 passagers + 2 pilotes

Aero Ae270

Avion de ligne et de transport monomoteur (vol initial le 25/07/2000) avec cabine pressurisée et compartiment à bagages supplémentaire. La version « Executive Transport » avec sièges club peut accueillir cinq passagers. De plus, l'Aero Ae270 peut être commandé pour des missions combinées (transport de passagers et de fret), des évacuations médicales ou muni de flotteurs.

Type : Aero Ae270 Ibis
Pays de production : République tchèque
Utilisation : Avion polyvalent
Envergure : 13,80 m
Longueur : 12,24 m
Motorisation : 1 turbopropulseur Pratt & Whitney Canada PT6A-42A de 634 kW (860 CV)
Poids maximum au décollage : 3 300 kg
Vitesse de croisière : 330 km/h
Autonomie : 2 200 km
Plafond : 9 300 m
Capacité : 5-8 passagers + 2 pilotes

Aérospatiale/BAe Concorde

Avion commercial supersonique quadriréacteur à ailes surbaissées. Cet avion long-courrier a atteint deux fois la vitesse du son (vol initial du prototype 001 le 02/03/1969). Fruit de la collaboration entre l'industrie aéronautique française et britannique, il fut mis en service en 1976. L'avion est essentiellement constitué d'aluminium, avec des pièces en alliage à base d'acier inox, de titane et de nickel résistant à la chaleur. Le « nez » est inclinable pour une meilleure visibilité au décollage et à l'atterrissage. Le Concorde se passe d'empennage horizontal, la gouverne et les gouvernes de profondeur combinées avec les ailerons se trouvent sur les arêtes des déflecteurs des ailes. La traversée de l'Atlantique durait de trois heures à trois heures et demie. Ainsi, le Concorde atterrissait à l'ouest plus tôt qu'il n'avait décollé en Europe. Il ne connut néanmoins guère de succès commercial et seuls 20 avions au total avaient été construits lorsque la production fut arrêtée en 1979. Le tragique accident de Gonesse (25/07/2000) fut à l'origine de modifications au niveau du train d'atterrissage et des réservoirs de carburant pour accroître la sécurité. Les vols supersoniques s'avérèrent encore moins rentables par la suite. Le dernier vol commercial du Concorde aux couleurs d'Air France eut lieu le 24 juin 2003, British Airways fit ses adieux à l'avion le 24 octobre 2003.

Type : Concorde
Pays de production : France, Grande-Bretagne
Utilisation : Avion de ligne supersonique
Envergure : 25,56 m
Longueur : 62,74 m
Motorisation : 4 turboréacteurs Rolls-Royce Olympus 593-Mk-610 avec post-combustion, de 189,4 kN (19 312 kp) de poussée chacun
Poids maximum au décollage : 185 000 kg
Vitesse de croisière : 2 190 km/h max.
Autonomie : 6 667 km
Plafond : 19 000 m
Capacité : 100–125 passagers

Aérospatiale ATR 72

Avion de ligne bimoteur court-courrier à ailes hautes dérivé de l'ATR 42 en version allongée (4,5 m de plus). L'ATR 72-200 (1989) fut suivi par l'ATR 72-210 (1992) doté d'une motorisation plus puissante, puis par l'ATR 72-500 (1997) avec une autonomie et une réduction du bruit plus élevées ainsi qu'avec un équipement modernisé des cabines. Comme l'ATR 72 est dépourvu d'un système GAP, le réacteur droit a été conçu pour continuer à fonctionner au sol si l'hélice est débrayée et peut être utilisé comme groupe auxiliaire de puissance.

Type : Aérospatiale ATR 72-200
Pays de production : France, Italie
Utilisation : Avion de ligne
Envergure : 27,05 m
Longueur : 27,17 m
Motorisation : 2 moteurs Pratt & Whitney Canada PW124 de 1 610 kW (2 190 SPH) chacun
Poids maximum au décollage : 22 500 kg
Vitesse de croisière : 510 km/h
Autonomie : 1 400 km
Plafond : 8 000 m
Capacité : 66–72 passagers

Airbus A300

Gros-porteur biréacteur, avion moyen et long-courrier (vol initial du type A300 B1 en 1972). Airbus Industrie a ainsi donné une nouvelle impulsion au marché des avions de grande capacité, marché qui, aux alentours de 1970, était dominé par Boeing. Les travaux de conception débutèrent déjà en 1965 comme projet commun de la Grande-Bretagne et de la France et, avec l'accord du 26/09/1967, la République fédérale d'Allemagne vînt rejoindre ces deux pays. Depuis 1984, seuls les modèles modernisés A300-600 et A300-600R (avec une autonomie prolongée) ont encore été construits. Une version de fret A300-600F est également disponible.

Type : Airbus A300-600R
Pays de production : Union européenne
Utilisation : Avion de ligne
Envergure : 44,48 m
Longueur : 54,08 m
Motorisation : 2 turboréacteurs à double flux de 249 kN à 273,6 kN (25 390 kp à 27 900 kp) chacun
Poids maximum au décollage : 165 000 kg (avec moteurs PW4156)
Vitesse de croisière : 865 km/h
Autonomie : 7 686 km (pour 267 passagers)
Plafond : 12 200 m
Capacité : 247–375 passagers

Airbus A310

Avion de ligne biréacteur, version raccourcie de l'Airbus A300 (vol initial le 03/04/1982). Se distingue de l'A300 par son cockpit totalement équipé d'une instrumentation numérique et une voilure avec ailettes marginales. La version de base était l'A310-200 à rayon d'action moyen et court. La version long-courrier A310-300 existe depuis 1985 (réservoir supplémentaire placé dans l'empennage horizontal).

Type : Airbus A310-200
Pays de production : Union européenne
Utilisation : Avion de ligne
Envergure : 43,91 m
Longueur : 46,65 m
Motorisation : 2 moteurs Pratt & Whitney PW4000 ou General Electric CF6-80C2 de 222,3 kN (22 675 kp) de poussée chacun
Poids maximum au décollage : 142 000 kg
Vitesse de croisière : 860 km/h
Autonomie : 7 400 km
Plafond : 12 500 m
Capacité : 218–262 passagers

Airbus A320

Avion de ligne biréacteur moyen et court-courrier (vol initial en 1987) servant de modèle de base à l'ensemble de la famille A320. Après le Concorde, l'A320 est le premier avion civil à renoncer au manche à balai classique et à recourir à des commandes de vol électriques (« fly by wire »). La version améliorée A-320-200 peut emporter plus de carburant et bénéficie d'une motorisation plus puissante.

Type : Airbus A320-200
Pays de production : Union européenne
Utilisation : Avion de ligne
Envergure : 33,91 m
Longueur : 37,57 m
Motorisation : 2 turboréacteurs à double flux General Electric/SNECMA CFM56-5 ou IAE V2500 de 110 kN (11 216 kp) de poussée chacun
Poids maximum au décollage : 73 500–77 000 kg
Vitesse de croisière : 845 km/h
Autonomie : 7 400 km
Plafond : 12 500 m
Capacité : 153–179 passagers

Airbus A321

Avion de ligne biréacteur moyen et court-courrier (vol initial en mars 1993). L'A321 est une version allongée de l'Airbus A320. Par rapport au modèle de base, l'A321 a été renforcé au niveau de la voilure, du train d'atterrissage et des pièces portantes du fuselage. L'A321-200, une variante développée à partir de 1995, effectua son vol initial le 12/12/1996.

Type : Airbus A321-200
Pays de production : Union européenne
Utilisation : Avion de ligne
Envergure : 34,10 m
Longueur : 44,50 m
Motorisation : 2 turboréacteurs à double flux General Electric/SNECMA CFM56-5B1 ou IAE V2500-A5 de 133 kN (13 561 kp) de poussée chacun
Poids maximum au décollage : 89 000 kg
Vitesse de croisière : 900 km/h max.
Autonomie : 5 500 km
Plafond : 12 500 m
Capacité : 188–220 passagers

Airbus A319

Avion de ligne biréacteur moyen et court-courrier (vol initial le 25/08/1995). Le type A319 est la version raccourcie de l'A320. Les opérateurs peuvent opter pour différentes versions de poids au décollage, ce qui entraîne différents niveaux d'autonomie.

Type : Airbus A319
Pays de production : Union européenne
Utilisation : Avion de ligne
Envergure : 33,91 m
Longueur : 32,84 m
Motorisation : 2 turboréacteurs à double flux CFMI CFM56-5A ou IAE V2527-A5 de 99,7 kN (10 166 kp) de poussée chacun
Poids maximum au décollage : 56 000–75 000 kg
Vitesse de croisière : 840 km/h
Autonomie : 3 400–7 000 km
Plafond : 11 280 m
Capacité : 124–156 passagers

Airbus A318

Avion de ligne biréacteur (vol initial le 15/01/2002). Cette version constitue le plus petit avion de la famille Airbus. Aujourd'hui, le « Baby Bus » est notamment utilisé comme avion court-courrier. Plusieurs options s'offrent aux opérateurs en termes de poids au décollage. Fin 2005, la famille ACJ (Airbus Corporate Jetliner) s'est encore étoffée lorsque Airbus Industrie présenta l'A318 Elite modifié.

Type : Airbus A318
Pays de production : Union européenne
Utilisation : Avion de ligne
Envergure : 34,10 m
Longueur : 31,44 m
Motorisation : 2 turboréacteurs à double flux General Electric/SNECMA CFM56 ou P & W PW6000 de 98 kN (9 996 kp) de poussée chacun
Poids maximum au décollage : 59 000–68 000 kg
Vitesse de croisière : 860 km/h
Autonomie : 3 700 km max.
Plafond : 12 500 m
Capacité : 107–117 passagers

Airbus Corporate Jetliner (ACJ)

Avion d'affaires biréacteur long-courrier basé sur le modèle A319. Les ACJ, bénéficiant d'un aménagement VIP, sont notamment utilisés par les grandes multinationales, les représentants de gouvernements et les chefs d'État. En novembre 2005, Airbus annonça la commercialisation de l'A318 Elite, en tant qu'ACJ de dimension plus réduite, ainsi que de l'A320 Prestige sous forme d'un ACJ plus spacieux.

Type : Airbus A319ACJ
Pays de production : Union européenne
Utilisation : Avion d'affaires
Envergure : 33,91 m
Longueur : 32,84 m
Motorisation : 2 réacteurs IAE V2527-A5 de 99,7 kN (10 166 kp) de poussée chacun
Poids maximum au décollage : 75 500 kg
Vitesse de croisière : 840 km/h
Autonomie : 8 325 km
Plafond : 11 280 m
Capacité : 124–156 passagers

Airbus A330

Avion de ligne biréacteur long-courrier (vol initial de la version A330-200 le 01/11/1992, de la version A330-300 le 13/08/1997). L'A330 a été développé en simultanéité avec l'A340. Le fuselage de l'A300 a servi de base de référence et a été allongé. Les versions A330-200 (long-courrier) et A330-300 ont des longueurs de fuselage (et des capacités) différentes.

Type : Airbus A330-300
Pays de production : Union européenne
Utilisation : Avion de ligne
Envergure : 60,30 m
Longueur : 63,60 m
Motorisation : 2 turboréacteurs à double flux CF6-80E1 ou PW4000 ou RR Trent 700 de 303–320 kN (30 900–32 630 kp) de poussée chacun
Poids maximum au décollage : 217 000 kg
Vitesse de croisière : 900 km/h
Autonomie : 10 500 km
Plafond : 12 500 m
Capacité : 295–335 passagers

Airbus A340

Avion de ligne quadriréacteur long-courrier (vol initial de l'A340-300 le 25/10/1991). Par rapport à l'A330, ce dernier a notamment été renforcé au niveau de la voilure et des réacteurs extérieurs. Les versions A340-200 (long-courrier, vol initial le 01/04/1992) et A340-300 diffèrent en termes de longueur de fuselage. L'A340-500 (vol initial le 11/01/2002) et l'A340-600 (vol initial le 23/03/2001) ont un fuselage et une envergure d'encore plus grande dimension. Leur capacité est de 440 passagers au maximum.

Type : Airbus A340-200
Pays de production : Union européenne
Utilisation : Avion de ligne
Envergure : 60,30 m
Longueur : 59,39 m
Motorisation : 4 turboréacteurs à double flux CFM56-5C4 de 140 kN (14 275 kp) de poussée chacun
Poids maximum au décollage : 257 000 kg
Vitesse de croisière : 880 km/h
Autonomie : 14 800 km
Plafond : 12 500 m
Capacité : 239–375 passagers

Airbus A350 XWB

La série des biréacteurs moyens et longs courriers d'Airbus. Prévue à l'origine comme une version améliorée du A330-200, elle a depuis été conçue en tant que série largement nouvelle. La configuration et les caractéristiques détaillées ont été décidées à fin 2008. La fibre de carbone sera utilisée pour la confection de grandes pièces. Début du montage final : dans la première partie de 2011, premier vol prévu du A350-900 : mi – 2013.

Type : Airbus A350-900
Pays de production : Union européenne
Utilisation : avion destiné au transport de personnes
Envergure : 64,75 m
Longueur : 66,90 m
Motorisation : 2 turboréacteurs à double flux Rolls-Royce Trent XWB avec 370 kN (37 730 kp) de poussée chacun
Poids maximum au décollage : 268 000 kg
Vitesse de croisière : 890 km/h
Autonomie : 15 750 km
Passagers : 350 au maximum

Airbus A300-600ST Beluga

Avion-cargo biréacteur à ailes surbaissées pour charges de gros volume. Il est utilisé pour le transport des pièces détachées de grandes dimensions nécessaires aux futurs appareils assemblés au sein des différentes usines d'Airbus Industrie. Le volume du chargement utile est supérieur à 1 400 m^3. L'espace offert par les versions spéciales du Boeing B-377 (Super Guppy) n'étant plus suffisant, Airbus décida de développer son propre avion de transport spécial sur la base de l'A300-600. Sa dénomination Beluga est due à ses similitudes avec la baleine du même nom. Cinq exemplaires du type Airbus A300-600ST ont été construits, ils sont essentiellement exploités par Airbus Industrie.

Type : Airbus Super Transporter
Pays de production : Union européenne
Utilisation : Avion de transport
Envergure : 44,84 m
Longueur : 54,16 m
Motorisation : 2 turboréacteurs à double flux General Electric CF6-80C2A1 de 262,4 kN (26 756 kp) de poussée chacun
Poids maximum au décollage : 155 000 kg
Vitesse de croisière : 750 km/h
Autonomie : 1 700 km
Plafond : 10 760 m
Chargement : 47 000 kg

Airbus A380

Avion quadriréacteur à grande capacité (vol initial le 27.04.2005, inauguration du service commercial par Singapore Airlines le 25.10.2007). Également appelé « Superjumbo », l'A380 est le plus grand avion jamais produit en série dans le monde et surpasse de loin les dimensions du Boeing 747. Selon la conception de la cabine, 525-850 passagers peuvent prendre place sur les deux ponts de cet avion. Le poste de pilotage, équipé des derniers raffinements techniques, est accessible depuis le pont inférieur. Deux caméras en partie inférieure de l'avion donnent sur des moniteurs placés devant les pilotes des informations en temps réel sur la position et l'itinéraire suivi. Grâce à l'utilisation de matières synthétiques modernes, les frais d'exploitation ont pu être réduits de 20 % et le rayon d'action augmenté de presque 2 000 km par rapport au Boeing 747. Le développement d'une version fret est suspendu pour une durée indéterminée depuis le 1er mars 2007.

Type : Airbus A380-800
Pays de production : Union européenne
Utilisation : Avion de ligne
Envergure : 79,80 m
Longueur : 73,00 m
Motorisation : 4 réacteurs Rolls-Royce Trent 900 ou Engine Alliance GP7200 de 311 kN (31 715 kp) de poussée chacun
Poids maximum au décollage : 562 000 kg
Vitesse de croisière : 890 km/h
Autonomie : 15 000 km max.
Plafond : 13 100 m
Capacité : 525-850 passagers

Airspeed AS 57 Ambassador

Avion commercial biréacteur moyen-courrier britannique (vol initial en mai 1950). Sur les trajets de courte portée, ce type d'appareil se distinguait par ses frais d'exploitation réduits. Les bonnes capacités de décollage court et performances de vol supérieures à la moyenne moyennant un réacteur en firent l'un des avions les plus sûrs et les plus populaires de son temps.

Type : Airspeed AS 57 Ambassador
Pays de production : Grande-Bretagne
Utilisation : Avion de ligne
Envergure : 35,05 m
Longueur : 25,05 m
Motorisation : 2 moteurs en étoile de 18 cylindres Bristol Centaurus 661 de 1 929 kW (2 625 CV) chacun
Poids maximum au décollage : 23 800 kg
Vitesse de croisière : 415 km/h
Autonomie : 2 200 km
Plafond : 7 600 m
Capacité : 47-60 passagers

Albatros L 73

Bimoteur de ligne, également surnommé « avion-lit» en raison de sa cabine au confort inhabituel pour l'époque (huit sièges convertibles en quatre couchettes). Dès 1927, l'L 73 fut utilisé comme avion de nuit pour le trajet Berlin – Moscou, mais également pour les trajets Berlin – Lübeck – Copenhague ainsi que Berlin – Brno – Vienne.

Type : Albatros L 73
Pays de production : Allemagne
Utilisation : Avion de ligne
Envergure : 19,70 m
Longueur : 14,60 m
Motorisation : 2 moteurs BMW IV de 230 kW (312 CV) chacun et autres
Poids maximum au décollage : 4 600 kg
Vitesse de croisière : 158 km/h
Autonomie : 600 km
Plafond : 3 000 m
Capacité : 8 passagers ou 4 couchettes + 2 membres d'équipage

Antonov An-2

Avion de ligne et de transport monomoteur avec propriétés STOL (décollage et atterrissages courts) et bonnes caractéristiques de vol à faible vitesse. Essentiellement construit comme biplan, il fut également qualifié d'avion sesquiplan en raison de ses ailes de différentes dimensions recouvertes de toile (vol initial le 31/08/1947). L'An-2 fut à la fois utilisé à des fins civiles et militaires. On estime qu'il a été produit à plus de 18 000 exemplaires.

Type : Antonov An-2P
Pays de production : Union soviétique
Utilisation : Avion de ligne et de transport
Envergure : en haut 18,18 m, en bas 14,24 m
Longueur : 12,74 m
Motorisation : 1 moteur en étoile à 9 cylindres Chvetsov ASch-62IR de 736 kW (1 000 CV)
Poids maximum au décollage : 5 500 kg
Vitesse maximale : 258 km/h
Autonomie : 900 km
Plafond : 4 400 m
Capacité : 8–12 passagers + 2 membres d'équipage

Antonov An-12

Avion de transport quadrimoteur soviétique, dérivé de l'avion de ligne An-10 affecté à des missions de transport militaires (vol initial le 16/12/1956). L'AN-2 était dépourvu d'une rampe de chargement fixe à l'arrière, tandis que la version militaire était équipée d'une tourelle arrière recevant deux canons de 23 mm. Plus de 200 des 1 250 exemplaires construits servirent d'appareils civils, bon nombre d'avions furent exportés.

Type : Antonov An-12BP
Pays de production : Union soviétique
Utilisation : Avion de transport
Envergure : 38,00 m
Longueur : 33,10 m
Motorisation : 4 turbopropulseurs Ivtchenko AI-20M de 3 126 kW (4 250 CV) chacun
Poids maximum au décollage : 61 000 kg env.
Vitesse de croisière : 670 km/h
Autonomie : 3 600 km
Plafond : 10 200 m
Capacité : 132 passagers (ou 22 t de charge utile) + 5 membres d'équipage

Antonov An-124 Ruslan

Avion-cargo quadriréacteur conçu comme transporteur militaire. À son vol initial, le 26 décembre 1982, l'An-124 Ruslan était le plus gros avion du monde. Il est capable d'évoluer sur des pistes non aménagées. Le chargement s'effectue par son nez se relevant ou par sa rampe d'accès arrière. Depuis les années 1990, certains An-124 Ruslan sont utilisés par des compagnies civiles.

Type : Antonov An-124
Pays de production : Union soviétique
Utilisation : Avion de transport
Envergure : 73,30 m
Longueur : 69,10 m
Motorisation : 4 turboréacteurs à double flux Lotarev D-18T de 229,5 kN (23 350 kp) de poussée chacun
Poids maximum au décollage : 392 000 kg (affectation civile)
Vitesse de croisière : 800–850 km/h
Autonomie : 4 800 km avec charge utile de 120 t
Plafond : 11 600 m
Capacité : 88 passagers + 6 membres d'équipage (150 t max.)

Antonov An-22 Antäus

Avion de transport quadrimoteur à ailes surélevées à portée libre (vol initial l 27/02/1965), plus gros avion du monde à son vol initial. Il a été conçu pour le transport de charges lourdes et pour les vols longue distance. Au total, 68 appareils ont été livrés entre 1965 et 1976. L'avion dispose d'une rampe de chargement hydraulique située sous l'arrière du fuselage et peut se contenter de pistes sommairement aménagées.

Type : Antonov An-22
Pays de production : Union soviétique
Utilisation : Avion de transport
Envergure : 64,40 m
Longueur : 57,80 m
Motorisation : 4 turbopropulseurs Kusnetsov NK-12MA de 11 185 kW (15 200 CV) chacun
Poids maximum au décollage : 250 000 kg
Vitesse de croisière : 580 km/h
Autonomie : 5 000–10 950 km
Plafond : 11 000 m
Capacité : 29 passagers + 5 membres d'équipage (capacité de charge 80 t)

Antonov An-225 Mrija

Avion de transport hexaréacteur à ailes surélevées à portée libre, dérivé de l'An-124 Ruslan. L'appareil avait été conçu pour transporter la navette spatiale Bourane, c'est pourquoi son fuselage et ses ailes furent allongés de quelque 15 mètres chacun. Les ailes ont reçu une nouvelle section médiane et furent munies d'un réacteur supplémentaire de chaque côté. Cet appareil possède ainsi un double empennage. L'An-225 est actuellement le plus gros avion du monde.

Type : Antonov An-225
Pays de production : Union soviétique/Ukraine
Utilisation : Avion de transport
Envergure : 88,40 m
Envergure empennage arrière : 32,65 m
Longueur : 84,00 m
Motorisation : 6 turboréacteurs Lotarev D-18T de 229,5 kN (23 409 kp) de poussée chacun
Poids maximum au décollage : 600 000 kg
Vitesse maximale : 850 km/h
Autonomie : 15 400 km max.
Plafond : 11 000 m
Équipage : 7 personnes
(charge utile max. 235 t)

Antonov An-24

Avion de transport et de ligne bimoteur court-courrier (vol initial avril 1960). L'appareil avait été conçu pour remplacer les types Iliouchine Il-12 et Il-14 ainsi que le Lisunov Li-2 et pour évoluer sur des terrains étroits et mal aménagés. Plus de 1 300 appareils quittèrent les chaînes de montage. Outre le modèle de base, les variantes An-24T (avion de fret) et An-24P (lutte anti-incendie) furent entre autres développées par le bureau d'études Antonov.

Type : Antonov An-24
Pays de production : Union soviétique
Utilisation : Avion de ligne
Envergure : 29,20 m
Longueur : 23,50 m
Motorisation : 2 turbopropulseurs Ivtchenko AI-24 de 1 875 kW (2 550 CV) chacun
Poids maximum au décollage : 21 000 kg
Vitesse de croisière : 450 km/h
Autonomie : 750 km
Plafond : 8 400 m
Capacité : 44–50 passagers + 4 membres d'équipage

Antonov An-26

Avion de transport bimoteur à ailes surélevées à portée libre dérivant de l'An-24 (vol initial en 1967). L'arrière du fuselage a été relevé pour intégrer une rampe de chargement. Certaines versions admettaient à la fois le transport de passagers et de fret. Le nacelle du moteur de droite comprend un réacteur supplémentaire (turbine de démarrage/réacteur auxiliaire).

Type : Antonov An-26
Pays de production : Union soviétique
Utilisation : Avion de transport
Envergure : 29,20 m
Longueur : 28,30 m
Motorisation : 2 turbopropulseurs Ivtchenko AI-24WT de 2 103 kW + réacteur auxiliaire RU 19A-300 de 7,85 kN (801 kp) chacun
Poids maximum au décollage : 24 000 kg
Vitesse de croisière : 440 km/h
Autonomie : 1 100–2 350 km
Plafond : 8 400 m
Équipage : 4–5 personnes
Chargement : 5 500–6 300 kg ou 39 passagers/30 parachutistes

Antonov An-72

Avion de transport biréacteur moyen et court-courrier avec capacités STOL, soit de décollage et d'atterrissage courts (vol initial le 31/08/1977), ailes hautes à portée libre et réacteurs montés au-dessus et à l'avant de chaque aile. Le train d'atterrissage escamotable – jambe avant à diabolo et jambes principales à roues en tandem – permet à l'avion d'évoluer également sur des aérodromes non aménagés. Les deux turboréacteurs à double flux surélevés permettent aux gaz sortants de souffler l'extrados de l'aile ce qui accroît la portance.

L'Antonov An-72 est pourvu d'une rampe de chargement arrière sous l'empennage en T. Les variantes de cet avion construites ultérieurement ont été dénommées An-72S (transport de passagers VIP) et An-72P (patrouille maritime).

Type : Antonov An-72
Pays de production : Union soviétique/Ukraine
Utilisation : Avion de transport
Envergure : 31,89 m
Longueur : 28,07 m
Motorisation : 2 turboréacteurs ZMKB Progress D36 de 63,7 kN (6 425 kp) de poussée chacun
Poids maximum au décollage : 34 500 kg
Vitesse de croisière : 550–600 km/h
Autonomie : 2 000 (charge utile : 7,5 t) à 4 800 km
Plafond : 11 800 m
Capacité : 68 passagers max.

Antonov An-140

Avion de ligne bimoteur court-courrier (vol initial le 17/09/1997) avec GAP et cabine pressurisée climatisée. Il s'avère très performant dans les aéroports situés en altitude (au-dessus de 1 700 m) ou dans des zones climatiques chaudes (45 °C). L'appareil peut évoluer sur des pistes non aménagées. Il doit remplacer l'An-24 et ses variantes.

Type : Antonov An-140
Pays de production : Ukraine
Utilisation : Avion de ligne
Envergure : 25,50 m
Longueur : 22,60 m
Motorisation : 2 turbopropulseurs Klimov TW3-117WMA-SBM1 de 1 838 kW (2 500 CV) ou autres
Poids maximum au décollage : 21 500 kg
Vitesse de croisière : 575 km/h
Autonomie : 1 380–3 050 km
Plafond : 7 200 m
Capacité : 52 passagers

Antonov An-148

Avion de ligne biréacteur à ailes hautes avec empennage en T (vol initial le 17/12/2004), avec GAP et cabine pressurisée climatisée. Prévu comme avion régional, l'Antonov An-148 succédera aux Tu-134 et Iak-42 vieillissants. Grâce à une avionique moderne, cet appareil est capable d'évoluer sur des aérodromes mal aménagés ainsi que dans toutes les conditions atmosphériques. L'An-148 est proposé dans plusieurs versions.

Type : Antonov An-148-100E
Pays de production : Ukraine
Utilisation : Avion de ligne
Envergure : 28,91 m
Longueur : 29,13 m
Motorisation : 2 réacteurs Progress D-436-148 de 65,6 kN (6 600 kp) de poussée chacun
Poids maximum au décollage : 42 600 kg
Vitesse maximale : 870 km/h
Autonomie : 5 100 km
Plafond : 12 500 m
Capacité : 75 passagers

Armstrong Whitworth AW 650/660 Argosy

Avion de fret quadrimoteur (vol initial le 08/01/1959) à ailes hautes. Des modules déjà existants avaient été repris pour des raisons d'économie, comme la voilure du bombardier Avro Shackleton et les nacelles des moteurs du Vickers Viscount 800. Le chargement de la soute de fret avec cabine pressurisée s'effectuait à la fois de l'avant et de l'arrière. Le cockpit placé bien au-dessus de la soute cargo est un détail frappant. 56 appareils de la version militaire AW 660 (vol initial en mars 1961) furent affectés à la Royal Air Force entre 1961 et 1975 (voir illustration) - notamment pour effectuer des missions dans les Andes et le golfe Persique.

Type : Armstrong Whitworth AW 650-100 Argosy
Pays de production : Grande-Bretagne
Utilisation : Avion de transport
Envergure : 35,05 m
Longueur : 26,44 m
Motorisation : 4 moteurs Rolls-Royce Dart RDa.7/2 526 de 1 567 kW (2 130 CV) chacun
Poids maximum au décollage : 39 917 kg
Vitesse maximale : 476 km/h
Autonomie : 4 345 km
Plafond : 6 900 m
Équipage : 2-3 personnes

Type : Armstrong Whitworth AW 660 Argosy
Pays de production : Grande-Bretagne
Utilisation : Avion de transport
Envergure : 35,05 m
Longueur : 27,12 m
Motorisation : 4 moteurs Rolls-Royce Dart RDa.8 Mk 101 de 1 820 kW (2 475 CV) chacun
Poids maximum au décollage : 46 720 kg
Vitesse maximale : 431 km/h
Autonomie : 5 230 km
Plafond : 5 500 m
Capacité : 69 soldats max. (ou 13 t de fret) + 4-5 membres d'équipage

Aviation Traders Limited ATL-98

Avion de fret quadrimoteur britannique à ailes surbaissées, conçu et construit sur la base du Douglas DC-4 (vol initial le 21/06/1961). Lors de la modification du DC-4, le cockpit fut placé vers le haut (dans une « bosse » au-dessus de l'espace de chargement), le fuselage a été allongé et l'empennage latéral surélevé. Au total, 21 DC-4 ont quitté les chaînes de production entre 1961 et 1969.

Type : Aviation Traders Limited ATL-98
Pays de production : Grande-Bretagne
Utilisation : Avion de transport
Envergure : 35,81 m
Longueur : 31,27 m
Motorisation : 4 moteurs PW R-2000-7M2 Twin Wasp de 1 081 kW (1 470 CV) chacun
Poids maximum au décollage : 33 475 kg
Vitesse maximale : 402 km/h
Autonomie : 3 700 km
Plafond : 5 700 m
Équipage : 4 personnes
Chargement : 8 035 kg

Avro 548

Biplan de ligne monomoteur, dérivé civil de l'Avro 504 à vocation militaire à l'issue de la Première Guerre mondiale (vol initial en octobre 1919). Sept appareils quittèrent les usines Avro jusqu'en 1924, d'autres avionneurs transformèrent, sous licence, le 504 en 548 (30 exemplaires env.). Les différents appareils se distinguaient par leur équipement et leur motorisation.

Type : Avro 548
Pays de production : Grande-Bretagne
Utilisation : Avion de ligne
Envergure : 10,97 m
Longueur : 8,97 m
Motorisation : 1 moteur en ligne PD Renault de 60 kW (81 CV)
Poids maximum au décollage : 880 kg
Vitesse maximale : 129 km/h
Autonomie : 280 km
Plafond : 3 000 m
Capacité : 2 passagers + 1 pilote

Avro 688/689 Tudor

Avion de ligne et de transport quadrimoteur, premier avion-cargo britannique avec cabine pressurisée (vol initial en juin 1945). Pour sa construction, on utilisa les ailes de l'Avro 694 Lincoln. Avec une charge utile de 9,3 t, l'Avro Tudor comptait parmi les avions les plus lourds du pont aérien de Berlin en 1948/49.

Type : Avro 688 Tudor IV
Pays de production : Grande-Bretagne
Utilisation : Avion de ligne et cargo
Envergure : 36,58 m
Longueur : 25,99 m
Motorisation : 4 moteurs Rolls-Royce Merlin 621 de 1 267 kW (1 723 CV) chacun
Poids maximum au décollage : 36 288 kg
Vitesse de croisière : 338 km/h
Autonomie : 6 440 km
Plafond : 8 350 m
Capacité : 32 passagers

Avro 748

Avion commercial bimoteur court-courrier (vol initial le 24/06/1960) sous forme de construction entièrement métallique à ailes surbaissées avec cabine pressurisée et turbopropulseurs. Sa conception débuta en 1958 pour remplacer le DC-3. Après la fourniture d'une première série de 18 appareils, Avro a été racheté par Siddeley. L'avion fut alors rebaptisé Hawker-Siddeley HS 748 et d'autres appareils virent le jour sous ce nom. À partir de 1961, une série 2 avec un poids au décollage accru fut vendue à 198 unités, suivie par les séries 2A (71 unités) et 2C (25 unités) plus petites. Au milieu des années 1970, alors que Hawker-Siddeley avait été intégré à British Aerospace, on poursuivit la construction de l'ancien Avro 748 sous la désignation Bae 748.

Type : Avro 748
Pays de production : Grande-Bretagne
Utilisation : Avion de ligne
Envergure : 30,02 m
Longueur : 20,42 m
Motorisation : 2 moteurs Rolls-Royce Dart RDa.7 Mk 536-2 de 1 700 kW (2 310 CV)
Poids maximum au décollage : 23 133 kg
Vitesse de croisière : 450 km/h
Autonomie : 1 456 km
Plafond : 7 620 m
Capacité : 48 passagers

Avro RJ100

Avion de ligne court-courrier quadriréacteur (vol initial le 13/05/1992), exploité sous le nom de BAe 146-300 jusqu'en 1992. La filiale de British-Aerospace, Avro International Aerospace, continua à produire cet appareil redéfini en 1992 sous le nom d'Avro RJ (Regio-Jet). L'RJ100 se distingue de son modèle de base Bae par ses réacteurs plus silencieux et une avionique numérique moderne. Le fuselage a encore été allongé de 2,39 m par rapport à l'RJ85.

Type : Avro 146-RJ100
Pays de production : Grande-Bretagne
Utilisation : Avion de ligne
Envergure : 26,21 m
Longueur : 30,99 m
Motorisation : 4 turboréacteurs à double flux Textron Lycoming LF507 de 31,1 kN (3 160 kp) de poussée chacun
Poids maximum au décollage : 44 225–46 000 kg
Vitesse de croisière : 763 km/h
Autonomie : 2 760 km max.
Capacité : 100–120 passagers

BAC 1-11

Avion de ligne biréacteur à ailes surbaissées et empennage en T (vol initial du prototype le 20/08/1963). Cet appareil, dont le premier concept provenait encore des usines Hunting Percival Aircraft qui intégrèrent la BAC par la suite, a été construit pour succéder au Vickers Viscount turbopropulsé. En 1965, en plus de la série 200, la série 300 munie de réacteurs plus puissants et d'une charge utile plus élevée ainsi que la série 400 (destinée au marché américain), de dimensions identiques, reçurent leur autorisation de vol. La série 500 (1968) avait un fuselage plus long (+ 4,11 m), une envergure supérieure (+ 1,20 m) et pouvait accueillir jusqu'à 97 passagers (voire 119 passagers avec des sièges étroits). La série 475 avait le fuselage du 400 et la structure portante du 500. En Grande-Bretagne, la production en série du 1-11 prit fin en 1980. Neuf avions furent encore construits sous licence en Roumanie par la suite.

Type : BAC 1-11 Series 500
Pays de production : Grande-Bretagne
Utilisation : Avion de ligne
Envergure : 28,50 m
Longueur : 32,61 m
Motorisation : 2 turboréacteurs à double flux Rolls-Royce Spey 512DW de 55,8 kN (5 690 kp) de poussée brute chacun
Poids maximum au décollage : 47 700 kg
Vitesse de croisière : 790 km/h
Autonomie : 2 740 km à charge utile max.
Plafond : 9 000 m
Capacité : 98–119 passagers

Beechcraft 18/Super 18

Avion de ligne et de transport bimoteur à ailes surbaissées, construction demi-coque entièrement métallique (vol initial en 1937). La série 18 a été construite sur 30 ans et soumise à de constantes modifications. Le Super 18, profondément modifié, effectua son vol initial le 10/12/1953. Il fut livré avec train d'atterrissage avant et radar de série dès 1963.

Type : Beechcraft Super 18
Pays de production : États-Unis
Utilisation : Avion de ligne
Envergure : 15,10 m
Longueur : 10,70 m
Motorisation : 2 moteurs Pratt & Whitney R-985 AN-14 de 330 kW (450 CV) chacun
Poids maximum au décollage : 4 490 kg
Vitesse de croisière : 350 km/h
Autonomie : 2 400 km max.
Plafond : 6 500 m
Capacité : 5-7 passagers + 2 membres d'équipage

Beechcraft Bonanza

Avion de tourisme et d'affaires monomoteur à construction demi-coque entièrement métallique (vol initial le 06/12/1945) et lancé comme premier avion de tourisme d'après guerre, avec quatre places et une structure entièrement métallique. L'avion, doté d'un grand confort, permet d'accueillir 4 à 5 passagers dans les versions V35 et F33, voire six passagers dans la version A36/A36TC. La version F33A servit entre autres d'avion-école à la Deutsche Lufthansa.

Type : Beechcraft Bonanza A36
Pays de production : États-Unis
Utilisation : Avion de tourisme
Envergure : 10,21 m
Longueur : 8,38 m
Motorisation : 1 moteur Teledyne-Continental IO-550-B de 220 kW (300 CV)
Poids maximum au décollage : 1 415 kg
Vitesse de croisière : 305 km/h
Autonomie : 850 km
Plafond : 5 630 m
Capacité : 5 passagers + 1 pilote

Beechcraft 99

Avion de ligne et de transport bimoteur à ailes surbaissées à portée libre (vol initial du prototype en juillet 1966. Produit en série depuis 1968), il a été conçu comme avion de transport régional. Le type 99 succéda au Beechcraft 18. Depuis 1969, la version Executive, un avion d'affaires de grand confort, est également disponible. Une partie des 239 appareils construits fut convertie en transporteurs de fret par la suite.

Type : Beechcraft C99 Commuter
Pays de production : États-Unis
Utilisation : Avion de ligne
Envergure : 13,98 m
Longueur : 13,58 m
Motorisation : 2 moteurs Pratt & Whitney Canada PT6A 36 de 405 kW (550 CV) chacun
Poids maximum au décollage : 5 126 kg
Vitesse de croisière : 462 km/h
Autonomie : 1 687 km max.
Plafond : 6 100 m
Capacité : 16 passagers + 2 membres d'équipage

Beechcraft King Air B200GT

Le B200GT est un avion bimoteur idéal pour des voyages d'affaires ; Il dispose d'une grande cabine confortable pressurisée et insonorisée (pouvant être équipée sur demande de deux fauteuils rabattables supplémentaires). Les turbopropulseurs puissants spécialement développés pour ce modèle permettent une vitesse commerciale élevée et un envol rapide, même depuis des aérodromes d'altitude durant de chaudes journées estivales.

Type : Beechcraft King Air B200GT
Pays de production : USA
Utilisation : avion pour voyages d'affaires
Envergure : 16,61 m
Longueur : 13,36 m
Motorisation : 2 moteurs Pratt & Whitney Canada PT6A-52 de 625 kW (850 PS) chacun
Poids maximum au décollage : 5 670 kg
Vitesse de croisière : 565 km/h
Autonomie : 3 341 km
Plafond : 10 668 m
Capacité : 7–9

Beechcraft Premier IA

C'est le plus rapide et le plus grand avion biréacteur pour voyages d'affaires du monde à être homologué pour être piloté par une seule personne. Sa cabine spacieuse est considérée comme la plus grande de tous les jets comparables de petite taille. Le Premier a été le premier jet d'affaires dont le fuselage est composé de matières composites (plus de 6 000 couches précisément dimensionnées de matériaux en fibre de carbone) et qui reçut une autorisation de vol de la part des autorités nord-américaines de navigation aérienne (FAA).

Type : Beechcraft Premier IA
Pays de production : USA
Utilisation : avion pour voyages d'affaires
Envergure : 13,56 m
Longueur : 14,02 m
Motorisation : 2 turboréacteurs Williams FJ44-2A de 10,23 kN (1 043 kp) chacun
Poids maximum au décollage : 5 670 kg
Vitesse de croisière : 835 km/h
Autonomie : 2 759 km
Plafond : 12 497 m
Capacité : 6

Beriev Be-30

Avion de ligne bimoteur à ailes hautes et capacités STOL, soit décollage et atterrissage courts (vol initial le 03/03/1967 avec moteurs en étoile, le 13/07/1968 avec turbopropulseurs). La voilure est à moitié constituée de matériaux composites à structure en nid d'abeille. Les grands hublots de la cabine de passagers ne passent pas inaperçus. Seuls trois appareils furent construits en série.

Type : Beriev Be-30
Pays de production : Union soviétique
Utilisation : Avion de ligne
Envergure : 17,00 m
Longueur : 15,70 m
Motorisation : 2 moteurs Glouchenko TVD-10 délivrant une puissance de décollage de 698 kW (950 CV) chacun
Poids maximum au décollage : 5 860 kg
Vitesse de croisière : 460 km/h
Autonomie : 1 300 km max.
Capacité : 15 passagers + 1–2 membres d'équipage

Blériot SPAD S.33

Avion de ligne monomoteur monomât à ailes doubles haubanées (vol initial le 12/12/1920). Les passagers prenaient place dans des sièges en osier dans la cabine fermée. Le cockpit ouvert (avec un siège supplémentaire en plus du siège du pilote) se situait environ au milieu du fuselage, derrière le plan supérieur. 41 appareils furent construits en série. Le S.33 fut longtemps employé par de petites compagnies aériennes. Aussi servit-il de modèle de base pour le développement de toute une série d'avions monomoteurs qui rencontrèrent beaucoup de succès.

Type : Blériot SPAD S.33
Pays de production : France
Utilisation : Avion de ligne
Envergure : 11,66 m
Longueur : 9,08 m
Motorisation : 1 moteur en étoile Salmson-CM.9 de 191 kW (260 CV)
Poids maximum au décollage : 2 062 kg
Vitesse de croisière : 160 km/h
Autonomie : 1 080 km max.
Plafond : 13 700 m
Capacité : 4–5 passagers + 1 pilote

Bloch 120

Avion trimoteur de ligne et de transport à ailes surélevées à structure entièrement métallique (vol initial en 1932). Depuis fin 1934, l'appareil vola aux couleurs d'Air France. Il pouvait également être utilisé comme avion de fret et avait été prévu pour effectuer les liaisons avec les colonies françaises.

Type : Bloch MP-120
Pays de production : France
Utilisation : Avion de ligne
Envergure : 20,54 m
Longueur : 15,30 m
Motorisation : 3 moteurs Lorraine 9Na Algol de 220 kW (300 CV) chacun
Poids maximum au décollage : 6 000 kg
Vitesse de croisière : 200 km/h
Autonomie : 1 000 km
Plafond : 6 300 m
Capacité : 10 passagers

Blohm & Voss Ha 139

Avion de transport quadrimoteur avec aile en V (vol initial 1936). La voilure médiane (avec réservoirs de carburant) était revêtue de métal, les ailes extérieures étaient entoilées. L'avion était prévu pour le catapultage et le transport de fret transatlantique. Son cahier des charges prévoyait le transport de 400 à 500 kg de fret sur une distance de 5 000 km à 250 km/h). Les modèles Ha 139 V1 Nordwind et Ha 139 V2 Nordmeer furent livrés à la Luft Hansa en été 1937. Les avions décollaient depuis leurs navires de ravitaillement Friesenland et Schwabenland. Le dernier appareil (livré fin 1938) portant la désignation Ha 139B Nordstern se distinguait par une géométrie d'aile quelque peu modifiée permettant un montage en position plus basse des moteurs.

Type : Blohm & Voss Ha 139
Pays de production : Allemagne
Utilisation : Avion postal
Envergure : 27,00 m
Longueur : 19,50 m
Motorisation : 4 moteurs diesel à deux temps Jumo 205C de 447 kW (600 CV) chacun
Poids maximum au décollage : 17 500 kg
Vitesse de croisière : 260 km/h
Autonomie : 5 300 km max.
Plafond : 6 600 m
Équipage : 4–5 personnes

Boeing 247

Avion de ligne bimoteur à structure entièrement métallique avec ailes surbaissées à portée libre (vol initial le 08/02/1933). L'avion était déjà équipé d'un système de pilotage automatique, d'un avertisseur altimétrique, de repérage radiogoniométrique ainsi que d'un système de vol aux instruments. La construction à ailes surbaissées, le système de dégivrage, les hélices à pas variable ainsi qu'un train d'atterrissage rétractable en font un avion innovant dans cette catégorie. Au total, 76 unités quittèrent les ateliers de Boeing.

Type : Boeing 247
Pays de production : États-Unis
Utilisation : Avion de ligne
Envergure : 22,56 m
Longueur : 15,72 m
Motorisation : 2 moteurs en étoile Pratt & Whitney R-1340-Wasp de 404 kW (550 CV) chacun
Poids maximum au décollage : 6 192 kg
Vitesse de croisière : 304 km/h
Autonomie : 1 200 km env.
Plafond : 7 700 m
Capacité : 10 passagers + 2–3 membres d'équipage

Boeing 307 Stratoliner

Avion de ligne quadrimoteur à ailes surbaissées à portée libre et empennage conventionnel (vol initial le 31/12/1938). Premier avion civil avec cabine pressurisée climatisée. Les expériences faites avec le bombardier B-17 furent bien utiles pour la construction du B-307, réalisée entre 1938 et 1940. La voilure, les moteurs et l'empennage du B-17 étaient en effet demeurés inchangés, seul le fuselage pressurisé était nouveau. Pas plus de dix exemplaires du Stratoliner sortirent d'usine, car l'entrée en guerre des États-Unis empêcha une affectation plus large de cet avion moderne.

Type : Boeing 307
Pays de production : États-Unis
Utilisation : Avion de ligne
Envergure : 32,61 m
Longueur : 22,66 m
Poids maximum au décollage : 19 050 kg
Motorisation : 4 moteurs en étoile Wright GR-1820-Cyclone de 671 kW (912 CV) chacun
Vitesse maximale : 396 km/h
Autonomie : 3 840 km
Plafond : 7 985 m
Capacité : 33 passagers

Boeing 377 Stratocruiser

Avion de ligne quadrimoteur. Il combine les ailes, l'empennage et les moteurs du bombardier B-29 avec un nouveau fuselage spacieux à deux ponts. Le B-377, construit de 1947 à 1950, effectua pour la première fois la liaison sans escale New York – Londres. Plus tard, certains appareils de ce type furent transformés en Guppy, le fameux avion-cargo de Boeing.

Type : Boeing 377
Pays de production : États-Unis
Utilisation : Avion de ligne
Envergure : 43,05 m
Longueur : 33,63 m
Motorisation : 4 moteurs en étoile Pratt & Whitney R-4360B-Wasp-Major 28 de 2 610 kW (3 500 CV) chacun
Poids maximum au décollage : 66 134 kg
Vitesse de croisière : 547 km/h
Autonomie : 6 750 km
Plafond : 9 750 m
Capacité : 55–112 passagers

Boeing 707

Avion commercial long-courrier quadriréacteur à ailes surbaissées à portée libre et empennage conventionnel (vol initial le 20/12/1957). Le Boeing 707 effectua son vol initial de ligne aux couleurs de la Pan Am en octobre 1958 entre New York et Paris. Quelque 1 012 appareils dans différentes versions sortiront des chaînes de fabrication jusqu'en 1992. L'appareil de base était le 707-120. Les séries 707-320 et 707-420 étaient dotées d'ailes rallongées et d'une autonomie accrue.

Type : Boeing 707-120
Pays de production : États-Unis
Utilisation : Avion de ligne
Envergure : 39,87 m
Longueur : 44,04 m
Motorisation : 4 moteurs Pratt & Whitney PW JT3C-6 de 62,3 kN (6 322 kp) de poussée chacun
Poids maximum au décollage : 116 575 kg
Vitesse de croisière : 896 km/h
Autonomie : 6 800 km
Plafond : 12 800 m
Capacité : 181 passagers

Boeing 720

Avion de ligne quadriréacteur moyen et long-courrier (vol initial le 23/11/1959). Dérivé du Boeing 707 (désignation d'origine 707-020), la plupart des dispositifs techniques restèrent inchangés, mais certaines nouveautés sont venues s'ajouter. La géométrie modifiée de la voilure a contribué à l'amélioration des caractéristiques de vol à faible vitesse et permit un décollage et un atterrissage plus courts. Le Boeing 720 put dès lors utiliser des aérodromes de plus petite taille.

Type : Boeing 720B
Pays de production : États-Unis
Utilisation : Avion de ligne
Envergure : 39,88 m
Longueur : 41,68 m
Motorisation : 4 moteurs Pratt & Whitney JT3D-1 de 75,6 kN (7 711 kp) de poussée chacun
Poids maximum au décollage : 103 874 kg
Vitesse de croisière : 871 km/h
Autonomie : 6 760 km
Plafond : 12 200 m
Capacité : 140–156 passagers

Boeing 727

Avion commercial triréacteur moyen et court-courrier, à ailes surbaissées à portée libre et empennage en T (vol initial le 06/02/1963). La disposition des réacteurs à l'arrière permit d'assurer une voilure « propre » avec divers dispositifs hyper-sustentateurs. Construit jusqu'en 1984, il fut constamment modernisé. En dernier lieu, le constructeur présenta la version de fret 727-200F (1981).

Type : Boeing 727-100
Pays de production : États-Unis
Utilisation : Avion de ligne
Envergure : 32,92 m
Longueur : 40,59 m
Motorisation : 3 moteurs Pratt & Whitney JT8D-1 de 62,3 kN (6 322 kp) de poussée chacun
Poids maximum au décollage : 68 946 kg
Vitesse de croisière : 926 km/h
Autonomie : 3 050 km
Plafond : 11 400 m
Capacité : 131 passagers

Boeing 737

Avion commercial biréacteur moyen et court-courrier (vol initial le 09/04/1967). Développé depuis 1964, 4 000 exemplaires de toutes les versions et générations de ce type d'avion ont été vendus à ce jour. Les versions de nouvelle génération volent depuis 1993. Le 737-600, soit plus petit membre de cette famille, fut lancé en 1998 avec un train d'atterrissage plus élevé, une géométrie des surfaces portantes modifiée et une planche de bord tout écran. L'avion de ligne Boeing 737-700C est convertible en avion de fret en moins d'une heure.

Type : Boeing 737-600
Pays de production : États-Unis
Utilisation : Avion de ligne
Envergure : 43,05 m
Longueur : 33,63 m
Motorisation : 2 turboréacteurs à double flux CFMI CFM56-7 de 101 kN (10 300 kp) de poussée chacun
Poids maximum au décollage : 66 000 kg
Vitesse de croisière : 850 km/h
Autonomie : 5 648 km
Plafond : 11 000 m
Capacité : 110 passagers

Boeing 757

Avion commercial biréacteur moyen-courrier à ailes surbaissées (vol initial le 19/02/1982). La version 757-200 a été développée simultanément avec le Boeing 767 pour assurer une meilleure rentabilité au sein d'une flotte. En 1998, Boeing lança une version rallongée de 7,10 m, le 757-300 (vol initial le 02/08/1998). La production du 757 (version 200) prit fin en avril 2005, faute de demande.

Type : Boeing 757-200
Pays de production : États-Unis
Utilisation : Avion de ligne
Envergure : 38,05 m
Longueur : 47,32 m
Motorisation : 2 réacteurs Rolls-Royce RB211-535E4B de 193,5 kN (19 680 kp) de poussée chacun
Poids maximum au décollage : 115 680 kg
Vitesse de croisière : 880 km/h
Autonomie : 5 800–7 300 km
Plafond : 11 600 m
Capacité : 170–228 passagers

Boeing 747

Avion de ligne quadriréacteur gros-porteur long-courrier à ailes surbaissées et empennage conventionnel (vol initial le 09/02/1969). Le 747 est né suite au fait que Boeing, qui avait développé un grand avion-cargo pour répondre à un appel d'offres de l'armée américaine, perdit ce contrat en faveur du C-5 Galxy de Lockheed. Sa « bosse » caractéristique rendra célèbre le 747 au monde entier et lui valut le surnom affectueux de « Jumbo-Jet ». La bosse héberge le cockpit, au-dessus du pont de passagers inférieur. Au fil de l'évolution de l'avion, la cabine de repos attenante au cockpit fut aménagée en un second pont de passagers (avec compartiment de première classe ou de classe affaires). Depuis son vol initial jusqu'à la présentation de l'Airbus A380, le Boeing 747 était l'avion pouvant transporter le plus de passagers au monde. La première édition, le 747-100, ne connut pas de succès commercial. Le succès fut par contre au rendez-vous pour la deuxième version, le 747-200, qui bénéficiait de réacteurs d'une poussée supérieure, de réservoirs plus volumineux ainsi que d'une autonomie accrue. Il fut construit jusqu'en 1992. Le 747-400 (construit depuis 1988) a reçu un tout nouveau cockpit et est, avec 650 exemplaires, la version la plus vendue. L'envergure a été accrue et des ailettes ont été rajoutées en bouts d'ailes.

Type: Boeing 747-400ER
Pays de production: États-Unis
Utilisation : Avion de ligne
Envergure : 64,40 m
Longueur : 70,70 m
Motorisation : 4 réacteurs GE CF6-80 de 274 kN (27 940 kp) de poussée chacun
Poids maximum au décollage : 412 800 kg
Vitesse de croisière : 920 km/h
Autonomie : 14 200 km (avec charge max.)
Hauteur de vol : 12 800 m
Capacité : 366–524 passagers

Boeing 767

Avion commercial biréacteur moyen et long-courrier à ailes surbaissées (vol initial le 26/09/1981). Il existe trois versions de base : le 767-200 (modèle de base) ; les 767-300 et 767-400 ER (à autonomie accrue) différaient par leur longueur, l'envergure et les réacteurs. Depuis 2003, il existe des variantes militaires de ce type d'appareil, utilisés comme avions-radar, avions de ravitaillement et de guidage.

Type : Boeing 767-400 ER
Pays de production : États-Unis
Utilisation : Avion de ligne
Envergure : 51,90 m
Longueur : 61,40 m
Motorisation : 2 turboréacteurs à double flux CF6-80C2B8F de 282,5 kN (28 807 kp) de poussée chacun
Poids maximum au décollage : 204 120 kg
Vitesse de croisière : 850 km/h
Autonomie : 10 450 km max.
Plafond : 13 145 m
Capacité : 250–305 passagers

Boeing 777

Avion commercial biréacteur long-courrier (vol initial le 14/06/1994). Le 777-200 est le modèle de base, le 777-200 ER celui à autonomie accrue et le 777-100 est la version courte du modèle de base. Le 777-200 LR (Long Range) est commercialisé sous le nom de « Worldliner » (autonomie : 17 446 km). Le 777-300 correspond à la version de base allongée (550 sièges max.).

Type : Boeing 777-200
Pays de production : États-Unis
Utilisation : Avion de ligne
Envergure : 60,90 m
Longueur : 63,70 m
Motorisation : 2 turboréacteurs à double flux Pratt & Whitney 4090 de 349 kN (35 588 kp) de poussée chacun
Poids maximum au décollage : 247 210 kg
Vitesse de croisière : 892 km/h
Autonomie : 9 649 km
Hauteur de vol : 13 110 m
Capacité : 305 passagers

Boeing 717

Avion commercial biréacteur court-courrier (vol initial le 02/09/1998). Lancé en 1995, il a encore été développé chez McDonnell Douglas, compagnie rachetée par Boeing en 1997, le Boeing 717 (issu du projet MD-95) a à ce jour fait l'objet de près de 120 commandes. La production prit fin en 2006, faute de demande.

Type : Boeing 717
Pays de production : États-Unis
Utilisation : Avion de ligne
Envergure : 28,45 m
Longueur : 37,81 m
Motorisation : 2 réacteurs Rolls-Royce BR715-A1-30 de 82,3 kN (8 360 kp) de poussée chacun
Poids maximum au décollage : 49 845 kg
Vitesse de croisière : 810 km/h
Autonomie : 2 547 km
Plafond : 11 200 m
Capacité : 106 passagers

Boeing BBJ

La série des jets d'affaires VIP de Boeing comprend actuellement trois versions : les BBJ1, 2 et 3. En vue de la réalisation de ce projet, Boeing et General Electric ont fondé un consortium dénommé Boeing Business Jet Corporation. La base du BBJ (vol initial le 04.11.1996), appelé par la suite BBJ1, est formée du fuselage du 737-700 ainsi que des ailes modifiées et du train d'atterrissage renforcé du 737-800 (autonomie de 11 500 km avec neufs réservoirs additionnels). Le développement du BBJ2 (basé sur le 737-800) a commencé en automne 1999, avec un vol initial le 28.02.2001) et Boeing annonça en 2006 la construction d'un nouveau modèle de plus grande taille (le BBJ3, vol initial en juin 2008) dérivé du 737-900ER et doté d'une autonomie de 10 066 km. Le développement du BBJ-C (Convertible) a été annoncé en 2009 lors du salon de l'aviation d'affaires de Genève. Cet avion d'affaires haut de gamme peut être converti en quelques heures en avion-cargo.

Type : Boeing BBJ 2
Pays de production : USA
Utilisation : avion pour voyages d'affaires VIP
Envergure : 34,32 m
Longueur : 39,48 m
Motorisation : 2 turboréacteurs CFM56-7B24 de 106,75 kN (10 885 kp) chacun
Poids maximum au décollage : 80 130 kg
Vitesse de croisière : 920 km/h
Autonomie : 10 240 km
Plafond en service commercial : max. 11 300 m
Passagers : 20-80

Boeing 787

Avion biréacteur de grande capacité (démarrage officiel du programme de réalisation le 26.04.2004). Le programme de construction du Boeing 787 prévoyait la mise en vente de trois versions : un moyen-courrier, le 787-3, et les modèles long-courriers 787-8 et 787-9 de plus grande envergure. Présenté en tant que « Dreamliner » à la sortie d'usine du premier exemplaire le 8 juillet 2007, cet avion a initialement fait l'objet de nombreuses louanges avant que ce projet n'entre dans de fortes turbulences. Des défauts d'ordre constructif ne cessèrent de retarder le vol initial ainsi que les délais de livraison. Les clients menacent désormais d'annuler leurs commandes et le rêve a bien vite tourné au cauchemar.

Type : Boeing 787-8
Pays de production : USA
Utilisation : avion destiné au transport de personnes
Envergure : 58,80 m
Longueur : 56,69 m
Motorisation : 2 réacteurs General Electric GEnx ou Rolls-Royce Trent 1000 avec 236-333 kN (24 065-37 957 kp)
Poids maximum au décollage : 233 000 kg
Vitesse de croisière : 903 km/h
Autonomie : 14 200-15 200 km
Plafond en service commercial : env. 13 100 m
Passagers : 210-250

Bombardier Challenger 850

Avion biréacteur pour voyages d'affaire (vol initial en août 2006 pour Lufthansa Technik) et aéronef-amiral de la série Challenger. Le Challenger 850 est une version modifiée de l'avion de transport régional CRJ200 (CRJ = Canadair Regional Jet). Alors que le CRJ200 pouvait encore accueillir 50 passagers, la cabine confortable du Challenger 850 est conçue pour emporter 14 personnes. La conception et la disposition de la cabine reviennent à Lufhansa Technik.

Type : Bombardier Challenger 850
Pays de production : Canada
Utilisation : avion pour voyages d'affaires
Envergure : 21,21 m
Longueur : 26,77 m
Motorisation : 2 turboréacteurs à double flux General Electric CF34-3B1 de 38,84 kN (3 961 kp) de poussée au décollage chacun
Poids maximum au décollage : 24 040 kg
Vitesse de croisière : 850 km/h
Autonomie : 5 129 km
Plafond : 12 497 m
Passagers : 14

Bombardier Global 5000

Avion d'affaires biréacteur à ailes surbaissées et empennage en T. L'avion dérive du Global Express. Plus court de 80 cm env., il a été conçu pour les courtes et moyennes distances. L'avion est équipé d'une avionique moderne. Il peut être obtenu avec différents aménagements du compartiment pour passagers.

Type : Bombardier Global 5000
Pays de production : Canada
Utilisation : Avion d'affaires
Envergure : 28,65 m
Longueur : 29,49 m
Motorisation : 2 turboréacteurs BMW/Rolls-Royce BR710-A2-20 de 65,6 kN (5 690 kp) de poussée brute chacun
Poids maximum au décollage : 39 780 kg
Vitesse de croisière : 904 km/h
Autonomie : 8 890 km
Plafond : 15 545 m
Capacité : 8–19 passagers

Bombardier Global Express XRS

Avion d'affaires biréacteur à ailes surbaissées et empennage T (entrée en service 2006). Cet appareil est une version améliorée de la série Global qui avait débuté par le Global 5000. C'est un jet à très longue portée destiné à l'usage de voyageurs d'affaires et privés.

Type : Bombardier Global Express XRS
Pays de production : Canada
Utilisation : Avion d'affaires
Envergure : 28,60 m
Longueur : 30,30 m
Motorisation : 2 turboréacteurs à double flux Rolls-Royce BR710A2-20 de 65,6 kN (6 690 kp) de poussée chacun
Poids maximum au décollage : 44 450 kg
Vitesse de croisière : 904 km/h
Autonomie : 11 389 km
Plafond : 15 545 m
Capacité : 8–19 passagers

Bréguet 941

Avion de ligne et de transport quadrimoteur à propriétés STOL, soit décollage et atterrissage courts (vol initial du prototype 1er juin 1961), muni d'ailes hautes à portée libre et d'un empennage conventionnel. Les hélices de grand diamètre et les volets orientant le flux d'air sur toute la longueur de la voilure permettent de bonnes capacités de vol à faible vitesse. Celles-ci ont pu être démontrées de manière impressionnante à l'occasion de décollages et d'atterrissages depuis et sur des avenues urbaines.

Type : Bréguet 941
Pays de production : France
Utilisation : Avion de ligne et de transport
Envergure : 43,00 m
Longueur : 29,90 m
Motorisation : 4 turbopropulseurs Turmo III D-3 de 1 105 kW (1 500 CV) chacun
Poids maximum au décollage : 26 500 kg
Vitesse de croisière : 480 km/h
Autonomie : 3 100 km max.
Plafond : 8 500 m
Capacité : 55–60 passagers

Bristol Britannia

Avion commercial quadrimoteur britannique (vol initial le 16/08/1952). L'appareil, initialement conçu comme un quadrimoteur à 48 sièges, ne tarda pas à prendre des dimensions plus conséquentes. Dix exemplaires de la série 102 furent vendus à la BOAC. La série 310, dotée d'une autonomie accrue permettant d'effectuer sans escale la route de l'Atlantique Nord, sortit en 1956. Des versions de transport à vocation militaire (séries 252 et 253) furent également commandées par la RAF.

Type : Bristol Type 175 Britannia (série 310)
Pays de production : Grande-Bretagne
Utilisation : Avion de ligne
Envergure : 43,36 m
Longueur : 37,87 m
Motorisation : 4 turbopropulseurs Bristol Proteus 765 de 2 775 kW (3 770 CV) chacun
Poids maximum au décollage : 88 915 kg
Vitesse de croisière : 652 km/h
Autonomie : 6 870 km
Plafond : 9 700 m
Capacité : 84–139 passagers

British Aerospace ATP

Avion de ligne et de transport bimoteur à ailes surbaissées, version allongée (fuselage +5,50 m) de l'Avro/HS-74 (vol initial le 06/08/1986). L'ATP (Advanced technology turboprop) est équipé d'une avionique moderne ainsi que d'une planche de bord tout écran avec système EFIS. Les hélices à six pales à vitesse réduite permettent de réduire les nuisances sonores.

Type : British Aerospace ATP
Pays de production : Grande-Bretagne
Utilisation : Avion de ligne
Envergure : 30,62 m
Longueur : 26,00 m
Motorisation : 2 moteurs Pratt & Whitney Canada de 1 852 kW (2 518 CV) chacun
Poids maximum au décollage : 22 450 kg
Vitesse de croisière : 490 km/h
Autonomie : 2 300–3 600 km
Plafond : 8 100 m
Capacité : 64–72 passagers + 1 pilote

British Aerospace BAe 125

Avion polyvalent léger biréacteur, élaboré à l'origine par De Havilland (vol initial en 1962) et repris plus tard par Hawker Siddeley, constructeur ayant fusionné avec d'autres sociétés en 1977 pour former British Aerospace. Les nombreuses versions du BAe HS 125 eurent une affectation tant civile que militaire : avions de tourisme et régionaux, avions médicaux et avions-école.

Type : British Aerospace BAe 125
Pays de production : Grande-Bretagne
Utilisation : Avion polyvalent
Envergure : 12,00 m
Longueur : 8,60 m
Motorisation : 2 réacteurs BS Viper 521 de 13,9 kN (1 417 kp) chacun
Poids maximum au décollage : 9 300 kg
Vitesse de croisière : 757 km/h
Autonomie : 2 780 km
Plafond : 11 000 m
Capacité : 8 passagers + 1 pilote

Britten-Norman BN-2 Islander

Avion polyvalent bimoteur britannique à ailes surélevées à portée libre, construit en aluminium et avec propriétés STOL. L'appareil a été conçu au début des années 1960 pour répondre aux besoins spécifiques des régions mal desservies avec aérodromes non aménagés. Il fit ses preuves comme avion de ligne et de fret dans des environnements non accessibles à d'autres avions. Ainsi, l'Islander fut très vite apprécié comme « avion de brousse » par excellence pouvant par exemple transporter en version médicale deux patients simultanément allongés. L'appareil a subi de nombreuses modifications au cours de ses quatre décennies de production (de 1979 à 1998 sous l'égide de la société suisse Pilatus SA en tant que Pilatus Britten-Norman). Avec plus de 1 500 exemplaires produits, il appartient aux modèles d'avions européens ayant connus le plus grand succès.

Type : Britten-Norman BN-2 Islander
Pays de production : Grande-Bretagne
Utilisation : Avion polyvalent
Envergure : 14,94 m
Longueur : 10,86 m
Motorisation : 2 moteurs Lycoming O-540-E4C de 195 kW (265 CV) chacun
Poids maximum au décollage : 2 993 kg
Vitesse de croisière : 273 km/h max.
Autonomie : 1 400 km
Plafond : 4 024 m
Capacité : 9 passagers max.

Britten-Norman BN-2A Mk III Trislander

Avion de ligne trimoteur court-courrier britannique (vol initial le 11/09/1970) dérivant du Britten-Norman BN-2. Manifestement inspiré des jets trimoteurs pour passagers tels que le DC-10 ou le Lockheed L1011, il dispose d'un troisième turbopropulseur intégré à l'empennage surélevé. Ainsi, malgré un fuselage allongé par rapport à l'Islander, cet avion a tellement tendance à se cabrer lorsqu'il circule à vide que sa queue comporte un appui arrière. Faute d'allée centrale, l'accès des passagers se fait par trois portes de chaque côté du fuselage.

Type : BN-2A Mk III Trislander
Pays de production : Grande-Bretagne
Utilisation : Avion de ligne
Envergure : 16,15 m
Longueur : 15,01 m
Motorisation : 3 moteurs Lycoming O-540-E4C5 de 195 kW (265 CV) chacun
Poids maximum au décollage : 4 500 kg
Vitesse de croisière : 267 km/h
Autonomie : 1 600 km
Plafond : 4 000 m
Capacité : 18 passagers

Canadair CRJ 100

Jet commercial régional biréacteur (vol initial le 10/05/1991). Les avions de la série RJ ont été développés à partir de l'avion de tourisme éprouvé Challenger (fuselage rallongé, voilure agrandie). Au sein de la famille CRJ, le CRJ 100 a été conçu pour les vols régionaux longs et les trajets peu fréquentés.

Type : CRJ 100
Pays de production : Canada
Utilisation : Avion de transport régional
Envergure : 21,21 m
Longueur : 26,77 m
Motorisation : 2 réacteurs General Electric CF34-3A1 de 40,7 kN (4 150 kp) de poussée chacun
Poids maximum au décollage : 24 000 kg
Vitesse de croisière : 850 km/h
Autonomie : 1 566 km
Plafond : 12 500 m
Capacité : 50 passagers + 2 membres d'équipage

Canadair (Bombardier) CRJ 900

Avion régional biréacteur (vol initial le 21/02/2001) à ailes surbaissées, variante allongée du CRJ 700 avec poids accru au décollage. La version CRJ 900ER (avec une plus grande autonomie) et la version long-courrier CRJ 900LR sont également disponibles.

Type : CRJ 900
Pays de production : Canada
Utilisation : Avion de transport régional
Envergure : 23,24 m
Longueur : 36,40 m
Motorisation : 2 réacteurs General Electric CF34-8C5 de 63,4 kN (6 424 kp) de poussée chacun
Poids maximum au décollage : 36 514 kg
Vitesse de croisière : 829 km/h
Autonomie : 2 774 km
Plafond : 12 500 m
Capacité : 86 passagers

Cessna Citation X (Modèle 750)

Avion bi-réacteur pour voyages d'affaires Lorsque l'office nord-américain d'aviation FAA accorda en 1996 une autorisation de vol au modèle Citation X, il s'agissait non seulement de l'avion civil le plus rapide, mais aussi d'un appareil extrêmement rentable en matière d'exploitation comme d'entretien avec son autonomie de 5 700 km. Sa cabine était la plus spacieuse et la plus confortable jamais construite par Cesna. Cinq écrans cathodiques de grande dimension donnent aux deux pilotes toutes les informations importantes de vol. La technique avionique comprend de plus un système de navigation GPS, un système d'avertissement de présence d'avions et de prévention des collisions, ainsi qu'un système approche du sol.

Type : Cessna Citation X (Modèle 750)
Pays de production : USA
Utilisation : avion pour voyages d'affaires
Envergure : 19,48 m
Longueur : 22,04 m
Motorisation : 2 turboréacteurs à double flux Rolls-Royce AE3007C1 avec 30,09 kN (37 730 kp) de poussée chacun
Poids maximum au décollage : 16 375 kg
Vitesse de croisière : 972 km/h
Autonomie : 5 686 km
Plafond : 15 545 m
Passagers : 8

Cessna CitationJet

Série d'avions d'affaires bi-réacteurs (vol initial le 29.04.1991) comprenant les modèles CJ1 et CJ2 ainsi que leurs variantes de plus grande puissance CJ1 et CJ2, de même que les modèles CJ3 et CJ4 présentés en 2002 et 2006 respectivement (vols initiaux les 05.05.2008 et 19.08.2008). Il s'agit d'avions à ailes surbaissées à empennage en T surélevé, disposant de performances de vol constamment améliorées, de cabines confortables, d'une avionique moderne et garantissant une haute rentabilité.

Type : Cessna CJ4
Pays de production : USA
Utilisation : avion pour voyages d'affaires
Envergure : 15,49 m
Longueur : 16,26 m
Motorisation : 2 turboréacteurs à double flux Williams International FJ44-4A de 15,12 kN (1 542 kp) de poussée chacun
Poids maximum au décollage : 7 688 kg
Vitesse de croisière : 835 km/h
Autonomie : 3 635 km
Plafond : 13 716 m
Passagers : 8

Cessna Corvalis

Avion d'affaires monomoteur. Les modèles Columbia 350 et 400, repris en 2007 de la masse en faillite de la Columbia Manufacturing Company, sont produits en série par Cesna depuis fin 2007 sous la dénomination Cessna 350 Corvalis et Cessna 400 Corvalis (appelé 400 Corvalis TT depuis janvier 2009). En dépit de leurs trains d'atterrissage rigides, ces deux modèles sont très rapides et offrent d'excellentes performances de vol. La cabine est très confortablement équipée et le cockpit totalement digitalisé.

Type : Cessna 400 Corvalis TT
Pays de production : USA
Utilisation : Avion pour voyages d'affaires
Envergure : 10,91 m
Longueur : 7,72 m
Motorisation : 2 moteurs à pistons Teledyne Continental TSIO-550-C(1) d'une puissance au décollage de 228 kW (310 CV) chacun
Poids maximum au décollage : 1 633 kg
Vitesse de croisière : 435 km/h
Autonomie : 2 315 km
Plafond : 7 620 m
Passagers : 2 + le pilote et le copilote ou 3 + le pilote

Convair CV 440 Metropolitan

Avion de ligne bimoteur à ailes surbaissées et empennage conventionnel (vol initial le 06/10/1955). Le Convair CV 440 Metropolitan est un perfectionnement du Convair CV 340. Le fuselage rallongé a été muni d'un radar météorologique. Grâce au nouveau système d'échappement (tuyère), le niveau sonore a pu être réduit dans la cabine.

Type : Convair CV 440 Metropolitan
Pays de production : États-Unis
Utilisation : Avion de ligne
Envergure : 32,12 m
Longueur : 24,84 m
Motorisation : 2 moteurs en double étoile à 18 cylindres Pratt & Whitney R-2800 CB16 ou CB17 de 1 865 kW (2 535 CV) chacun
Poids maximum au décollage : 22 540 kg
Vitesse de croisière : 465 km/h
Autonomie : 2 800 km
Plafond : 7 700 m
Capacité : 50 passagers

Convair CV 880

Avion de ligne quadriréacteur à ailes surbaissées et empennage conventionnel (vol initial le 27/01/1959). Par rapport à ses deux concurrents Boeing et Douglas, le Convair CV 880 avait une capacité de transport de passagers réduite du fait de son fuselage moins volumineux, mais il était plus rapide. Malgré cela, il n'a pas pu s'imposer face aux Boeing et Douglas, plus rentables. Dès 1960, la version 880 M 31 disposait d'un réservoir plus volumineux.

Type : Convair CV 880
Pays de production : États-Unis
Utilisation : Avion de ligne
Envergure : 36,58 m
Longueur : 39,42 m
Motorisation : 4 turboréacteurs General Electric CJ-805-3 de 49,8 kN (5 080 kp) de poussée chacun
Poids maximum au décollage : 87 900 kg
Vitesse de croisière : 895 km/h
Autonomie : 7 500 km
Plafond : 10 600 m
Capacité : 80–130 passagers

Dassault Falcon 900

Avion de tourisme triréacteur long-courrier (vol initial le 21/09/1984). Le Falcon 900 est proposé dans différentes versions. En 2000, la version 900C a remplacé la version 900B, construite pendant près de dix ans. Il est principalement utilisé pour les voyages d'affaires et de tourisme, comme avion affrété et pour le transport de fret. L'appareil est fréquemment loué par des sociétés de charter.

Type : Dassault Falcon 900C
Pays de production : France
Utilisation : Avion de tourisme et de fret
Envergure : 19,30 m
Longueur : 20,20 m
Motorisation : 3 réacteurs Allied Signal TFE 731 5AR de 19,6 kN (2 000 kp) de poussée chacun
Poids maximum au décollage : 20 640 kg
Vitesse de croisière : 830 km/h
Autonomie : 7 000 km
Plafond : 15 500 m
Capacité : 19 passagers + 2 membres d'équipage

De Havilland DH.84 Dragon

Avion de transport et de ligne bimoteur biplan (vol initial le 24/01/1932) construit pour assurer le transport de passagers entre l'Angleterre du sud et Paris. Il fut le premier avion commercial à atterrir dans les Highlands et sur les îles écossaises difficilement accessibles. 115 appareils quittèrent les usines anglaises, 87 les chaînes de production australiennes. Certains modèles servirent d'avions de police au sein des colonies britanniques.

Type : De Havilland DH.84 Dragon
Pays de production : Grande-Bretagne
Utilisation : Avion de transport et de tourisme
Envergure : 14,43 m
Longueur : 10,52 m
Motorisation : 2 moteurs De Havilland Gipsy Major de 97 kW (132 CV) chacun
Poids maximum au décollage : 2 041 kg
Vitesse de croisière : 183 km/h
Autonomie : 877 km
Plafond : 4 420 m
Capacité : 6 passagers + 1 pilote

De Havilland DH.89 Dragon Rapide

Biplan bimoteur affecté au transport de passager (vol initial le 17/04/1934). De Havilland conçut une version plus petite du DH.84 Dragon, un modèle à grand succès, sous la forme du DH.86. Au Canada, certains exemplaires furent munis de flotteurs et de skis. Pendant la Seconde Guerre mondiale, des appareils de ce type servirent d'avions d'entraînement, de surveillance côtière et de reconnaissance. La production prit fin en 1946. Certains exemplaires furent exploités jusque dans les années 1960.

Type : De Havilland DH.89 Dragon Rapide
Pays de production : Grande-Bretagne
Utilisation : Avion de ligne
Envergure : 14,63 m
Longueur : 10,51 m
Motorisation : 2 moteurs De Havilland Gipsy Six de 149 kW (202 CV) chacun
Poids maximum au décollage : 2 495 kg
Vitesse maximale : 250 km/h
Autonomie : 850 km
Plafond : 5 800 m
Capacité : 8 passagers + 2 membres d'équipage

De Havilland DH.106 Comet

Avion de ligne quadriréacteur à ailes surbaissées, le premier avion commercial propulsé par des turboréacteurs (vol initial le 27/07/1949). En 1952, le Comet 1 effectua des vols réguliers aux couleurs de la BOAC. Trois accidents graves se produisirent en 1954, ils étaient dus à la fatigue des matériaux au niveau de la cabine pressurisée, notamment des hublots carrés et à la perte de pression subite en résultant. Ces incidents auront porté un coup fatal à sa réputation. Malgré le fait que les versions à risque du Comet avaient déjà été retirées du service et qu'avec le Comet 4 (vol initial le 27 avril 1958), De Havilland proposait un avion particulièrement fiable (avec hublots ronds cette fois, comme c'est le cas pour quasiment tous les jets), le Comet ne réussit plus à se démarquer de ses concurrents, en l'occurence le Boeing 707 et le DC 8. Le patrouilleur maritime Nimrod a été développé à partir du Comet.

Type : De Havilland DH.106 Comet 4
Pays de production : Grande-Bretagne
Utilisation : Avion de transport et de ligne
Envergure : 34,98 m
Longueur : 33,98 m
Motorisation : 4 réacteurs Rolls-Royce Avon 524 de 46,7 kN (4 760 kp) de poussée chacun
Poids maximum au décollage : 73 480 kg
Vitesse de croisière : 805 km/h
Autonomie : 5 190 km
Plafond : 12 200 m
Capacité : 56–109 passagers

DHC-2 Beaver

Avion de transport et de liaison monomoteur, ailes surélevées haubanées (vol initial le 16/08/1947). Cet appareil robuste, conçu pour évoluer sur des terrains non aménagés, était également convertible en hydravion (voir illustration) et de ce fait, il convenait comme « avion de brousse ».

Type : De Havilland Canada DHC-2 Beaver
Pays de production : Canada
Utilisation : Avion de transport et de liaison
Envergure : 14,63 m
Longueur : 9,22 m
Motorisation : 1 moteur en étoile à 9 cylindres Pratt & Whitney-895 Wasp de 330 kW (450 CV)
Poids maximum au décollage : 2 350 kg
Vitesse de croisière : 220 km/h
Autonomie : 1 200 km
Plafond : 5 500 m
Capacité : 4 passagers + 2 membres d'équipage

DHC-4 Caribou

Avion de transport et de ligne bimoteur avec propriétés STOL (vol initial le 30/07/1958). L'avion allie les propriétés STOL (décollage et atterrissage courts) des Beaver (en français, castor) et Otter (loutre) avec une capacité de charge environ équivalente à celle d'un DC-3. L'appareil connut un grand succès commercial, tout comme sa version militaire. La production prit fin en 1973 avec 307 exemplaires construits.

Type : De Havilland Canada DHC-4A Caribou
Pays : Canada
Utilisation : Avion polyvalent
Envergure : 29,15 m
Longueur : 22,13 m
Motorisation : 2 moteurs Pratt & Whitney R-2000-7M2 Twin Wasp de 1 080 kW (1 470 CV) chacun
Poids maximum au décollage : 12 930 kg
Vitesse de croisière : 293 km/h
Autonomie : 390–2 100 km
Plafond : 7 560 m
Capacité : 30 passagers (ou 3 630 kg de fret)

DHC-7

Avion régional quadrimoteur à ailes hautes, empennage en T et propriétés STOL (vol initial le 27/03/1975). L'appareil se distingue par une prise rapide d'altitude pour décoller depuis des aérodromes nichés dans des zones topographiques difficiles ainsi que par un niveau sonore réduit (hélices à rotation lente) pour les aéroports proches des villes.

Type : De Havilland Canada DHC Dash 7
Pays de production : Canada
Utilisation : Avion de transport régional
Envergure : 28,40 m
Longueur : 24,60 m
Motorisation : 4 turbopropulseurs Pratt & Whitney Canada PT6A-55 de 904 kW (1 230 CV) de puissance de décollage chacun
Poids maximum au décollage : 21 319 kg
Vitesse de croisière : 400 km/h
Autonomie : 1 500–2 200 km
Plafond : 6 400 m
Capacité : 50–54 passagers

DHC Dash 8Q-200

Avion de transport régional bimoteur. Cette version, dotée de nouveaux réacteurs, se distingue par une vitesse accrue et une plus grande autonomie. Le Dash 8 est produit actuellement par Bombardier Aéronautique qui a racheté la compagnie De Havilland Canada en 1992. Depuis le second trimestre 1996, le 8-200 est également commercialisé sous le nom de Série Q (Q comme Quiet qui signifie silencieux en anglais), c'est-à-dire avec un système actif de réduction du bruit et des vibrations.

Type : De Havilland Canada DHC-8Q-200
Pays de production : Canada
Utilisation : Avion de transport régional
Envergure : 25,90 m
Longueur : 22,30 m
Motorisation : 2 turbopropulseurs Pratt & Whitney Canada PW123 de 1 581 kW (2 150 CV) chacun
Poids maximum au décollage : 19 500 kg
Vitesse de croisière : 550 km/h
Autonomie : 2 200 km
Hauteur de vol : 7 600 m
Capacité : 37–39 passagers

Dewoitine D-338

Avion de ligne trimoteur français (vol initial en 1935). À l'instar du D-333, l'avion est un dérivé du type D-332. Son fuselage a été rallongé de trois mètres par rapport au D-333, l'envergure quelque peu étendue. Quelque 31 appareils furent en service aux couleurs d'Air France, sur les lignes de Paris à Cannes, Damas, Hanoi, Dakar et Hongkong. Après la Seconde Guerre mondiale, les neufs D-338 restants circulèrent encore quelque temps sur la ligne Paris – Nice.

Type : Dewoitine D-338
Pays de production : France
Utilisation : Avion de ligne
Envergure : 29,35 m
Longueur : 22,13 m
Motorisation : 3 moteurs Hispano-Suiza 9V-10 de 423 kW (575 CV) chacun
Poids maximum au décollage : 11 100 kg
Vitesse de croisière : 260 km/h
Autonomie : 1 950 km
Plafond : 5 000 m
Capacité : 22 passagers

Dornier Do B Merkur

Avion de ligne monomoteur avec ailes hautes haubannées, empennage conventionnel et train d'atterrissage rigide (vol initial en septembre 1925). Les passagers voyageaient dans une cabine fermée alors que le poste de pilotage, situé au-dessus de la cabine des voyageurs, était ouvert. Grâce à ses propriétés de décollage et d'atterrissage courts, il convenait parfaitement aux aérodromes de petite taille.

Type : Dornier Do B Merkur
Pays de production : Allemagne
Utilisation : Avion de ligne
Envergure : 19,60 m
Longueur : 12,80 m
Motorisation : 1 moteur BMW VI de 500 kW (680 CV)
Poids maximum au décollage : 3 700 kg
Vitesse de croisière : 175 km/h
Autonomie : 1 000 km
Plafond : 5 200 m
Capacité : 6–8 passagers

Dornier Do 228

Avion polyvalent à décollage et atterrissage courts (STOL). La « nouvelle technologie à ailes portantes » (TNT) est tout-à-fait remarquable, car grâce à un profil supercritique, à une faible résistance et donc à une amélioration de la portance, elle permet une économie de carburant de presque 30 pourcent. La Do 228 a été produit en de nombreuses versions de 1981 à 1998 dans l'usine Dornier de Oberpfaffenhofen et produit sous licence en Inde en tant que HAL 228-101/201. La faillite de Dornier en 1998 et à la reprise de cette entreprise par Fairchild mit un terme à la production du Do 228. Après que Fairchild-Dornier dut aussi cesser ses activités, c'est l'entreprise suisse RUAG Aerospace qui reprit en 2003 tous les droits sur le Do 228 et décida en octobre 2007 de construire le nouveau Do 228 NG. Alors que tous les sous-ensembles importants sont produits en Inde par Hindustan Aeronautics Limited (HAL), le montage final se fait à Oberpfaffenhofen.

Type : Dornier Do 228-200
Pays de production : Allemagne
Utilisation : Avion polyvalent
Envergure : 16,97 m
Longueur : 16,56 m
Motorisation : 2 moteurs Garrett TPE331-10 de 570 kW (775 CV) chacun
Poids maximum au décollage : 6 400 kg
Vitesse de croisière : 430 km/h
Autonomie : 1 000 km
Hauteur de vol : 3 000 m
Capacité : 19 passagers

Dornier Do 328

Avion régional destiné au transport de personnes. La « nouvelle technologie à ailes portantes » (TNT) et de nouvelles hélices dotèrent le Dornier 328 de meilleures propriétés de vol, mais le succès commercial ne fut pas au rendez-vous. Fairchild-Dornier réagit par conséquent en lançant le 328-300 entraîné par réacteurs (328JET). Lorsque le marché se concentra davantage vers des jets de plus grande taille, Fairchild-Dornier tenta d'obtenir plus de succès avec les versions allongées 428JET, 528JET, 728JET et 928JET. Ces modèles non plus ne survécurent ni à la faible demande qu'ils suscitèrent, ni à la faillite de Fairchild-Dornier en 2002.

Type : Dornier Do 328-100
Pays de production : Allemagne
Utilisation : Avion de ligne
Envergure : 20,98 m
Longueur : 21,11 m
Motorisation : 2 turbopropulseurs Pratt & Whitney Canada PW119B de 1 380 kW (1 877 CV) chacun
Poids maximum au décollage : 13 900 kg
Vitesse de croisière : 620 km/h max.
Autonomie : 1 350 km
Plafond : 9 450 m
Capacité : 33 passagers

Douglas DC-1

Prototype d'avion commercial bimoteur (vol initial le 01/07/1933). L'abréviation DC (Douglas Commercial) a donné son nom à l'ensemble de la série. Un seul DC-1 sortira d'usine et sera mis en service par la TWA. Cet appareil servira de modèle à la célèbre série DC. C'est avec le rallongement du modèle que naîtra le DC-2 construit en série.

Type : Douglas DC-1
Pays de production : États-Unis
Utilisation : Avion de ligne
Envergure : 25,91 m
Longueur : 18,29 m
Motorisation : 2 moteurs Pratt & Whitney Hornet SDG-1690D de 515 kW (700 CV) chacun
Poids maximum au décollage : 7 938 kg
Vitesse de croisière : 306 km/h
Autonomie : 1 609 km
Plafond : 7 010 m
Capacité : 12 passagers

Douglas DC-3

Avion commercial bimoteur à ailes surbaissées (vol initial le 17/12/1935). À l'aube de la Seconde Guerre mondiale, cet avion sûr, facile d'entretien et rentable dominait le secteur de l'aviation civile des États-Unis. La version militaire (appelée « Dakota » par la RAF, connue comme le C-47 chez l'USAF) était un avion de transport fort répandu depuis la Seconde Guerre mondiale. Le DC-3 a été construit à 10 655 exemplaires originaux et 4 937 exemplaires sous licence.

Type : Douglas DC-3
Pays de production : États-Unis
Utilisation : Avion de ligne et de transport
Envergure : 28,90 m
Longueur : 19,70 m
Poids maximum au décollage : 11 431 kg
Motorisation : 2 moteurs Pratt & Whitney-Wasp S1C3-G de 895 kW (1 217 CV) chacun
Vitesse maximale : 300 km/h
Autonomie : 2 170 km
Plafond : 6 620 m
Capacité : 32 passagers + 2 membres d'équipage

Douglas DC-5

Avion de ligne bimoteur court-courrier à ailes hautes (vol initial le 12/02/1939). La Seconde Guerre mondiale mit un terme à sa construction, car seuls 16 exemplaires quittèrent les chaînes de production. À noter toutefois que William Boeing, principal concurrent de la Douglas Aircraft Company, avait acheté en 1940 un DC-5 comme avion privé.

Type : Douglas DC-5
Pays de production : États-Unis
Utilisation : Avion de ligne et de transport
Envergure : 23,77 m
Longueur : 19,07 m
Motorisation : 2 moteurs Pratt & Whitney R-1690 ou Wright Cyclone GR-1820-F62 de 634 kW (862 CV) chacun
Poids maximum au décollage : 9 072 kg
Vitesse maximale : 356 km/h
Autonomie : 2 575 km max.
Plafond : 5 790 m
Capacité : 16–22 passagers

Douglas DC-6

Avion de ligne et de transport quadrimoteur avec cabine pressurisée (vol initial du prototype le 26/05/1945). Des variantes furent construites entre 1946 et 1959 : le DC-6A, pour le fret (vol initial le 29/09/1949), le DC-6B, pour le transport de passagers (vol initial le 02/02/1951) ainsi que le DC-6C, appareil mixte (convertible). Pour le chargement de la version de fret ST (Swing Tail), l'ensemble de la section arrière, empennage compris, était relevable.

Type : Douglas DC-6B
Pays de production : États-Unis
Utilisation : Avion de ligne et de transport
Envergure : 35,81 m
Longueur : 32,18 m
Poids maximum au décollage : 48 534 kg
Motorisation : 4 moteurs R-2800CB16 de 1 765 kW (2 400 CV) chacun
Vitesse de croisière : 509 km/h max.
Autonomie : 7590 km max.
Plafond : 7 620 m
Capacité : 82–107 passagers

Douglas DC-7

Avion de ligne quadrimoteur à ailes surbaissées, successeur du DC-6 (vol initial le 18/05/1953). La version de base du DC-7 était plus longue de 2,44 m et plus puissante que le DC-6. La version intercontinentale DC-7B équipée de plus grands réservoirs, la version DC-7C, également connue sous le nom de « Seven Seas » (fuselage allongé, envergure accrue, moteurs intérieurs plus éloignés de la cabine) ainsi qu'une version de fret, le DC-7F, ont été construits. En tout, 366 DC-7 sortirent des chaînes de production.

Type : Douglas DC-7C
Pays de production : États-Unis
Utilisation : Avion de ligne et de fret
Envergure : 38,36 m
Longueur : 34,21 m
Poids maximum au décollage : 64 864 kg
Motorisation : 4 moteurs Wright R-3350-988 TC-18-EA4 de 2 500 kW (3 400 CV) chacun
Vitesse de croisière : 580 km/h
Autonomie : 8 400 km
Plafond : 9 200 m
Capacité : 104 passagers

Douglas (McDonnell Douglas) DC-8

Avion de ligne quadriréacteur à ailes surbaissées (vol initial le 30/05/1958). Mis en service à peine un an après le Boeing 707, il fut construit à 556 exemplaires se déclinant en plusieurs séries de 1959 à 1972. Au milieu des années 1960, le DC-8 fut perfectionné pour donner le Super Sixty qui pouvait transporter jusqu'à 259 passagers sur de très longues distances. Le 21/08/1961, un appareil DC-8-42 fut le premier jet de passagers à atteindre la vitesse du son lors d'un vol en piqué ! (Mach 1,012, soit environ 344 m/s).

Type : Douglas DC-8-50
Pays de production : États-Unis
Utilisation : Avion de ligne
Envergure : 43,41 m
Longueur : 45,87 m
Poids maximum au décollage : 147 415 kg
Motorisation : 4 réacteurs Pratt & Whitney JT3D3 de 80,1 kN (8 170 kp) de poussée chacun
Vitesse de croisière : 933 km/h max.
Autonomie : 9 200–11 260 km
Capacité : 132, 144 ou 179 passagers

Douglas (McDonnell Douglas) DC-9

Avion de ligne biréacteur court-courrier à ailes surbaissées et empennage en T (vol initial le 25/02/1965). Comme pour la Caravelle (utilisée par le général de Gaulle pour ses voyages officiels), les deux réacteurs étaient montés à l'arrière. Cela permit d'obtenir une voilure au contour bien net. Différentes versions civiles et militaires furent construites jusqu'en 1982. L'appareil qui lui succéda, soit le MD-80 (il a été conçu en tant que DC-9-80) effectua son vol initial en 1980. À partir de 1982, il a été construit à la place du DC-9. La série MD-90 succéda ensuite aux différentes versions du versions MD-80.

Type : Douglas DC-9-50
Pays de production : États-Unis
Utilisation : Avion de ligne
Envergure : 28,47 m
Longueur : 40,72 m
Motorisation : 2 JT8D-15 de 69 kN (7 040 kp) ou JT8D-17 de 71,2 kN (7 260 kp) de poussée chacun
Poids maximum au décollage : 54 885 kg
Vitesse de croisière : 898 km/h max.
Autonomie : 3 325 km max.
Hauteur de vol : 10 000 m
Capacité : 139 passagers au max.

Douglas (McDonnell Douglas) DC-10

Avion de ligne triréacteur long-courrier (vol initial le 29/08/1970). Avec le DC-10, la compagnie McDonnell Douglas entra sur le marché des avions gros-porteurs. En plus de la version principale, le DC-10-10, l'avionneur proposait de nombreuses autres versions civiles, militaires et de fret. Le long-courrier DC-10-30 est l'appareil le plus vendu de la famille du DC-10. La version long-courrier DC-10-40 fut équipée de nouveaux réacteurs. En décembre 1988, le DC-10, construit à 446 exemplaires, dût céder sa place au MD-11. La disposition caractéristique des réacteurs de cet appareil a été reprise par différents constructeurs.

Type : Douglas DC-10-30
Pays de production : États-Unis
Utilisation : Avion de ligne et de fret
Envergure : 50,39 m
Longueur : 55,06 m
Motorisation : 3 turboréacteurs à double flux General Electric CF6-50C2 de 226,8 kN (23 127 kp) chacun
Poids maximum au décollage : 251 815 kg
Vitesse maximale : 960 km/h
Autonomie : 7 400 km (en charge utile max.) et jusqu'à 10 500 km
Plafond : 9 965 m
Capacité : 256–380 passagers

EADS Socata TB 20 Trinidad

Avion de tourisme monomoteur à double commande qui convient également comme avion-école. Le TB 20 Trinidad GT est muni d'un cockpit entièrement équipé pour effectuer des vols IFR. Un système d'affichage « Electronic Flight Instrument System » (EFIS) est également disponible sur demande.

Type : EADS Socata TB 20
Pays de production : France
Utilisation : Avion de tourisme
Envergure : 9,97 m
Longueur : 7,75 m
Motorisation : 1 moteur Textron Lycoming IO-540 C4D5D de 184 kW (250 CV)
Poids maximum au décollage : 1 400 kg
Vitesse de croisière : 300 km/h
Autonomie : 2 050 km
Plafond : 6 100 m
Capacité : 3–4 passagers + 1 pilote

Embraer EMB 110 Bandeirante

Avion de ligne régional bimoteur (vol initial le 9/08/1972). Au total, près de 500 exemplaires furent construits dans diverses versions jusqu'en 1990. Bon nombre d'avions sont encore en service de nos jours, notamment au Brésil, dans la région Pacifique et au Canada. Une version à vocation militaire, l'EMB 111 M, a été conçue pour les missions de patrouille maritime.

Type : Embraer EMB 110P
Pays de production : Brésil
Utilisation : Avion de ligne
Envergure : 15,32 m
Longueur : 15,10 m
Motorisation : 2 moteurs Pratt & Whitney PT6A 34 de 560 kW (760 CV) chacun
Poids maximum au décollage : 5 700 kg
Vitesse de croisière : 417 km/h max.
Autonomie : 1 964 km
Capacité : 18 passagers + 2 membres d'équipage

Embraer EMB 120

Avion de ligne bimoteur à ailes surbaissées et empennage en T pour le trafic régional (vol initial le 27/07/1983). Conçu comme avion de liaison, l'avion a également su s'imposer sur les marchés européens et états-uniens.

Type : Embraer EMB 120
Pays de production : Brésil
Utilisation : Avion de ligne
Envergure : 19,80 m
Longueur : 20,00 m
Motorisation : 2 moteurs Pratt & Whitney Canada 115 de 872 kW (1 185 CV) chacun
Poids maximum au décollage : 11 500 kg
Vitesse de croisière : 550 km/h max.
Autonomie : 1 750 km
Plafond : 9 085 m
Capacité : 28–30 passagers + 2 membres d'équipage

Embraer ERJ 140

Avion de ligne régional biréacteur à ailes surbaissées et empennage en T (vol initial le 27/06/2000). L'ERJ 140 ressemble beaucoup à ses « cousins » l'ERJ 135 raccourci et l'ERJ 145 en version allongée. Il bénéficie d'un fuselage plus long de 2,20 m par rapport à l'ERJ 135.

Type : Embraer ERJ 140 ER
Pays de production : Brésil
Utilisation : Avion pour dessertes régionales
Envergure : 20,04 m
Longueur : 28,45 m
Motorisation : 2 turboréacteurs à double flux Rolls-Royce/Allison AE3007A1/3 délivrant une puissance au décollage de 33,2 kN (3 385 kp) chacun
Poids maximum au décollage : 20 100 kg
Vitesse maximale : 850 km/h
Autonomie : 3 056 km
Plafond : 11 200 m
Capacité : 44 passagers

Embraer EMB 175

Avion de ligne biréacteur (vol initial le 14/06/2003). Il a été rallongé de 1,78 m par rapport à l'EMB 170, ce qui correspond à l'ajout d'un segment de fuselage en amont et en aval des surfaces portantes. Excepté ce détail, la version allongée est à 95 pour cent similaire à l'EMB 170. Le compartiment pour passagers de l'EMB 175 est proposé avec divers aménagements.

Type : Embraer EMB 175
Pays de production : Brésil
Utilisation : Avion de ligne moyen-courrier
Envergure : 26,00 m
Longueur : 31,68 m
Motorisation : 2 réacteurs General Electric CF34-8E délivrant une puissance au décollage de 62,3 kN (6 350 kp) chacun
Poids maximum au décollage : 35 990 kg
Vitesse de croisière : 870 km/h
Autonomie : 3 334 km
Plafond : 10 700 m
Capacité : 78-86 passagers

Embraer EMB 195

Avion ligne biréacteur correspondant à une version allongée de l'EMB 190. Deux segments de fuselage ont été insérés en amont et en aval des surfaces portantes (vol initial en décembre 2004). La version LR est de plus proposée avec des réservoirs plus volumineux et une autonomie supplémentaire de 550 km.

Type : Embraer EMB 195 LR
Pays de production : Brésil
Utilisation : Avion commercial moyenne portée
Envergure : 28,72 m
Longueur : 38,65 m
Motorisation : 2 réacteurs General Electric CF34-10E de 82,3 kN (8 390 kp) chacun
Poids maximum au décollage : 48 790 kg
Vitesse de croisière : 870 km/h
Autonomie : 3 334 km
Plafond : 10 700 m
Capacité : 108-118 passagers

Embraer CBA 123 Vector

Avion de ligne et de transport bimoteur pour le trafic régional et de tourisme (vol initial en 1991). Cet appareil à ailes surbaissées avec empennage en T est entraîné par deux moteurs à hélice placés dans la partie arrière du fuselage.

Type : Embraer CBA 123
Pays de production : Brésil
Utilisation : Avion de ligne
Envergure : 17,93 m
Longueur : 18,09 m
Motorisation : 2 turbopropulseurs TPF 351 20 de 713 kW (970 CV) chacun
Poids maximum au décollage : 9 500 kg
Vitesse de croisière : 600 km/h
Autonomie : 1 400 km
Plafond : 12 200 m
Capacité : 19 passagers + 2 membres d'équipage

Focke-Wulf A 17 Möwe

Avion de ligne monomoteur à ailes surélevées (vol initial en 1927). L'A 17 était l'avion commercial le plus rentable de son époque. Le Möwe (mouette en français) resta en service jusqu'en 1937 (il assurait entre autres la liaison Berlin – Zurich et Berlin – Paris). En cours de construction, l'avion fut équipé de moteurs plus puissants.

Type : Focke-Wulf A 17
Pays de production : Allemagne
Utilisation : Avion de ligne
Envergure : 20,00 m
Longueur : 13,00 m
Motorisation : 1 moteur Gnome-Rhône Jupiter de 310 kW (420 CV)
Poids maximum au décollage : 3 610 kg
Vitesse de croisière : 160 km/h
Autonomie : 700 km
Plafond : 4 300 m
Capacité : 8–9 passagers + 2 membres d'équipage

Focke-Wulf Fw 200 Condor

Avion de ligne quadrimoteur à ailes surbaissées à portée libre. Les premiers essais, réalisés en 1937, étaient très prometteurs et la Lufthansa en a profité pour commander la première série, soit 9 Fw 200A. À l'exportation, deux appareils furent commandés par le Danemark (illustration) et par le Brésil. Plus tard, le Fw 200B a été le premier avion de série de grande taille à être muni de moteurs BMW plus puissants. En août 1938, l'appareil V-1 (Fw 200S-1) converti en avion long-courrier effectua le vol New York – Berlin en moins de 20 heures.

Type : Fw 200A (série)
Pays de production : Allemagne
Utilisation : Avion de ligne
Envergure : 32,84 m
Longueur : 23,85 m
Motorisation : 4 moteurs BMW 132G-1 de 530 kW (720 CV) chacun
Poids maximum au décollage : 14 600 kg
Vitesse de croisière : 335 km/h
Autonomie : 1 450 km
Plafond : 7 200 m
Capacité : 26 passagers + 4 membres d'équipage

Fokker F.III

Avion de ligne monomoteur à ailes hautes (vol initial en 1921) conçu d'après les plans du l'ingénieur en chef Reinhold Platz. Le F.III fut le premier avion de ligne de Fokker. Ces avions effectuèrent de nombreux vols en Europe (par exemple Amsterdam – Londres depuis avril 1921). Le 30/04/1922, un Fokker F.III partit de Königsberg (l'actuelle Kaliningrad) à destination de Moscou et assura ainsi une liaison régulière entre l'Allemagne et l'Union soviétique.

Type : Fokker F.III
Pays de production : Pays-Bas
Utilisation : Avion de ligne
Envergure : 17,60 m
Longueur : 11,07 m
Motorisation : 1 moteur Armstrong Siddeley Puma de 176 kW (240 CV)
Poids maximum au décollage : 1 900 kg
Vitesse de croisière : 135 km/h
Autonomie : 1 000 km
Plafond : 3 200 m
Capacité : 5 passagers + 1 membre d'équipage

Fokker F.XXXVI

Avion de ligne et de transport à ailes hautes (vol initial le 22/06/1934). Cet appareil se caractérise par des roues de train d'atterrissage (ø 1,80 m) très grandes pour l'époque. La voilure de grande dimension était en bois. Les quatre compartiments pouvant accueillir 32 passagers étaient convertibles en compartiments-lits (avec 16 couchettes).

Type : Fokker F.XXXVI
Pays de production : Pays-Bas
Utilisation : Avion de ligne
Envergure : 32,92 m
Longueur : 23,60 m
Motorisation : 4 moteurs Wright Cyclone F2 de 569 kW (760 CV)
Poids maximum au décollage : 16 500 kg
Vitesse de croisière : 280 km/h
Autonomie : 1 350 km
Plafond : 4 400 m
Capacité : 32 passagers + 4 membres d'équipage

Fokker/Fairchild F.27 Friendship

Avion de ligne bimoteur à ailes hautes (vol initial du 1er prototype le 24/11/1955), conçu à l'origine pour remplacer le DC-3 largement répandu. Il s'agissait d'un avion polyvalent avec cabine pressurisée construit dans différentes versions (civiles et militaires). L'allongement du fuselage permit d'augmenter la capacité de transport de passagers de 44 à 52. En 1956, Fokker signa un contrat avec Fairchild pour la production (sous licence) de l'avion aux États-Unis. Le premier appareil construit outre-atlantique (illustration) décolla en 1958. Avec plus de 800 exemplaires construits et commercialisés, le Fokker F.27 est l'un des appareils turbopropulsés ayant connu les plus grand succès de tous les temps.

Type : Fokker F.27-200
Pays de production : Pays-Bas, États-Unis
Utilisation : Avion de ligne et de transport
Envergure : 29,00 m
Longueur : 23,50 m
Motorisation : 2 turbopropulseurs Rolls-Royce Dart Mk.528 de 1 730 kW (2 350 CV) chacun
Poids maximum au décollage : 19 050 kg
Vitesse de croisière : 483 km/h max.
Autonomie : 1 470 km
Plafond : 9 935 m
Capacité : 44 passagers + 2 membres d'équipage

Fokker F.28 Fellowship

Avion commercial biréacteur court-courrier à ailes surbaissées et empennage en T (vol initial le 09/05/1967). La production, en coopération avec MMB et Short avec assemblage final à Amsterdam, prit fin en 1987 avec 241 exemplaires sortis d'usine. La compagnie construisit les versions 1000, 2000 (plus longue de 2,5 m pour accueillir 79 passagers), 500 et 6000 (réacteurs plus puissants et becs de bord d'attaque) ainsi que 3000 et 4000 (voilure allongée).

Type : Fokker F.28-3000
Pays de production : Pays-Bas
Utilisation : Avion de ligne
Envergure : 25,07 m
Longueur : 27,40 m
Motorisation : 2 réacteurs Rolls-Royce RB1832 Spey Mk.55515P de 44 kN (4 486 kp) de poussée chacun
Poids maximum au décollage : 33 110 kg
Vitesse de croisière : 850 km/h max.
Autonomie : 2 443 km
Plafond : 10 675 m
Capacité : 64 passagers

Fokker 50

Avion de ligne bimoteur (vol initial en 1985). Malgré sa ressemblance avec le F-27, le Fokker 50 est un avion en grande partie nouvellement développé pour le trafic régional à courte distance (versions 50-100 et 50-300 également comme appareils mixtes). Au total, 205 exemplaires du Fokker 50 étaient sortis d'usine au terme de sa production en 1997.

Type : Fokker 50-100
Pays de production : Pays-Bas
Utilisation : Avion de ligne
Envergure : 29,00 m
Longueur : 25,25 m
Motorisation : 2 moteurs Pratt & Whitney Canada PW125B de 1 864 kW (2 535CV) chacun
Poids maximum au décollage : 19 950 kg
Vitesse de croisière : 532 km/h max.
Autonomie : 2 055 km
Plafond : 4 400 m
Capacité : 50–58 passagers + 2 membres d'équipage

Fokker 100

Avion de ligne biréacteur à ailes surbaissées et empennage en T (vol initial le 30/11/1986), perfectionnement du F-28 de Fokker. Il se distinguait par des nuisances sonores extrêmement réduites (« jet murmure ») pour cette époque. Depuis 1994, il existe une version rapidement convertible du trafic de passagers à celui de fret, avec porte de chargement au niveau de la partie avant gauche du fuselage.

Type : Fokker 100
Pays de production : Pays-Bas
Utilisation : Avion de ligne
Envergure : 28,08 m
Longueur : 35,31 m
Motorisation : 2 moteurs Rolls-Royce Tay Mk.650-15 de 68 kN (6 934 kp) de poussée chacun
Poids maximum au décollage : 44 500 kg
Vitesse de croisière : 755 km/h
Autonomie : 4 300 km
Plafond : 11 900 m
Capacité : 95–107 passagers

(Grumman G-159) Gulfstream I

Avion de tourisme bimoteur turbopropulsé (vol initial le 14/08/1958). L'appareil accueillait 10–14 passagers dans d'excellentes conditions de confort et fut conçu pour les longs trajets. Une version avait été conçue comme avion de ligne pour 19–24 passagers. L'avionneur construisit également deux versions à vocation militaire pour l'US Navy (marine navale) et la garde côtière nord-américaine.

Type : Grumman G-159 Gulfstream I
Pays de production : États-Unis
Utilisation : Avion de tourisme
Envergure : 23,90 m
Longueur : 19,40 m
Motorisation : 2 moteurs Rolls-Royce RDa-7/2 de 1 485 kW (2 020 CV) chacun
Poids maximum au décollage : 15 935 kg
Vitesse de croisière : 560 km/h
Autonomie : 4 086 km
Plafond : 10 760 m
Capacité : 10–14 (ou 19–24) passagers + 2 membres d'équipage

Gulfstream G 550

Avion de tourisme biréacteur long-courrier, conçu à partir de la version précédente (Gulfstream V-SV). Il est équipé de la nouvelle avionique Honeywell avec écrans LCD, Cursor control devices, Enhanced vision system (IR, soit une représentation du terrain en perspective) et dispose d'un hublot de cabine supplémentaire. Par ailleurs, son poids admissible au décollage a été accru et son autonomie prolongée. Des avions de reconnaissance sont également produits.

Type : Gulfstream G 550
Pays de production : États-Unis
Utilisation : Avion d'affaires
Envergure : 28,50 m
Longueur : 29,40 m
Motorisation : 2 moteurs Rolls Royce BR 710 de 68,4 kN (6 975 kp) de poussée chacun
Poids maximum au décollage : 41 277 kg
Vitesse de croisière : 904 km/h
Autonomie : 12 500 km
Plafond : 15 545 m
Capacité : 14–18 passagers + 2 membres d'équipage

Guppy

Avion de transport quadrimoteur dérivé du Boeing 377. Les divers appareils ont été modifiés et motorisés de différentes manières par Conroy Aircraft. Le Super Guppy Turbine (dont les moteurs à piston furent remplacés par des turbines à hélice) avait servi au transport de pièces de fusées (par exemple des étages de Saturn V, par ex.) pour le compte de la NASA.

Après la fin du programme Apollo, ces appareils ont été vendus à l'Aérospatiale française et ont été utilisés pour assurer le transport de pièces d'avion entre les différents sites de production d'Airbus Industrie jusqu'à ce que ce constructeur développe son propre avion gros-porteur (voir Airbus A300ST Beluga).

Type : Boeing 377 SGT-201 Super Guppy Turbine
Pays de production : États-Unis
Utilisation : Avion de transport
Envergure : 47,61 m
Longueur : 46,84 m
Motorisation : 4 moteurs Allison 501 D22C de 3 610 kW (4 910 CV) chacun
Poids maximum au décollage : 77 100 kg
Vitesse de croisière : 460 km/h
Autonomie : 813 km
Plafond : 7 600 m
Capacité de charge : 24 500 kg

Hamburger Flugzeugbau HFB 320 Hansa Jet

Avion d'affaires biréacteur à ailes demi-surélevées et empennage en T de la Hamburger Flugzeugbau GmbH (vol initial 21/04/1964). Le premier avion de ligne à réacteurs allemand à avoir effectivement été construit (depuis 1967 à Hambourg – Finkenwerder) et livré en série. L'avion se distingue par une voilure à flèche négative de 15°. Après la reprise par Messerschmitt-Boelkow-Blohm (MBB), la production de l'appareil fut poursuivie, mais, au total, seules 45 unités furent livrées.

Type : HFB 320
Pays de production : Allemagne
Utilisation : Avion d'affaires
Envergure : 14,49 m
Longueur : 16,61 m
Motorisation : 2 moteurs General Electric CJ 610-9 de 12,7 kN (1 295 kp) de poussée chacun
Poids maximum au décollage : 9 200 kg
Vitesse de croisière : 700 km/h.
Autonomie : 2 300 km max.
Plafond : 11 600 m
Capacité : 12 passagers + 2 membres d'équipage

Handley Page Hermes

Avion de ligne quadrimoteur moyen-courrier britannique (vol initial le 02/09/1947). L'Hermes dérive de la version militaire (transport de troupes) appellée Hastings. Le prototype Hermes I s'écrasa lors de son vol initial, en 1945. Ce n'est que le Hermes IV qui fut produit en série et entra au service de la BOAC. Comme entre temps des appareils plus performants étaient commercialisés aux États-Unis, les avions Hermes passèrent très vite au second plan.

Type : Handley Page H.P.81 Hermes IV
Pays de production : Grande-Bretagne
Utilisation : Avion de ligne
Envergure : 34,44 m
Longueur : 29,52 m
Motorisation : 4 moteurs Bristol Hercules 763 de 1 566 kW (2 130 CV) chacun
Poids maximum au décollage : 39 000 kg
Vitesse de croisière : 435 km/h à 6 100 m
Autonomie : 3 220 km
Plafond : 7 670 m
Capacité : 82 passagers

Hawker Siddeley Trident

Avion de ligne triréacteur (vol initial de la version 2E le 27/07/1967). Le Trident 1 (103 passagers, mis en service en 1962) et le Trident 1E ont générés le Trident 2E. Avec 50 unités sorties d'usine, il est l'appareil Trident qui a connu le plus de succès. La version allongée proposée par la suite en 1970 (Trident 3B) avait un quatrième moteur en queue.

Type : Hawker Siddeley HS 121 Trident 2E
Pays de production : Grande-Bretagne
Utilisation : Avion de ligne
Envergure : 29,87 m
Longueur : 34,98 m
Motorisation : 3 réacteurs Rolls-Royce RB163-25 Spey 512 de 512 kN (5 420 kp) de poussée chacun
Poids maximum au décollage : 65 000 kg
Vitesse de croisière : 960 km/h max.
Autonomie : 4 148 km
Plafond : 8 990 m
Capacité : 128 passagers + 3 membres d'équipage

Heinkel He 70 Blitz

Avion de ligne monomoteur rapide (vol initial 01/02/1932), conçu pour concurrencer le Lockheed Orion 9 C. Le He 70 était plus rapide que les chasseurs de l'époque et fut le premier avion de ligne du monde avec un train d'atterrissage rétractable. En 1933, l'avion battit huit records mondiaux de vitesse. L'appareil pouvait accueillir quatre passagers sur des sièges doubles.

Type : Heinkel He 70
Pays de production : Allemagne
Utilisation : Avion de ligne
Envergure : 14,80 m
Longueur : 11,70 m
Motorisation : 1 moteur BMW VI 7,3 de 552 kW (750 CV)
Poids maximum au décollage : 3 310 kg
Vitesse de croisière : 323 km/h
Autonomie : 2 100 km max.
Plafond : 5 500 m
Capacité : 4 passagers + 2 membres d'équipage

Iliouchine Il-12

Avion de ligne et de transport bimoteur (vol initial le 07/01/1946) conçu pour remplacer le Li-2 de construction similaire. Ces avions qui volaient dans les conditions climatiques et d'utilisation les plus variées furent construits à près de 3 000 exemplaires. Il servirent d'avions de ligne à l'Aeroflot et furent également employés en Pologne et en Tchécoslovaquie.

Type : Iliouchine Il-12
Pays de production : Union soviétique
Utilisation : Avion de ligne
Envergure : 31,70 m
Longueur : 21,30 m
Motorisation : 2 moteurs ASch-82 FN de 1 360 kW (1 850 CV) chacun
Poids maximum au décollage : 17 000 kg
Vitesse de croisière : 320 km/h
Autonomie : 1 900 km
Plafond : 6 700 m
Capacité : 24 (jusqu'à 32 max.) passagers + 4–5 membres d'équipage

Iliouchine Il-18

Avion de ligne quadrimoteur conçu comme moyen et long-courrier (vol initial le 04/06/1957). L'appareil était équipé de turbopropulseurs et d'une cabine pressurisée. La version initiale (dès 1959) pouvait accueillir 75 passagers. La version Il-18B fut aménagée pour 84 passagers. Les versions D et E avaient une cabine allongée, la version D comportait davantage de réservoirs supplémentaires pour les vols à grande distance. Cet appareil, apprécié pour sa robustesse et sa fiabilité, était très répandu.

Type : Iliouchine Il-18D
Pays de production : Union soviétique
Utilisation : Avion de ligne
Envergure : 35,90 m
Longueur : 37,40 m
Motorisation : 4 moteurs Ivtchenko AI-20M de 3 125 kW (4 250 CV)
Poids maximum au décollage : 64 000 kg
Vitesse de croisière : 625 km/h
Autonomie : 4 270 km
Plafond : 9 000 m
Capacité : 110–122 passagers + 5 membres d'équipage

Iliouchine Il-76

Avion de transport quadriréacteur à ailes surélevées (vol initial le 25/03/1971). La version militaire permettait le transport d'appareillages lourds et l'évolution sur des terrains non aménagés. En dehors de l'Union soviétique et des états qui lui ont succédé, le Il-76 volait et vole toujours sous diverses formes modifiées (entre autres comme avion d'extinction). La nouvelle version civile IL-76-TD est équipée de réacteurs Perm PS-90A-76 (vol initial le 05/08/2005).

Type : Iliouchine Il-76
Pays de production : Union soviétique
Utilisation : Avion utilitaire
Envergure : 50,30 m
Longueur : 46,30 m
Motorisation : 4 réacteurs Soloviev D-30KP de 120 kN (12 236 kp) de poussée chacun
Poids maximum au décollage : 190 000 kg
Vitesse de croisière : 850 km/h
Autonomie : 4 800 km
Plafond : 13 000 m
Capacité de charge : 47 t
Équipage : 7 personnes

Iliouchine Il-96

Avion de ligne quadriréacteur gros-porteur long-courrier (vol initial le 30/08/1988). L'Il-96 se distingue du Il-86 par son envergure plus importante, sa dérive plus élevée ainsi que par ses ailettes bien visibles. Le fuselage, vu de face, ne se distingue pas du Il-86. Plusieurs versions différentes ont encore suivi la version de base (avions de fret, etc.). Le Il-96-550 (projet) est un appareil à deux ponts pouvant emporter jusqu'à 550 passagers.

Type : Illiouchine Il-96-300
Pays de production : Russie
Utilisation : Avion de ligne
Envergure : 60,10 m
Longueur : 55,30 m
Motorisation : 4 moteurs Aviadvigatel PS-90A de 156,9 kN (16 000 kp) de poussée chacun
Poids maximum au décollage : 216 000 kg
Vitesse de croisière : 980 km/h
Autonomie : 8 900 km de charge utile max.
Hauteur de vol : 12 000 m
Capacité : 235–270 passagers, 300 au max.

Iakovlev Iak-42

Avion de ligne triréacteur soviétique à ailes surbaissées et empennage en T (vol initial le 07/03/1975). Le Iak-42, dérivé du Iak-40, avait été construit pour remplacer, entre autres, le Tu-124, le Tu-134 ou le Il-18 sur de courtes et moyennes distances. Il fut mis en service en 1980. La version de plus grande taille, le Iak-42D (120 passagers), fut lancée en 1989. La dernière version, avec avionique d'Allied Signal, est en service depuis 1993 sous le nom de Iak-142.

Type : Iakovlev Iak-42D (Iak-142)
Pays de production : Union soviétique
Utilisation : Avion de ligne
Envergure : 34,88 m
Longueur : 36,38 m
Motorisation : 3 turboréacteurs à double flux Lotarev D-36 de 63,7 kN (6 500 kp) de poussée chacun
Poids maximum au décollage : 56 500 kg
Vitesse de croisière : 810 km/h au max.
Autonomie : 4 000 km au max.
Plafond : 9 600 m
Capacité : 104–120 passagers

Junkers F 13

Avion de ligne monomoteur à ailes surbaissées et premier avion civil entièrement métallique (vol initial le 25/06/1919). Le Junkers F 13 était le premier avion du monde spécialement conçu pour le transport de passagers. Sa structure consistait en contrefiches en duralumine rivetée. La cabine fermée était équipée de sièges rembourrés ou de fauteuils en osier. Elle avait en outre un chauffage et l'éclairage électrique. L'appareil pouvait également être équipé de flotteurs ou de skis. La puissance du moteur fut peu à peu relevée au fil des années de construction (au total, plus de 60 versions dérivées, du F 13a jusqu'au F 13k, furent produites) de 118 kW à 420 kW. Environ un tiers des 330 F 13 construits étaient immatriculés en Allemagne.

Type : Junkers F 13a
Pays de production : Allemagne
Utilisation : Avion de ligne
Envergure : 17,80 m
Longueur : 10,50 m
Motorisation : 1 moteur Junkers L2 de 170 kW (230 CV) à partir de 1924
Poids maximum au décollage : 1 850 kg
Vitesse maximale : 170 km/h
Plafond : 4 000 m
Autonomie : 1 200 km
Capacité : 4 passagers + 2 membres d'équipage

Junkers G 23/G 24

Avion de ligne trimoteur à ailes surbaissées et portée libre, comportant une structure entièrement métallique (vol initial le 18/09/1924). Le Junkers G 23 (illustration) est apparenté avec le G 24. Malgré sa vocation civile, il fallut recourir aux moteurs Mercedes D IIIa, moins puissants, en raison des restrictions alliées concernant la construction d'avions en Allemagne. La plupart des appareils furent exportés en Suède et mis au niveau du G 24, puis réimportés en Allemagne avec une immatriculation suédoise. Dès mai 1926, le G 24 put à nouveau être assemblé au sein des usines de Dessau, ce qui mit un terme aux « activités d'import-export » germano-suédoises.

Type : Junkers G 23
Pays de production : Allemagne
Utilisation : Avion de ligne
Envergure : 28,50 m
Longueur : 15,28 m
Motorisation : 1 moteur Junkers L2, 2 moteurs Mercedes D IIIa avec 378 kW (515 CV) supplémentaires.
Poids maximum au décollage : 5 500 kg
Vitesse maximale : 170 km/h
Plafond : 4 000 m
Capacité : 9 passagers + 2 membres d'équipage

Type : Junkers G 24a
Pays de production : Allemagne
Utilisation : Avion de ligne
Envergure : 28,50 m
Longueur : 15,23 m
Motorisation : 3 moteurs L2 de 170 kW (230 CV) chacun
Poids maximum au décollage : 5 500 kg
Vitesse maximale : 175 km/h
Autonomie : 1 300 km
Plafond : 4 000 m
Capacité : 9 passagers + 2 membres d'équipage

Junkers W 33/W 34

Le W 33 muni d'ailes surbaissées à portée libre, était conçu à l'origine comme avion de fret et avion postal. Il constituait un perfectionnement du F 13 (vol initial le 17/06/1926). Mais l'appareil pouvait également accueillir des passagers. Les W 33 et W 34 se distinguaient par une motorisation et une envergure différentes. Une version bombardier et de reconnaissance à trois sièges fut également construite en Suède.

Type : Junkers W 34hi
Pays de production : Allemagne
Utilisation : Avion de transport et de ligne
Envergure : 17,75 m
Longueur : 10,27 m
Motorisation : 1 moteur BMW 132 A de 485 kW (660 CV)
Poids maximum au décollage : 3 200 kg
Vitesse maximale : 265 km/h
Autonomie : 900 km
Plafond : 6 300 m
Capacité : 6 passagers + 2 membres d'équipage

Junkers G 38

Avion commercial quadrimoteur à ailes demi-surélevées et empennage sous forme de caisson (vol initial 06/11/1929). Les ailes du G 38 pouvaient à la fois transporter des passagers et des marchandises, outre la disposition des moteurs et des réservoirs de carburant. Plus tard, les moteurs furent échangés contre des moteurs plus puissants. Le premier des deux seuls G 38 construits s'écrasa à l'atterrissage en 1936, à Dessau. Le second fut employé comme avion de transport pendant la Seconde Guerre mondiale et détruit au sol par les forces alliées britanniques en mai 1941 près d'Athènes.

Type : Junkers G 38
Pays de production : Allemagne
Utilisation : Avion de ligne
Envergure : 44,00 m
Longueur : 23,20 m
Motorisation : 2 moteurs V12 L55 de 441 kW (600 CV) chacun et 2 moteurs en ligne à 6 cylindres L8 de 294 kW (400 CV) chacun
Poids maximum au décollage : 21 500–23 000 kg
Vitesse de croisière : 210 km/h
Autonomie : 3 500 km
Capacité : 30–34 passagers + 7 membres d'équipage

Junkers Ju 52/3m

Avion de ligne trimoteur à ailes surbaissées à portée libre de construction entièrement métallique (vol initial le 07/05/1932). La construction cellulaire correspondait dans les grandes lignes à la version monomoteur précédente Ju 52/1m. La cabine confortable dotée d'un chauffage à air chaud, d'une ventilation, d'un emplacement pour se laver, d'une toilette, d'emplacements de rangement pour les bagages et le fret postal pouvait accueillir 15 passagers (17 en comptant les places de secours). Les versions pour le transport de fret furent dotées d'une grande porte d'accès à droite de la partie arrière du fuselage. Au niveau du cockpit, la double commande du Ju 52/1m fut conservée et un équipement radio installé. La Lufthansa allemande exploita jusqu'en 1945 plus de 200 « Tante Ju » en tant qu'avions standard utilisables dans toutes les conditions météorologiques.

Type : Junkers Ju 52/3m
Pays de production : Allemagne
Utilisation : Avion de ligne
Envergure : 29,25 m
Longueur : 18,90 m
Motorisation : 3 Pratt & Whitney Hornet S1E-G avec 526 kW (715 PS) chacun
Poids maximum au décollage : 9 200 kg
Vitesse maximale : 290 km/h
Autonomie : 1 300 km max.
Plafond : 6 300 m
Capacité : 15 (17) passagers + 2 membres d'équipage

Junkers Ju 60

Avion de ligne rapide monomoteur avec des ailes surbaissées à portée libre ainsi qu'un fuselage en tôle lisse (vol initial le 08/11/1932). Le Ju 60, dernier modèle signé Hugo Junkers, n'atteignit pas les performances d'un avion de transport de ligne rapide. Seuls trois prototypes furent construits. Un appareil fut dans un premier temps utilisé comme avion de fret avant d'être converti en avion de ligne de 1934 à 1936. Le troisième prototype servit de modèle au Ju 160.

Type : Junkers Ju 60
Pays de production : Allemagne
Utilisation : Avion de ligne rapide
Envergure : 14,30 m
Longueur : 11,84 m
Motorisation : 1 moteur en étoile Pratt & Whitney Hornet de 404 kW (550 CV)
Poids maximum au décollage : 3 090 kg
Vitesse maximale : 282 km/h
Autonomie : 1 000 km
Plafond : 5 200 m
Capacité : 6 passagers + 2 membres d'équipage

Junkers Ju 160

Avion monomoteur pour le transport de passager (vol initial en 1934) : le Ju 160 fut élaboré, en se basant sur les expériences du Ju 60, en tant qu'avion à ailes surbaissées à portée libre et avec une structure en tôle polie monocoque. Les ailes doubles étaient pointues, fortement en flèche et d'un seul tenant. Les surfaces extérieures étaient bord-à-bord et idéalement conçues du point de vue aérodynamique.

Type : Junkers Ju 160
Pays de production : Allemagne
Utilisation : Avion commercial rapide
Envergure : 14,30 m
Longueur : 12,30 m
Motorisation : 1 moteur BMW-132A de 490 kW (666 CV)
Poids maximum au décollage : 3 540 kg
Vitesse maximale : 340 km/h
Autonomie : 1 100 km
Plafond : 5 200 m
Capacité : 6 passagers + 2 membres d'équipage

Junkers Ju 90

Avion de ligne quadrimoteur avec double empennage latéral (vol initial le 28/08/1937). Cet appareil est issu du programme de développement non achevé d'un bombardier stratégique (Ju 89). Il avait été conçu pour concurrencer le Douglas DC-3. On l'appela également « Der Große Dessauer» (le grand de Dessau) en référence au site de production. Deux prototypes s'écrasèrent lors d'un essai en vol. Jusqu'au début de la guerre, six unités furent encore livrées à la Lufthansa.

Type : Junkers Ju 90
Pays de production : Allemagne
Utilisation : Avion de ligne
Envergure : 35,30 m
Longueur : 26,42 m
Motorisation : 4 moteurs en étoile BMW-132h de 550 kW (750 CV) chacun
Poids maximum au décollage : 23 000 kg
Vitesse maximale : 350 km/h
Autonomie : 2 092 km
Plafond : 5 750 m
Capacité : 40 passagers + 4 membres d'équipage

Kalinine K 5

Avion de ligne monomoteur a ailes surélevées haubanées avec voilure elliptique (vol initial en avril 1929). L'appareil disposait d'une cabine confortable pour les passagers. Le K 5 fut construit à 260 exemplaires.

Type : Kalinine K 5
Pays de production : Union soviétique
Utilisation : Avion de ligne
Envergure : 20,50 m
Longueur : 15,80 m
Motorisation : 1 moteur M22 de 355 kW (482 CV)
Poids maximum au décollage : 4 000 kg
Vitesse de croisière : 172 km/h
Autonomie : 1 020 km
Plafond : 5 560 m
Capacité : 6 passagers + 2 membres d'équipage

Learjet 23

Avion d'affaires biréacteur à ailes surbaissées (vol initial le 07/10/1963). S'inspirant d'un modèle suisse, William P. Lear créa un type d'avion révolutionnaire. Il servit de modèle à toute une série d'avions similaires utilisés dans le domaine de l'aviation générale. La cabine permettait d'accueillir jusqu'à six passagers (contre quatre dans les autres avions de ce type). 104 appareils ont été construits jusqu'en 1966.

Type : Learjet 23
Pays de production : États-Unis
Utilisation : Avion d'affaires
Envergure : 10,84 m
Longueur : 13,18 m
Motorisation : 2 réacteurs General Electric CJ-610-4 de 12,7 kN (1 295 kp) de poussée chacun
Poids maximum au décollage : 5 675 kg
Vitesse de croisière : 817 km/h
Autonomie : 2 660 km
Plafond : 13 750 m
Capacité : 4–6 passagers + 2 membres d'équipage

Learjet (Bombardier) 45

Avion d'affaires biréacteur à ailes surbaissées et empennage en T, construit par l'avionneur canadien Bombardier en collaboration avec de nombreuses sociétés associées (vol initial le 07/10/1995). Contrairement aux appareils dérivant de l'avion de base Learjet 23, le 45 s'appuie sur un concept nouveau. Une version long-courrier, le 45 XR (avec un poids au décollage et une autonomie accrus), est également construite par Bombardier.

Type : Learjet 45
Pays de production : Canada
Utilisation : Avion d'affaires
Envergure : 14,56 m
Longueur : 17,68 m
Motorisation : 2 réacteurs Allied Signal TFE731-20 de 15,7 kN (1 586 kp) de poussée chacun
Poids maximum au décollage : 9 163 kg
Vitesse de croisière : 859 km/h
Autonomie : 3 865 km max.
Plafond : 14 545 m
Capacité : 8–9 passagers

Learjet (Bombardier) 60

Biréacteur d'affaires moyen-courrier (vol initial le 15/06/1992), basé sur le 55 de 1979 mais avec fuselage plus allongé. Cet avion est entre autres équipé du système de télécommunication Satcom (téléphone satellite, téléfax, Internet), d'un écran de type Airshow 400, d'un système vidéo de cabine, d'un lecteur de DVD/CD, de toilettes séparées avec lavabo. Les sièges de la cabine passagers sont aisément convertibles en couchettes pour les vols de nuit. L'office nord-américain de l'aviation FAA homologua en octobre 2006 la version long-courrier XR (l'EASA européen fit de même une année plus tard). Elle se différencie de son prédécesseur par une avionique moderne et une cabine de conception nouvelle.

Type : Learjet 60 XR
Pays de production : Canada
Utilisation : Avion d'affaires

Envergure : 13,35 m
Longueur : 17,89 m
Motorisation : 2 réacteurs Pratt & Whitney PW305A de 20,46 kN (2 086 kp) de poussée au décollage chacun
Poids maximum au décollage : 10 319 kg
Vitesse de croisière : 846 km/h
Autonomie : 4 625 km max.
Plafond : 15 545 m
Capacité : 8–10 passagers + 2 membres d'équipage

Learjet (Bombardier) 85

Avion biréacteur pour voyages d'affaires. Cet appareil est le plus récent et le plus grand de la série des Learjet et il est prévu de l'homologuer en tant qu'avion de ligne. Le Learjet 85 sera le premier avion de l'entreprise Bombardier dont l'ensemble de la structure sera formée de matériaux composites. Sa cabine à une longueur de 7,54 m, une largeur de 1,85 m et une hauteur de 1,80 m. Il a une cuisine de bord, une toilette et un local pour se laver. Ce projet a débuté à fin octobre 2007 et les premiers clients devraient être livrés dès 2013.

Type : Learjet 85
Pays de production : Canada
Utilisation : avion pour voyages d'affaires
Envergure : 18,75 m
Longueur : 20,84 m

Motorisation : 2 turboréacteurs à double flux Pratt & Whitney 307B de 27,13 kN (2 766 kp) de poussée chacun
Poids maximum au décollage : 15 195 kg
Vitesse de croisière : max. 870 km/h
Autonomie : 5 556 km
Plafond : 14 935 m
Passagers : 8 + 2 membres d'équipage

Let L-200 Morava

Avion polyvalent bimoteur à ailes surbaissées avec double empennage latéral (vol initial du prototype le 08/04/1957), utilisé dès le départ comme avion d'affaires, de transport régional et sanitaire (avec deux civières) et pour bon nombre d'autres fonctions dans le domaine de l'aviation générale. Le nombre de Morava produits dépasse 1 000 unités.

Type d'appareil : Let L-200 A Morava
Pays de production : Tchécoslovaquie
Utilisation : Avion polyvalent
Envergure : 12,00 m
Longueur : 8,60 m
Motorisation : 2 moteurs Walter Minor M 337 de 154 kW (210 CV) chacun
Poids maximum au décollage : 1 950 kg
Vitesse de croisière : 296 km/h
Autonomie : 1 700 km
Plafond : 6 400 m
Capacité : 4 passagers + 1 pilote

Let L-410 Turbolet

Avion de ligne bimoteur pour le transport de passagers et de fret sur de courtes distances (vol initial du prototype le 16/04/1969). Cet avion est capable d'évoluer sur des pistes en herbe. Le L-410 a été livré dans bon nombre de versions (la plus couronnée de succès étant le L-410UVP avec fuselage allongé et envergure accrue) et avec des équipements spéciaux (avion sanitaire ou avion de prises de vue, etc.). Jusqu'à ce jour, plus de 1100 exemplaires de toutes les versions du L-410 ont été construits.

Type : Let L-410 UVP
Pays de production : Tchécoslovaquie
Utilisation : Avion polyvalent
Envergure : 19,48 m
Longueur : 14,47 m
Motorisation : 2 moteurs Walter M601B de 544 kW (740 CV) chacun
Poids maximum au décollage : 5 800 kg
Vitesse de croisière : 375 km/h
Autonomie : 1 700 km
Plafond : 1 040 m
Capacité : 17–19 passagers + 1 pilote

Let L-610

Avion de ligne bimoteur à ailes surbaissées et empennage en T, utilisé comme avion court-courrier et de transport régional (vol initial 28/12/1988). Le perfectionnement du Let L-410 a été conçu pour les conditions climatiques extrêmes. Après le démantèlement de l'Union soviétique, il fut adapté aux besoins du marché occidental (vol initial de la version L-610G le 18/12/1992).

Type : Let L-610
Pays de production : République tchèque
Utilisation : Avion polyvalent
Envergure : 28,50 m
Longueur : 29,40 m
Motorisation : 2 moteurs Motolet M-602 de 1 340 kW (1 820 CV) chacun
Poids maximum au décollage : 14 000 kg
Vitesse de croisière : 400 km/h
Autonomie : 2 400 km
Plafond : 10 250 m
Capacité : 40 passagers + 2 membres d'équipage

Lockheed Vega

Avion de ligne monomoteur à ailes surélevées à coque en bois (vol initial le 04/07/1927). Le pilote et les passagers voyageaient dans une cabine fermée. Amelia Earhart fut la première pilote à faire le tour du monde en solitaire à bord d'un Vega 5B NC7952. La production s'est arrêtée après 128 exemplaires sortis d'usine.

Type : Lockheed Vega 5C
Pays de production : États-Unis
Utilisation : Avion de tourisme
Envergure : 12,50 m
Longueur : 8,38 m
Motorisation : 1 moteur en étoile Pratt & Whitney Wasp SC-1 de 330 kW (450 CV)
Poids maximum au décollage : 2 155 kg
Vitesse maximale : 298 km/h
Autonomie : 885 km
Plafond : 5 485 m
Capacité : 6 passagers + 1 pilote

Lockheed 10/12 Electra

Avion de ligne bimoteur à ailes surbaissées avec double empennage latéral (vol initial le 23/02/1934). Cet appareil pouvait transporter dix passagers avec leurs bagages. Une version plus petite, le 12, fut utilisée comme avion régional et de tourisme et pouvait accueillir six passagers dans sa cabine raccourcie.

Type : Lockheed 10 Electra
Pays de production : États-Unis
Utilisation : Avion de ligne
Envergure : 16,76 m
Longueur : 11,76 m
Motorisation : 2 moteurs Pratt & Whitney R985-SB de je 335 kW (456 CV) chacun
Poids maximum au décollage : 4 773 kg
Vitesse maximale : 353 km/h
Autonomie : 1 520 km
Plafond : 6 100 m
Capacité : 10 passagers + 2 membres d'équipage

Lockheed Constellation

Avion de ligne quadrimoteur long-courrier avec triple empennage latéral et cabine pressurisée (vol initial du prototype le 09/01/1943). Les appareils militaires (C-69) furent livrés par la suite à des opérateurs civils (L.049). Le 19/10/1946, le L.649 fut le premier Constellation à prendre l'air à des fins civiles. En 1947, il fut remplacé par le L.749, doté d'une autonomie accrue.

Type : Lockheed Constellation L.749A
Pays de production : États-Unis
Utilisation : Avion de ligne
Envergure : 37,90 m
Longueur : 29,00 m
Motorisation : 4 moteurs en double étoile à 18 cylindres Curtiss-Wright R-3350-BD1 de 1 838 kW (2 500 CV) chacun
Poids maximum au décollage : 48 535 kg
Vitesse de croisière : 520 km/h
Autonomie : 6 400 km
Plafond : 8 300 m
Capacité : 44–80 passagers + 6–8 membres d'équipage

Lockheed Super Constellation

Avion commercial quadrimoteur (vol initial le 13/10/1950) se caractérisant par le fuselage allongé du Constellation (ajout de plusieurs segments devant et derrière les ailes) et avec des hublots carrés. Les réacteurs furent renforcés moyennant une turbine à gaz. En 1954, la version de fret L.1049D sortit de l'usine Lockheed. La version L.1049G (produite dès fin 1954) fut celle qui rencontra le plus de succès.

Type : Lockheed Super Constellation L.1049G
Pays de production : États-Unis
Utilisation : Avion de ligne
Envergure : 37,50 m
Longueur : 34,60 m
Motorisation : 4 moteurs en double étoile à 18 cylindres Curtiss-Wright R3350-972TC-18DA de 2 389 kW (3 250 CV)
Poids maximum au décollage : 62 370 kg
Vitesse de croisière : 482 km/h
Autonomie : 6 480 km
Plafond : 7 050 m
Capacité : 76–99 passagers + 7–10 membres d'équipage

Lockheed L.188 Electra

Avion de ligne quadrimoteur (vol initial du 1er prototype le 06/12/1957). Au mois d'octobre 1958, les premiers appareils de série furent livrés aux compagnies aériennes. Après une série d'accidents en 1959, l'avion dût subir des modifications. Au total, 170 appareils de série furent produits, entre autres dans les versions L.180A et L.180C.

Type : Lockheed L.188A Electra
Pays de production : États-Unis
Utilisation : Avion de ligne
Envergure : 30,18 m
Longueur : 31,81 m
Motorisation : 4 turboréacteurs à double flux Allison 501 D-13 de 2 800 kW (3 800 CV) chacun ou 501 D-15 de 3 022 kW (4 110 CV) chacun
Poids maximum au décollage : 52 665 kg
Vitesse de croisière : 650 km/h
Autonomie : 4 450 km
Plafond : 8 650 m
Capacité : 67–85 passagers + 3 membres d'équipage

Lockheed L.1011 Tristar

Avion de ligne triréacteur à ailes surbaissées et empennage conventionnel (vol initial le 16/11/1970). Cet avion gros-porteur de taille moyenne avait été conçu pour reconquérir les parts de marché perdues. Il y eut également des versions long-courrier et une version avec un fuselage raccourci de 4,11 m. Lockheed mit un terme à cette série après avoir construit 250 unités et se retira par la suite du secteur de l'aviation civile.

Type : Lockheed L.1011-1 Tristar
Pays de production : États-Unis
Utilisation : Avion de ligne
Envergure : 47,35 m
Longueur : 54,35 m
Motorisation : 3 réacteurs Rolls-Royce RB211-22-02 de 180,6 kN (18 416 kp) de poussée chacun
Poids maximum au décollage : 195 000 kg
Vitesse de croisière : 948 km/h max.
Autonomie : 5 290 km
Plafond : 12 800 m
Capacité : 400 passagers au max.

Martin 2-0-2

Avion de ligne bimoteur à ailes surbaissées (vol initial le 22/11/1946). Suite à un accident en 1948, il avait fallu retravailler la structure de l'avion. Une version améliorée prit l'air en 1950, mais seuls 12 appareils furent encore livrés. Un autre version, allongée d'un mètre et désignée M 4-0-4, était dotée de moteurs plus puissants et fut produite à 103 exemplaires (sur la photo : M 4-0-4).

Type : Martin 2-0-2
Pays de production : États-Unis
Utilisation : Avion de ligne
Envergure : 28,24 m
Longueur : 21,80 m
Motorisation : 2 moteurs Pratt & Whitney R2800 CA de 1 765 kW (2 400 CV) chacun
Poids maximum au décollage : 18 100 kg
Vitesse de croisière : 440 km/h
Autonomie : 2 500 km
Plafond : 6 890 m
Capacité : 36 passagers + 2 membres d'équipage

McDonnell Douglas MD-83

Avion de ligne biréacteur moyen-courrier (vol initial le 17/12/1984). Plus de 1 190 unités de la série 80 ont été vendues dans cinq versions (entre autres comme avion de fret) entre 1979 et 1999. La version MD-83 dispose d'un poids au décollage et d'une autonomie plus élevés, sinon elle ne se distingue quasiment pas de la version MD-82, ceci même au niveau des moteurs.

Type : McDonnell Douglas MD-83
Pays de production : États-Unis
Utilisation : Avion de ligne
Envergure : 32,87 m
Longueur : 45,09 m
Motorisation : 2 moteurs Pratt & Whitney JT8D-219 de 93,4 kN (9 525 kp) de poussée chacun
Poids maximum au décollage : 72 560 kg
Vitesse de croisière : 810 km/h
Autonomie : 4 630 km
Hauteur de vol : 10 670 m
Capacité : 137–172 passagers

McDonnell Douglas MD-11

Avion de ligne triréacteur à ailes surbaissées et empennage conventionnel prévu pour les longues distances (vol initial le 10/01/1990). Le MD-11 est le successeur du DC-10. Il se distingue par un fuselage allongé, des améliorations sur le plan aérodynamique (entre autres l'utilisation d'ailettes) et une planche de bord tout écran. Après avoir racheté McDonnell Douglas, Boeing annonça la fin de la production du MD-11 en 1998. Au total, environ 200 exemplaires ont été produits jusqu'en 2001. Bon nombre de MD-11 sont désormais des avions de fret.

Type : McDonnell Douglas MD-11
Pays de production : États-Unis
Utilisation : Avion de ligne
Envergure : 16,76 m
Longueur : 61,21 m
Motorisation : 3 réacteurs Pratt & Whitney 4450 de 267 kN (27 216 kp) de poussée chacun
Poids maximum au décollage : 273 290 kg
Vitesse de croisière : 933 km/h
Autonomie : 15 250 km max.
Plafond : 13 100 m
Capacité : 323–405 passagers + 2 pilotes

Messerschmitt M 20

Avion commercial monomoteur pour le transport de passagers ou de fret, muni d'ailes surélevées à portée libre et à structure entièrement métallique en duralumine (le prototype s'écrasa lors de son vol initial le 26/02/1928). Le M 20 fut construit à 15 exemplaires et vola aux couleurs de la Luft Hansa jusque dans les années 1940. Les hublots de la version de fret n'étaient pas carrés, mais ronds.

Type : Messerschmitt M 20 a
Pays de production : Allemagne
Utilisation : Avion de ligne
Envergure : 25,50 m
Longueur : 14,90 m
Motorisation : 1 moteur BMW VI de 500 kW (680 CV)
Poids maximum au décollage : 4 500 kg
Vitesse de croisière : 160 km/h
Autonomie : 950 km
Plafond : 4 700 m
Capacité : 8–10 passagers + 2 membres d'équipage

NAMC YS-11

Avion de ligne bimoteur à ailes surbaissées (vol initial en 1962) pour les courtes distances, conçu et construit à la demande du gouvernement japonais. La société NAMC fut fondée spécialement pour la construction et la distribution de cet avion. Au total, 182 exemplaires de cet avion turbopropulsé japonais quittèrent les chaînes d'assemblage et un grand nombre d'appareils fut exporté.

Type : NAMC YS-11
Pays de production : Japon
Utilisation : Avion de ligne
Envergure : 32,00 m
Longueur : 26,30 m
Motorisation : 2 moteurs Rolls-Royce Dart de 2 200 kW (3 000 CV) chacun
Poids maximum au décollage : 24 500 kg
Vitesse de croisière : 533 km/h
Autonomie : 3 250 km
Hauteur de vol : 9 450 m
Capacité : 64 passagers

Piaggio P.166

Avion polyvalent bimoteur (vol initial le 27/11/1957). Le P.166 est un dérivé de l'avion amphibie P.136. Ces deux avions se caractérisent par leurs ailes surélevées en V et les deux moteurs propulsifs placés à la « cassure » des ailes. Cet appareil fut amélioré à plusieurs reprises et doté de moteurs toujours plus puissants.

Type : Piaggio P.166 DL3
Pays de production : Italie
Utilisation : Avion d'affaires, patrouilleur
Envergure : 14,69 m
Longueur : 11,90 m
Motorisation : 2 moteurs Avco Lycoming LTP 101 600 de 432 kW (587 CV) chacun
Poids maximum au décollage : 4 300 kg
Vitesse maximale : 417 km/h
Autonomie : 2 268 km env.
Plafond : 7 925 m
Capacité : 8–10 passagers + 1–2 membres d'équipage

Piaggio P.180 Avanti

Avion d'affaires bimoteur, muni d'ailes demi-surélevées placées très à l'arrière, d'un plan canard à l'avant et d'un empennage horizontal (vol initial le 23/12/1986). L'appareil est essentiellement constitué de métal léger et de matière plastique. Turbopropulsé, il est capable de rivaliser avec des jets.

Type : Piaggio P.180 Avanti
Pays de production : Italie
Utilisation : Avion d'affaires
Envergure : 14,03 m
Longueur : 14,41 m
Motorisation : 2 moteurs Pratt & Whitney Canada PT6A-66 de 634 kW (862 SHP) chacun
Poids maximum au décollage : 5 239 kg
Vitesse maximale : 730 km/h
Autonomie : 2 600–3 000 km env.
Plafond : 12 500 m
Capacité : 7–8 passagers + 1–2 membres d'équipage

Pilatus PC-12

Avion polyvalent monomoteur (vol initial le 31/05/1991). Cet appareil se caractérise par un moteur turbopropulsé très performant et un habitacle spacieux. Sa construction permet une utilisation polyvalente dans le domaine de l'aviation générale, depuis les versions d'affaires et médicales jusqu'aux avions destinés à la police ou employés par les services de l'immigration des États-Unis. Sa polyvalence a contribué à son grand succès commercial.

Type : Pilatus PC-12
Pays de production : Suisse
Utilisation : Avion polyvalent
Envergure : 16,23 m
Longueur : 14,40 m
Motorisation : 1 moteur Pratt & Whitney Canada PT6A-67B de 1 327 kW (1 800 CV) chacun
Poids maximum au décollage : 4 000 kg
Vitesse maximale : 496 km/h
Autonomie : 2 964 km
Plafond : 7 620 m
Capacité : 6–9 passagers + 2 membres d'équipage

Piper PA 23 Apache

Avion de tourisme bimoteur (vol initial en 1954), l'Apache fut le premier appareil bimoteur quadriplace de l'avionneur Piper Aircraft. Les premiers modèles en série furent livrés en 1954. La production de ces avions maintes fois modifiés s'est achevée en 1982.

Type : Piper PA 23-235 Apache
Pays de production : États-Unis
Utilisation : Avion de tourisme
Envergure : 11,32 m
Longueur : 8,41 m
Motorisation : 2 moteurs Lycoming 0-540-B1A5 de 175 kW (238 CV) chacun
Poids maximum au décollage : 2 177 kg
Vitesse de croisière : 307 km/h
Autonomie : 1 900 km
Plafond : 5 240 m
Capacité : 3 passagers + 1 pilote

Piper PA 28 Cherokee

Avion de tourisme bimoteur avec des ailes surbaissées à portée libre (vol initial de l'avion de série le 10/02/1961). Le Cherokee, dans ses différentes versions, fut l'avion le plus produit par Piper et est considéré comme l'un des appareils les plus connus et les plus populaires de l'aviation en général.

Type : Piper PA 28-140
Pays de production : États-Unis
Utilisation : Avion de tourisme
Envergure : 9,14 m
Longueur : 7,16 m
Motorisation : 1 moteur Lycoming 0-320-E3D de 132 kW (150 CV)
Poids maximum au décollage : 975 kg
Vitesse de croisière : 226 km/h
Autonomie : 1 250 km
Plafond : 4 160 m
Capacité : 3 passagers + 1 pilote

Piper PA 31 Navajo

Avion d'affaires bimoteur muni d'ailes surbaissées à portée libre (vol initial le 30/09/1964). C'était le plus grand avion de Piper à son lancement. En 1970, le PA 31P fut équipé d'une cabine pressurisée. Le PA 31-350 Navajo Chieftain (1973) a été rallongé (10 passagers) et pourvu de moteurs plus puissants. L'appareil de base PA 31 a généré de nombreux modèles dérivés et constructions sous licence, à l'instar de l'Embraer 820.

Type : Piper PA 31-350 Chieftain
Pays de production : États-Unis
Utilisation : Avion d'affaires
Envergure : 12,40 m
Longueur : 10,55 m
Motorisation : 2 moteurs Lycoming TIO-540-J2BD de 260 kW (353 CV) chacun
Poids maximum au décollage : 3 175 kg
Vitesse de croisière : 435 km/h
Autonomie : 2 240 km
Plafond : 9 260 m
Capacité : 9–10 passagers + 2 membres d'équipage

Piper PA 42 Cheyenne

Avion d'affaires bimoteur à ailes surbaissées (vol initial du premier appareil le 15/05/1979), constituant la version turbopropulsée du Piper PA 31. Le fuselage comporte une cabine pressurisée confortable. Le Cheyenne IIIA est également utilisé comme avion d'entraînement par différentes compagnies et forces armées aériennes, telles que la Lufthansa et l'armée de l'air allemande.

Type : Piper PA 42 Cheyenne III
Pays de production : États-Unis
Utilisation : Avion d'affaires
Envergure : 14,53 m
Longueur : 13,23 m
Motorisation : 2 moteurs Pratt & Whitney Canada PT6A-41 de 535 kW (727 CV) chacun
Poids maximum au décollage : 5 125 kg
Vitesse de croisière : 413 km/h
Autonomie : 3 100 km
Plafond : 10 060 m
Capacité : 6–9 passagers + 2 membres d'équipage

Polikarpov Po-2

Avion polyvalent monomoteur sous forme de biplan haubanné et structure en bois (vol initial le 07/01/1928). Il fut utilisé comme avion-école et de sport, mais également pour le service agricole ainsi que comme avion de ligne avec cabine fermée. Utilisé comme avion de reconnaissance et de combat par l'Union soviétique en 1941, il fut construit à plus de 40 000 exemplaires. Il est probablement l'avion le plus construit au monde.

Type : Polikarpov Po-2
Pays de production : Union soviétique
Utilisation : Avion polyvalent
Envergure : 11,40 m
Longueur : 8,20 m
Motorisation : 1 moteur à 5 cylindres M-11 de 75 kW (102 CV)
Poids maximum au décollage : 1 355 kg
Vitesse maximale : 250 km/h
Autonomie : 660 km
Plafond : 7 300 m
Capacité : 1–2 passagers + 1 pilote

PZL M-15 Belphegor

Biplan agricole à réacteurs (vol initial le 09/01/1974). Le M-15 Belphegor est le seul biplan de l'histoire de l'aviation à être actionné par turboréacteur. La turbine a été installée en hauteur afin de réduire l'effet d'aspiration, c'est-à-dire, la succion de corps étrangers par les moteurs lors de manœuvres sur des terrains non aménagés. Seuls 120 avions furent construits sur les 3 000 prévus.

Type : PZL M-15 Belphegor
Pays de production : Pologne
Utilisation : Avion agricole
Envergure : 22,33 m (en haut)
Longueur : 12,72 m
Motorisation : 1 turboréacteur Al-25 de 15 kN (1 530 kp) de poussée
Poids maximum au décollage : 5 650 kg
Vitesse de travail : 180 km/h env.
Autonomie : 400 km
Capacité de chargement : 2 récipients de 1 450 l chacun (2 500 kg de produits chimiques)
Équipage : 1–2 personnes

PZL M-28 Skytruck

Avion de transport bimoteur court-courrier, perfectionnement sous licence de l'Antonov An-28 (1994). Le PZL M-28 Skytruck présente des capacités STOL et peut évoluer sur des terrains non aménagés. Une version passagers, une version de fret, ainsi que des appareils aménagés comme avion sanitaire ou servant au transport militaire peuvent être fournis.

Type : PZL M-28 Skytruck
Pays de production : Pologne
Utilisation : Avion polyvalent
Envergure : 22,06 m
Longueur : 13,10 m
Motorisation : 2 moteurs Pratt & Whitney PT6A 65B de 687,5 kW (935 CV) chacun
Poids maximum au décollage : 7 500 kg
Vitesse maximale : 355 km/h
Autonomie : 1 500 km
Plafond : 6 200 m
Capacité : 19 passagers (ou charge utile 3 085 kg)

Saab 340

Avion de ligne bimoteur court-courrier turbopropulsé muni d'ailes surbaissées à portée libre, utilisé comme avion régional (vol initial du modèle de série le 05/03/1984). L'appareil a dans un premier temps été développé en coopération avec Fairchild, mais le partenaire américain se retira déjà du projet en 1985.

Type : Saab 340
Pays de production : Suède
Utilisation : Avion de ligne
Envergure : 21,44 m
Longueur : 19,73 m
Motorisation : 2 moteurs General Electric CT-7-9A/9B de 1 275 kN (1 733 CV) chacun
Poids maximum au décollage : 13 200 kg
Vitesse maximale : 485 km/h
Autonomie : 3 000 km
Plafond : 8 200 m
Équipage : 33-37 membres

Savoia Marchetti SM.95

Avion commercial quadrimoteur italien à ailes surbaissées avec roulette de queue (vol initial en mai 1943). C'est avec ce type d'avion, construit durant les hostilités, que l'aviation italienne reprit pied à l'issue de la Seconde Guerre mondiale. Les avions de ce type effectuèrent des vols transcontinentaux, par exemple à destination du Venezuela.

Type : Savoia Marchetti SM.95
Pays de production : Italie
Utilisation : Avion de ligne
Envergure : 34,28 m
Longueur : 24,77 m
Motorisation : 4 moteurs Alfa Romeo 128 RC.18 de 641 kW (860 CV) chacun
Poids maximum au décollage : 21 600 kg
Vitesse de croisière : 320 km/h
Autonomie : 2 000 km
Plafond : 6 800 m
Capacité : 18 passagers + 5 membres d'équipage

Short 360

Avion de ligne bimoteur court-courrier (vol initial le 01/06/1981), modèle amélioré du Short 330. Le fuselage a été allongé de 91 cm, l'envergure a été augmentée. Cet appareil avait été conçu pour le trafic régional. En novembre 1985, la version 360 Advanced, dotée d'une motorisation plus puissante, fut lancée sur le marché (rebaptisée plus tard Short 360-200), suivie de la version Short 360-300 au mois de février 1987.

Type : Short 360-300
Pays de production : Grande-Bretagne
Utilisation : Avion de ligne
Envergure : 22,08 m
Longueur : 21,58 m
Motorisation : 2 moteurs Pratt & Whitney PT6A 67R de 1 062 kW (1 444 CV) chacun
Poids maximum au décollage : 12 290 kg
Vitesse de croisière : 400 km/h
Autonomie : 745 km
Plafond : 3 050 m
Capacité : 36 passagers + 2 membres d'équipage

Suchoi Superjet 100

Avion de ligne biréacteur à ailes surbaissées. Le premier envol du super-jet 100-95 le 19.05.2008 marqua le couronnement de l'accord de collaboration signé en Suchoi et Boeing en vue de développer un avion biréacteur russe pour le trafic régional (RRJ, appelé depuis 2006 « Superjet 100 »). Deux versions sont actuellement prévues, la 100-95 et la 100-75 (78 passagers en classe unique). Le programme des tests de vol effectué en automne 2009 a donné toute satisfaction. Les livraisons doivent intervenir dès 2010.

Type : Suchoi SSJ 100-95
Pays de production : Russie
Utilisation : avion destiné au transport de personnes
Envergure : 27,80 m
Longueur : 29,83 m
Motorisation : 2 moteurs Pratt & Whitney 800 ou PowerJet SaM146 d'une poussée au décollage de 62,4 kN, respectivement 68 kN (6 363 kp, respectivement 6 934 kp) chacun
Poids maximum au décollage : 42 520 kg
Vitesse de croisière : 830 km/h
Autonomie : 2 950 km
Plafond en service commercial : 12 500 m
Passagers : 98 + 2 membres d'équipage

Sukhoï Su-80

Avion polyvalent bimoteur (vol initial du prototype le 04/09/2001). Les nacelles de moteurs sont prolongées par deux supports d'empennage, tandis que le double empennage est relié à une surface de sustentation. L'appareil succède aux An-24/26/28 vieillissants et à d'autres modèles encore plus anciens et peut être équipé pour les affectations les plus diverses.

Type : Sukhoï Su-80GP
Pays de production : Russie
Utilisation : Avion de ligne et de transport
Envergure : 23,18 m
Longueur : 18,26 m
Motorisation : 2 turbopropulseurs CT7-9B de 1 287 kW (1 750 SHP) chacun
Poids maximum au décollage : 14 200 kg
Vitesse de croisière : 470 km/h
Autonomie : 1 300 km
Plafond : 7 600 m
Capacité : 30 passagers + 2 membres d'équipage

Sud Aviation Caravelle

Avion de ligne biréacteur moyen et court-courrier, avec ailes surbaissées et empennage en croix ; premier avion à réacteur de cette catégorie (premiers vols des prototypes le 25/05/1955 et le 06/05/1956). La disposition des réacteurs à l'arrière était révolutionnaire pour cette époque. Elle ne conféra pas seulement une élégance rare à la Caravelle, mais permit également d'obtenir des ailes « propres » avec une flèche modérée, donc sans formation de tourbillons provoqués par les réacteurs. Le modèle de base conçu pour 52 passagers a abouti par la suite à différentes versions avec une capacité de transport accrue. La version Caravelle Super 12 (fuselage allongé de 2,31 m, vol initial en 1970) était même capable d'accueillir de 129 à 138 passagers.

Type : Sud Aviation Caravelle VI
Pays de production : France
Utilisation : Avion de ligne
Envergure : 34,30 m
Longueur : 32,01 m
Motorisation : 2 réacteurs Rolls-Royce Avon 531R de 54,7 kN (5 535 kp) de poussée brute chacun
Poids maximum au décollage : 50 000 kg
Vitesse de croisière : 785 km/h
Autonomie : 2 650 km
Plafond : 12 000 m
Capacité : 64–99 passagers + 5–7 membres d'équipage

Sud Est Languedoc

Avion de ligne quadrimoteur (vol initial le 17/09/1945). Conçu à l'origine par Bloch, il a été construit à Toulouse après la guerre. Depuis 1946, l'appareil desservait la ligne Paris – Alger et Casablanca ainsi que diverses métropoles européennes. Certains appareils volaient également aux couleurs de la compagnie aérienne polonaise LOT. Jusqu'en 1970, certains avions servirent encore d'appareils d'essai pour des réacteurs et les missiles guidés.

Type : Sud Est SE.161 Languedoc
Pays de production : France
Utilisation : Avion de ligne
Envergure : 29,38 m
Longueur : 24,24 m
Motorisation : 4 moteurs Pratt & Whitney Twin Wasp de 880 kW (1 200 CV) chacun
Poids maximum au décollage : 23 700 kg
Vitesse de croisière : 405 km/h
Autonomie : 3 200 km
Plafond : 7 200 m
Capacité : 33 passagers + 5 membres d'équipage

Tupolev ANT-9

Avion de ligne trimoteur à ailes hautes (vol initial en avril 1929). Bon nombre des 70 appareils construits effectuèrent des vols internationaux à destination de métropoles européennes, mais servirent également d'avions long-courrier au sein de l'Union soviétique ainsi que d'avions de transport et d'évacuation sanitaire lors de la Seconde Guerre mondiale. Une version allongée (36 passagers) et avec cinq moteurs, l'ANT-14, n'a été construite qu'à un seul exemplaire et fut notamment utilisée à des fins de propagande et pour des vols de démonstration. À cette époque, les Soviétiques ne voyaient encore aucune nécessité de posséder des avions de ce genre.

Type : Tupolev ANT-9
Pays de production : Union soviétique
Utilisation : Avion de ligne
Envergure : 23,80 m
Longueur : 16,65 m
Motorisation : 3 moteurs Wright Whirlwind de 224 kW (305 CV) chacun
Poids maximum au décollage : 5 690 kg
Vitesse maximale : 205 km/h
Autonomie : 700 km
Plafond : 4 500 m
Capacité : 9 passagers + 2 membres d'équipage

Tupolev ANT-20 Maxime Gorki

Avion polyvalent à huit moteurs (vol initial le 17/06/1934) muni d'ailes demi-surélevées à portée libre et utilisé à des fins de propagande et comme avion de transport. C'était le plus grand avion terrestre du monde de l'époque, avec, à bord, une imprimerie, un laboratoire photographique, une salle de projection, un secrétariat, une centrale téléphonique, des couchettes et une capacité de 72 passagers. Les trois moteurs étaient intégrés dans chacune des deux ailes et pouvaient être entretenus pendant le vol depuis les corridors se trouvant dans celles-ci. Deux autres moteurs tandem étaient placés au-dessus du fuselage. Les grands volets d'aérofrein réduisaient la vitesse d'atterrissage à 100 km/h et l'appareil pouvait atterrir sur une piste de seulement 400 m de long grâce aux freins puissants des roues. En 1935, l'ANT-20 s'écrasa à l'occasion d'un vol de démonstration à l'issue d'une collision avec un chasseur d'accompagnement. Tous les passagers à bord furent tués. L'avion de même type qui fut ensuite construit (ANT-20bis, voir illustration) fut équipé de six moteurs qui, par leur puissance, permirent de renoncer aux moteurs tandem sur le fuselage. Cet appareil fut employé sur les lignes nationales jusqu'en 1942.

Type : Tupolev ANT-20/ANT-20bis
Pays de production : Union soviétique
Utilisation : Avion polyvalent
Envergure : 63,00 m/64,00 m
Longueur : 33,00 m/34,10 m
Motorisation : 8 moteurs AM-34FRN/6 AM-34FRNW de 671 kW (900 CV)/895 kW (1 200 CV) chacun
Poids maximum au décollage : 42 000 kg/ 44 000 kg
Vitesse maximale : 245 km/h/275 km/h
Autonomie : 2 200 km/900 km
Plafond : 4 500 m/5 500 m
Capacité : 72 passagers + 8 membres d'équipage/64 passagers + 9 membres d'équipage

Tupolev Tu-104

Avion de ligne biréacteur (vol initial le 17/06/1955) muni d'ailes surbaissées à portée libre dérivant du bombardier Tu-16. Ses réacteurs étaient intégrés dans la voilure. Le Tu-104 se déclina dans plusieurs versions de différentes longueurs et motorisations. Il comptait parmi les premiers avions à réaction à desservir une ligne commerciale régulière.

Type : Tupolev Tu-104
Pays de production : Union soviétique
Utilisation : Avion de ligne
Envergure : 34,54 m
Longueur : 38,85 m
Motorisation : 2 réacteurs Mikouline AM-3(M) de 66,2 kN (6 750 kp) de poussée chacun
Poids maximum au décollage : 76 000 kg
Vitesse maximale : 900 km/h
Autonomie : 2 650 km capacité de charge au max.
Hauteur de vol : 10 000 m
Capacité : 70 passagers + 5 membres d'équipage

Tupolev Tu-114

Avion de ligne quadrimoteur long-courrier à ailes surbaissées dérivant du bombardier Tu-20/Tu-95. Le Tu-114 reste le plus grand et le plus rapide des avions commerciaux turbopropulsés jamais construit (vol initial le 03/11/1957). Les moteurs actionnaient quatre paires d'hélice contrarotatives. En raison du grand diamètre des hélices (5,60 m), la jambe avant du train du Tu-114 était très longue. L'avion, construit à 31 exemplaires, fut remplacé par l'Iliouchine Il-62 en 1975.

Type : Tupolev Tu-114
Pays de production : Union soviétique
Utilisation : Avion de ligne
Envergure : 51,10 m
Longueur : 54,10 m
Poids maximum au décollage : 171 000 kg
Motorisation : 4 turbopropulseurs Kusnetsov NK-12 de 10 889 kW (14 800 CV) chacun
Vitesse maximale : 875 km/h
Autonomie : 9 000 km
Plafond : 12 000 m
Capacité : 170–220 passagers

Tupolev Tu-134

Avion commercial biréacteur moyen et court-courrier à ailes surbaissées et empennage en T (vol initial en automne 1963). Le Tu-134 dérivait du Tu-124, mais avec un déplacement des moteurs à l'arrière et l'adoption d'un nouvel empennage. L'appareil a été commercialisé dans diverses versions civiles et militaires.

Type : Tupolev Tu-134A
Pays de production : Union soviétique
Utilisation : Avion de ligne
Envergure : 29,00 m
Longueur : 37,05 m
Motorisation : 2 réacteurs Soloviev D30-II de 66,7 kN (6 730 kp) de poussée chacun
Poids maximum au décollage : 47 000 kg
Vitesse de croisière : 900 km/h
Autonomie : 3 020 km
Plafond : 12 100 m
Capacité : 76–84 passagers + 3 membres d'équipage

Tupolev Tu-144

Avion commercial quadriréacteur supersonique (vol initial le 31/12/1968). Le 26/05/1970, il fut le premier avion de ligne à dépasser la vitesse de Mach 2. Le dernier exemplaire de 1981, servit d'avion d'essai pour la navette spatiale Bourane. Le Tu-144 fut mis en service en décembre 1975, d'abord pour le transport de fret puis pour des vols de passagers en novembre 1977. Les 16 appareils construits assurèrent le transport de 3 284 personnes jusqu'en 1978 ne connurent qu'un succès sommaire.

Type: Tupolev Tu-144S
Pays de production: Union soviétique
Utilisation: Avion de ligne
Envergure : 28,80 m
Longueur : 65,70 m
Motorisation : 4 réacteurs Kusnetsov NK-144 de 196 kN (20 000 kp) de poussée chacun
Poids maximum au décollage : 207 000 kg
Vitesse maximale : 2 500 km/h
Autonomie : 2 510 km
Plafond : 18 000 m
Capacité : 108-135 passagers + 3-4 membres d'équipage

Tupolev Tu-204

Avion de ligne et de transport biréacteur moyen-courrier (vol initial le 02/01/1989), construit dans différentes versions et succédant au Tu-154. La version long-courrier Tu-204-300 effectua son vol initial le 18/08/2003. Le cockpit est équipé d'une avionique occidentale moderne. La version de fret Tu-204C peut transporter 27 t de fret.

Type : Tupolev Tu-204-100
Pays de production : Russie
Utilisation : Avion de ligne
Envergure : 42,00 m
Longueur : 46,00 m
Motorisation : 2 réacteurs Perm PS-90A de 154 kN (15 700 kp) de poussée chacun
Poids maximum au décollage : 103 000 kg
Vitesse de croisière : 810 km/h
Autonomie : 6 500 km
Plafond : 12 600 m
Capacité : 210 passagers + 2 membres d'équipage

Tupolev Tu-334

Avion commercial biréacteur court et moyen-courrier (vol initial du prototype le 25/08/1995). Le fuselage a été considérablement raccourci et pourvu d'un train d'atterrissage plus bas, repris du Tu-204, tout comme le cockpit et d'autres systèmes. L'appareil reçut son autorisation de vol fin 2003 et remplacera les Tu-134 vieillissants.

Type : Tupolev Tu-334-120
Pays de production : Russie
Utilisation : Avion de ligne
Envergure : 29,80 m
Longueur : 31,10 m
Motorisation : 2 moteurs Rolls-Royce RB710-48 de 68,2 kN (6 954 kp) de poussée
Poids maximum au décollage : 46 100 kg
Vitesse de croisière : 820 km/h
Autonomie : 2 500 km
Plafond : 11 100 m
Capacité : 102 passagers + 2 membres d'équipage

VFW Fokker 614

Avion commercial biréacteur court-courrier avec ailes surbaissées à portée libre (vol initial le 14/07/1971). Les réacteurs montés sur des mâts au-dessus des ailes évitaient l'aspiration de corps étrangers par les moteurs. Ce fut un échec commercial malgré des essais effectués avec succès et de premières commandes. Le gouvernement fédéral allemand cessa de soutenir ce projet pour se consacrer à l'Airbus. Deux appareils ont été convertis en avions d'essai.

Type : VFW Fokker 614
Pays de production : Allemagne
Utilisation : Avion de ligne
Envergure : 21,50 m
Longueur : 20,60 m
Motorisation : 2 moteurs Rolls-Royce M45 H de 33,8 kN (3 446 kp) de poussée
Poids maximum au décollage : 18 600 kg
Vitesse de croisière : 700 km/h
Autonomie : 1 200 km
Plafond : 7 600 m
Capacité : 40–44 passagers

Vickers Viking

Avion de ligne bimoteur, première nouvelle construction civile britannique après la Seconde Guerre mondiale (vol initial le 22/06/1945). La version 1B, avec 113 unités vendues, connaîtra le plus grand succès. Le Viking fut construit jusqu'en 1948.

Type : Vickers Viking 1B
Pays de production : Grande-Bretagne
Utilisation : Avion de ligne
Envergure : 27,20 m
Longueur : 19,86 m
Motorisation : 2 moteurs Bristol Hercules 634 de 1 260 kW (1 713 CV)
Poids maximum au décollage : 15 350 kg
Vitesse de croisière : 338 km/h
Autonomie : 837 km
Plafond : 7 240 m
Capacité : 24 passagers

Vickers Viscount

Avion de ligne et de transport quadrimoteur (vol initial du prototype le 16/07/1948) muni d'ailes surbaissées et d'un empennage conventionnel. Premier avion de ligne turbopropulsé lors de son vol initial. 287 Viscount des séries 700 (vol initial le 28/08/1950), 700D, 770D et 771D sortirent d'usine ; depuis 1958, les séries 800 et 810 furent fournies avec des moteurs plus puissants.

Type : Vickers Viscount 700/800
Pays de production : Grande-Bretagne
Utilisation : Avion de ligne
Envergure : 28,56 m/28,56 m
Longueur : 24,94 m/26,11 m
Motorisation : 4 moteurs Rolls-Royce Dart R.Da.3 505 de 1 154 kW (1 570 CV)/R.Da.6 Mk.510 de 1 327 kW (1 805 CV) chacun
Poids maximum au décollage : 29 257 kg/32 840 kg
Vitesse de croisière : 537 km/h/587 km/h
Autonomie : 2 140 km/2 780 km
Plafond : 7 770 m/7 620 m
Capacité : 40–63/65–75 passagers

Vickers Vanguard

Avion de ligne quadrimoteur moyen et court-courrier (vol initial le 20/01/1959), conçu pour succéder au Vickers Viscount et qui permettait une vitesse et une capacité de chargement accrus. L'introduction massive d'avions à réacteurs contribua cependant à son échec commercial. Au total, 43 unités dans trois versions avaient été construites au terme de sa production en 1962. Neuf appareils (Merchantman) furent reconvertis en avions de fret par Aviation Traders.

Type : Vickers Vanguard V.952
Pays de production : Grande-Bretagne
Utilisation : Avion de ligne
Envergure : 36,15 m
Longueur : 37,45 m
Motorisation : 4 moteurs Rolls-Royce Tyne 512 de 4 076 kW (5 545 SHP) chacun
Poids maximum au décollage : 66 440 kg
Vitesse de croisière : 684 km/h
Autonomie : 4 400 km
Plafond : 9 145 m
Capacité : 139 passagers + 3 membres d'équipage

Vickers VC10

Avion de ligne quadriréacteur long-courrier (vol initial en 1962). D'une capacité initiale de 135 passagers, le fuselage du VC10 a bientôt été allongé et la capacité de passagers s'est accrue (Super VC10). 64 appareils dans les deux versions sortirent d'usine et restèrent en service jusqu'en 1981. Les adaptations militaires de la version civiles connurent un succès plus notoire comme avions de transport et notamment comme avions de ravitaillement.

Type : Vickers VC10/Super VC10
Pays de production : Grande-Bretagne
Utilisation : Avion de ligne
Envergure : 44,55 m/44,55 m
Longueur : 48,52 m/52,32 m
Motorisation : 4 moteurs Rolls-Royce Conway 540 de 94,1 kN (9 595 kp)/Conway 550 de 100,1 kN (10 207 kp) de poussée chacun
Poids maximum au décollage : 141 500 kg/152 000 kg
Vitesse maximale : 886 km/h/933 km/h
Autonomie : 9 760 km/11 470 km
Plafond : 11 580 m/11 580 m
Capacité : 135/176–220 passagers

Zeppelin E-4/20 Staaken

Avion de ligne quadrimoteur à ailes médianes, premier quadrimoteur à structure entièrement métallique au monde (vol initial le 09/11/1920), conçu pour voler sur la ligne Berlin – Friedrichshafen. L'E-4/20 a toutefois dû être détruit, les forces alliées le considérant comme une arme de guerre.

Type : Zeppelin E-4/20 Staaken
Pays de production : Allemagne
Utilisation : Avion de ligne
Envergure : 31,00 m
Longueur : 16,60 m
Motorisation : 4 moteurs MB-IVa de 190 kW (258 CV) chacun
Poids maximum au décollage : 8 500 kg
Vitesse de croisière : 211 km/h
Capacité : 12–18 passagers

F-GSZT

Avions-école et de sport

Avions-école et de sport

Depuis les débuts de l'aviation à moteur, « prendre l'air » a toujours été considéré comme un défi sportif. Dans ce domaine, ce n'est pas la capacité de chargement et le nombre de passagers qui importent, ni la construction d'appareils toujours plus lourds et plus grands, ici, tout n'est que mobilité, légèreté (voire ultra-légèreté) et, d'une certaine manière, simplicité. Pas de sport sans entraînement et avant de prendre l'air, il faut passer des épreuves, et ceci vaut à la fois pour l'aviation générale, l'aviation commerciale et militaire. Dans la plupart des cas, pour ce qui est des avions-école, les limites sont floues et les futurs pilotes d'avions civils et militaires découvrent la pratique du pilotage à bord des mêmes appareils que les pilotes-amateurs.

3Xtrim

Avion léger monomoteur à ailes hautes haubanées et train tricycle fixe. Trois versions sont disponibles : le 450 Ultra, le 495 Ultra+ (tous deux conformes aux conditions en matière d'avions ultralégers en vigueur dans certains pays) et le 550 Trener. Toutes les trois versions sont des biplaces côte à côte. Les avions sont distribués en kit ou entièrement assemblés.

Type : 3Xtrim 550 Trener
Pays de production : Pologne
Utilisation : Avion-école et de sport
Envergure : 10,03 m
Longueur : 6,87 m
Motorisation : Bombardier-Rotax 912S de 73,6 kW (100 CV) de puissance au décollage
Poids maximum au décollage : 550 kg
Vitesse de croisière : 190 km/h max.
Autonomie : 750 km
Capacité : 1 passager + 1 pilote

Aerostyle Breezer

Avion ultra-léger monomoteur à structure métallique et composite. Cet avion à ailes surbaissées est livrable avec différentes motorisations (Rotax, Jabiro, BMW, VW, Hirth). Le Breezer compte parmi les kits métalliques les plus vendus. Il est toutefois aussi livrable clés en main. Il existe également une version publicitaire et une version de remorquage pour les planeurs. En plus de la version ultra-légère, le constructeur a développé une version d'essai un peu plus lourde.

Type : Aerostyle Breezer Rotax 912 S
Pays de production : Allemagne
Utilisation : Avion ultra-léger
Envergure : 8,71 m
Longueur : 6,40 m
Motorisation : 1 moteur Rotax à 4 cylindres 4 temps de 73 kW (100 CV)
Poids maximum au décollage : 472,5 kg
Vitesse de croisière : 200 km/h
Capacité : 1 passager + 1 pilote

Airspeed AS 8 Viceroy

Avion de sport bimoteur léger à ailes surbaissées (vol initial en août 1934). Le seul Viceroy construit fut conçu pour participer à la MacRobertson Air Race. Basé sur l'Airspeed AS 6 Envoy, le Viceroy possédait des moteurs plus puissants, le fuselage était dépourvu de hublots mais avec des réservoirs supplémentaires pour emporter davantage de carburant.

Type : Airspeed AS 8 Viceroy
Pays de production : Grande-Bretagne
Utilisation : Avion de sport
Envergure : 15,90 m
Longueur : 10,50 m
Motorisation : 2 moteurs en étoile Armstrong Siddeley Cheetah VI de 206 kW (280 CV) chacun
Poids maximum au décollage : 2 860 kg
Vitesse maximale : 340 km/h
Autonomie : 2 255 km
Plafond : 3 850 m
Équipage : 2 personnes

Airspeed AS 10 Oxford

Avion-école et de sport bimoteur, construction en bois dérivée de l'AS 6 Envoy (vol initial du prototype 16/06/1937). Utilisé pour la formation des équipages d'avions à plusieurs moteurs, mais également comme bombardier léger, avion de transport sanitaire et de transport régional. Après 8 500 exemplaires construits, plus de 100 Oxford en cours de construction furent convertis en AS 65 Consul pour des opérateurs civils jusqu'en 1948.

Type : Airspeed AS 10 Oxford
Pays de production : Grande-Bretagne
Utilisation : Avion-école
Envergure : 16,26 m
Longueur : 10,52 m
Motorisation : 2 moteurs Pratt & Whitney R-985-AN6 Wasp Junior de 330 kW (450 CV) chacun
Poids maximum au décollage : 3 630 kg
Vitesse maximale : 325 km/h
Autonomie : 800 km
Plafond : 5 830 m
Capacité : 2 passagers + 2 membres d'équipage

Blackburn B-2

Biplan de sport et d'entraînement monomoteur à coque entièrement métallique (vol initial le 10/12/1931). Cet avion était employé pour l'entraînement des débutants. Les deux sièges pour le moniteur et l'élève du cockpit ouvert se trouvaient côte à côte.

Type : Blackburn B-2
Pays de production : Grande-Bretagne
Utilisation : Avion-école
Envergure : 9,19 m
Longueur : 7,39 m
Motorisation : 1 moteur en ligne De Havilland-Gipsy-Major de 97 kW (132 CV)
Poids maximum au décollage : 839 kg
Vitesse maximale : 180 km/h
Autonomie : 515 km max.
Équipage : 2 personnes

Blériot XI

Avion de sport monomoteur à structure en bois (vol initial le 23/01/1909). C'est à bord de cet appareil que Blériot effectua la première traversée de la Manche en avion le 25 juillet 1909. Le pilote, mais également l'avion acquirent une renommée mondiale suite à cet exploit. Rien qu'en 1913, près de 800 unités furent construites, soit plus de 60 pour cent de la production totale d'avions en France. Blériot construisit le XI-2, version biplace plus grande du XI et dotée de moteurs plus puissants.

Type : Blériot XI/Blériot XI-2
Pays de production : France
Utilisation : Avion de sport
Envergure : 7,81 m/10,25 m
Longueur : 7,05 m/10,25 m
Motorisation : 1 moteur Anzani de 18,4 kW (25 CV)/ moteur rotatif Gnôme-7B de 52 kW (70 CV)
Poids maximum au décollage : 320 kg/625 kg
Vitesse maximale : 75 km/h/106 km/h
Équipage : 1–2 personnes

Bücker Bü 131 Jungmann

Biplan de sport et d'entraînement monomoteur avec capacités de voltige (vol initial le 10/12/1931). Cet avion était employé pour l'entraînement des débutants. Son fuselage entoilé entourait une structure en acier, les ailes étant en toile et en bois. La version de série fut utilisée comme appareil d'entraînement par la toute jeune Luftwaffe ainsi que dans 19 autres pays. Quelque 3 000 unités furent produites en Allemagne et au total, près de 5 000 appareils (y compris les constructions sous licence) quittèrent les usines de production.

Type : Bücker Bü 131 Jungmann
Pays de production : Allemagne
Utilisation : Avion-école
Envergure : 7,40 m
Longueur : 6,62 m
Motorisation : 1 moteur Hirth HM 60 R de 60 kW (80 CV)
Poids maximum au décollage : 630 kg
Vitesse maximale : 170 km/h
Autonomie : 680 km
Plafond : 3 500 m
Équipage : 1–2 personnes

Cessna 172 Skyhawk

Avion de sport et de tourisme monomoteur quadriplace à ailes hautes (1955). L'armée de l'air des États-Unis l'employa sous l'appellation T-41 pour la formation des pilotes. La version luxueuse plus confortablement aménagée, baptisée Skyhawk, fut très populaire. Le modèle dérivant du Cessna 170B fut construit jusqu'en 1983 (plus de 35 000 exemplaires), entre autres sous licence en France (2 144 unités chez Reims Aviation). Sa production a été relancée en 1997, cette fois avec une avionique moderne à bord. En 1987, le Cessna Skyhawk fit la une de la presse mondiale lors de l'atterrissage spectaculaire de l'Allemand Mathias Rust sur la Place Rouge de Moscou.

Type : Cessna 172
Pays de production : États-Unis
Utilisation : Avion de sport et de tourisme
Envergure : 10,92 m
Longueur : 8,28 m
Motorisation : 1 moteur Continental O 300 C de 107 kW (145 CV)
Poids maximum au décollage : 1 043 kg
Vitesse de croisière : 210 km/h
Autonomie : 960–1 100 km
Plafond : 4 000 m
Capacité : 3 passagers + 1 pilote

De Havilland Canadair CRJ 1 Chipmunk

Avion-école et de sport monomoteur à ailes surbaissées avec capacités de voltige (vol initial en 1946), conçu pour succéder au biplan d'entraînement Tiger Moth. Le Canada fit construire 218 appareils, la Grande-Bretagne 1 014 et le Portugal 60. Un tiers des avions fut employé pour la formation au pilotage de base par la RAF. Cinq Chipmunks servirent également pour l'entraînement de base à la Deutsche Lufthansa.

Type : DHC-1
Pays de production : Canada
Utilisation : Avion d'entraînement
Envergure : 10,47 m
Longueur : 7,75 m
Motorisation : 1 moteur De Havilland Gipsy Major de 108 kW (146 CV)
Poids maximum au décollage : 914 kg
Vitesse maximale : 222 km/h
Autonomie : 415 km
Plafond : 4 820 m
Équipage : 1–2 personnes

De Havilland DH.82 Tiger Moth

Biplan de sport et d'entraînement monomoteur (au service de la Royal Flying School de la RAF depuis novembre 1931). Adapté du DH.60 et conçu pour lui succéder, il devint l'avion d'entraînement de base de la RAF. La production en série s'acheva en 1945. De nombreux appareils qui étaient utilisés à des fins militaires ont par la suite été utilisés comme avions de sport par des privés.

Type : De Havilland DH.82
Pays de production : Grande-Bretagne
Utilisation : Avion-école
Envergure : 8,94 m
Longueur : 4,34 m
Motorisation : 1 moteur De Havilland Gipsy Major 1 de 100 kW (130 CV)
Poids maximum au décollage : 828 kg
Vitesse maximale : 175 km/h
Autonomie : 480 km
Plafond : 4 145 m
Équipage : 1–2 personnes

Gotha Go-150

Avion de sport bimoteur, à structure en bois et avec des ailes surbaissées à portée libre. Le fuselage en bois et contreplaqué avait une forme quasi rectangulaire, les ailes et l'empennage étaient également en bois. Ce biplace ultra-léger décrocha plusieurs victoires et records lors de compétitions (dont un record d'altitude de 8 048 m en monoplace en 1939).

Type : Gotha Go-150
Pays de production : Allemagne
Utilisation : Avion de sport
Envergure : 11,80 m
Longueur : 7,15 m
Motorisation : 2 moteurs Zündapp Z 9-092 de 37 kW (50 CV) de puissance au décollage chacun
Poids maximum au décollage : 936 kg
Vitesse de croisière : 185 km/h
Autonomie : 900 km
Plafond : 4 200 m
Équipage : 2 personnes

Great Lakes 2T-1A-2

Avion de sport monomoteur, biplan biplace ouvert. Cet appareil, convenant à la voltige aérienne (vol initial du modèle initial en 1928), a été construit à près de 200 exemplaires jusqu'en 1933. La crise économique mondiale mit un terme à sa production. La construction du célèbre biplan Great Lakes a néanmoins repris en 1973.

Type : Great Lakes 2T-1A-2
Pays de production : États-Unis
Utilisation : Avion de sport
Envergure : 8,13 m
Longueur : 6,45 m
Motorisation : 1 moteur Lycoming AEIO 360 BIGS de 134 kW (182 CV)
Poids maximum au décollage : 816 kg
Vitesse maximale : 212 km/h
Autonomie : 480 km
Équipage : 2 personnes

Gyroflug SC01 Speed Canard

Avion de sport biplace monomoteur avec plan canard à l'avant (appelé ainsi à cause des ailes courtes caractéristiques à l'avant du fuselage). L'appareil est construit en composite renforcé de fibres de verre. La cellule d'un planeur servit de base pour la construction du fuselage. Cet avion est mû par une hélice de propulsion à l'arrière. Les ailettes aux extrémités de la voilure portent la gouverne de direction.

Type : Gyroflug SC01 B 160
Pays de production : Allemagne
Utilisation : Avion de sport
Envergure : 7,70 m
Longueur : 5,20 m
Motorisation : 1 moteur Lycoming O-235-P2A de 88 kW (120 CV)
Poids maximum au décollage : 715 kg
Vitesse de croisière : 270 km/h
Autonomie : 1 300–2 100 km
Plafond : 4 000 m
Équipage : 2 personnes

Iliouchine Il 103

Avion de sport monomoteur à ailes surbaissées et structure entièrement métallique (vol initial le 17/05/1994) et fabriqué en série depuis 1997. L'appareil est pourvu d'un train avant fixe. Il peut également servir d'avion de fret léger.

Type : Iliouchine Il 103
Pays de production : Russie
Utilisation : Avion de sport et de tourisme
Envergure : 10,56 m
Longueur : 7,95 m
Motorisation : 1 moteur à 6 cylindres opposés Teledyne Continental IO-360ES de 160 kW (218 CV)
Poids maximum au décollage : 1 285 kg
Vitesse de croisière : 200 km/h
Autonomie : 800 km
Plafond : 3 000 m
Capacité : 3 passagers + 1 pilote

Iakovlev Iak-18

Avion-école et de sport biplace (construction en série dès 1947). La production du Iak-18 « classique » s'arrêta fin 1967 avec 6 760 exemplaires construits et, la version quadriplace, le Iak-18T (depuis 1967), fut produit à plus de 8 000 unités. Le Iak-18T, dont la production a été relancée à petite échelle en 1993, est entre autres utilisé comme avion d'entraînement.

Type : Iakovlev Yak-18A
Pays de production : Union soviétique
Utilisation : Avion-école et de sport
Envergure : 10,60 m
Longueur : 8,18 m
Motorisation : 1 moteur Ivtchenko AI-14R de 194 kW (263 CV)
Poids maximum au décollage : 1 316 kg
Vitesse maximale : 254 km/h
Autonomie : 1 050 km
Plafond : 4 000 m
Équipage : 2 personnes

Iakovlev UT-2

Avion-école et de sport monomoteur à ailes surbaissées (développé en 1935) utilisé comme avion-école par les forces armées de l'air soviétiques durant la Seconde Guerre mondiale. Il servit par ailleurs d'appareil standard à de nombreux aéroclubs soviétiques. Le fuselage formait une structure en acier entoilé, les ailes étaient constituées de bois entoilé. Au besoin, l'avion pouvait être équipé de flotteurs.

Type : Iakovlev UT-2
Pays de production : Union soviétique
Utilisation : Avion-école et de sport
Envergure : 10,20 m
Longueur : 7,00 m
Motorisation : 1 moteur en étoile à 5 cylindres M-11 de 75 kW (100 CV)
Poids maximum au décollage : 856 kg
Vitesse maximale : 210 km/h
Autonomie : 500 km
Plafond : 3 500 m
Équipage : 1–2 personnes

Junkers A 48

Avion-école et de sport monomoteur biplace à structure entièrement métallique à ailes surbaissées, à fuselage en tôle lisse (vol initial le 15/09/1929). Au total, sept exemplaires ont été construits et reçurent l'autorisation de vol en Allemagne. Les pièces nécessaires à l'assemblage de sept autres avions ont été livrées à la succursale suédoise à Limhamn où ils furent convertis en chasseurs-bombardiers Junkers K 47. Ces appareils furent pourvus de différents moteurs.

Type : Junkers A 48
Pays de production : Allemagne
Utilisation : Avion-école
Envergure : 12,40 m
Longueur : 8,55 m
Motorisation : 1 moteur Bristol Jupiter VII de 441 kW (600 CV)
Poids maximum au décollage : 1 650 kg
Vitesse maximale : 275 km/h
Autonomie : 500 km
Plafond : 7 500 m
Capacité : 1 passager + 1 pilote

Junkers A 50

Avion de sport monomoteur biplace à ailes surbaissées en tôle ondulée duralumine (vol initial le 13/02/1929). Le deuxième siège pouvait être couvert en cas d'utilisation monoplace. Quelque 69 unités furent produites (en différentes versions) et 50 furent commercialisées. Le type A 50 avec flotteurs réalisa huit records du monde FAI en 1930.

Type : Junkers A 50
Pays de production : Allemagne
Utilisation : Avion de sport
Envergure : 10,00 m
Longueur : 7,12 m
Motorisation : 1 moteur Armstrong Siddeley Genet de 59 kW (80 CV)
Poids maximum au décollage : 600 kg
Vitesse de croisière : 172 km/h
Plafond : 4 600 m
Équipage : 1–2 personnes

Junkers T 26

Avion-école monomoteur à ailes hautes de construction similaire au T 23 (vol initial 1925). Une seconde voilure inférieure de plus petite taille pouvait être montée de manière à obtenir un biplan pour l'entraînement de débutants. Cet appareil, trop coûteux pour les écoles d'aviation, ne connut pas de succès commercial.

Type : Junkers T 26
Pays de production : Allemagne
Utilisation : Avion-école
Envergure : 13,15 m
Longueur : 7,54 m
Motorisation : 1 moteur Junkers L1 de 59 kW (80 CV)
Poids maximum au décollage : 730 kg/805 kg
Vitesse de croisière : 130 km/h (monoplan)/ 115 km/h (biplan)
Capacité : 1 passager + 1 pilote

Klemm Kl 35

Avion-école et de sport monomoteur (vol initial en 1935). Cette version à ailes surbaissées à portée libre était tout à fait apte à la voltige aérienne et était non seulement appréciée des pilotes-amateurs et des clubs aéronautiques, mais également par les diverses armées de l'air en tant qu'avion d'entraînement. Dès la version D, l'appareil fut muni d'un train tricycle.

Type : Klemm Kl 35 D
Pays de production : Allemagne
Utilisation : Avion-école et de sport
Envergure : 10,40 m
Longueur : 7,35 m
Motorisation : 1 moteur en ligne à 4 cylindres Hirth HM 504 A de 77 kW (105 CV)
Poids maximum au décollage : 705 kg
Vitesse maximale : 190 km/h
Autonomie : 800 km
Plafond : 4 600 m
Équipage : 2 personnes

Letov S-18

Biplan d'entraînement et de sport monomoteur (vol initial en 1925). La version initiale possédait un fuselage en bois. La version S-118 fut équipée de moteurs plus puissants. Le fuselage de la version D-218 (1926) formait une structure en acier entièrement novatrice. Cet appareil était utilisé par des pilotes privés et des clubs aéronautiques.

Type : Letov S-18
Pays de production : Tchécoslovaquie
Utilisation : Avion de sport
Envergure : 10,00 m
Longueur : 6,68 m
Motorisation : 1 moteur en étoile Walter NZ 60 de 44 kW (60 CV)
Poids maximum au décollage : 555 kg
Vitesse de croisière : 105 km/h
Autonomie : 325 km
Plafond : 3 500 m
Équipage : 2 personnes

Messerschmitt M 17

Avion de sport monomoteur à structure en bois. Premier avion motorisé de Willy Messerschmitt (1925). De six à huit appareils sortirent d'usine. En 1926, le M 17 fut le premier avion léger à traverser les Alpes centrales.

Type : Messerschmitt M 17
Pays de production : Allemagne
Utilisation : Avion de sport
Envergure : 11,60 m
Longueur : 5,85 m
Motorisation : 1 moteur Bristol Cherub III de 26,5 kW (36 CV)
Poids maximum au décollage : 370 kg
Vitesse de croisière : 150 km/h
Autonomie : 500 km
Plafond : 4 000 m
Capacité : 1 passager + 1 pilote

Messerschmitt Bf 108

Avion de sport et de tourisme monomoteur à ailes surbaissées (1934). À bord de cet appareil, les pilotes établirent plusieurs records d'altitude et de vol. Cet appareil fut tout d'abord un avion de tourisme avant que la Luftwaffe ne passe une grosse commande. Lors de la Seconde Guerre mondiale, des Bf 108 étaient utilisés comme avions de liaison ou comme avions d'entraînement en vue de piloter les Bf 109.

Type : Messerschmitt Bf 108
Pays de production : Allemagne
Utilisation : Avion de sport et de tourisme
Envergure : 10,62 m
Longueur : 8,30 m
Motorisation : 1 moteur à 8 cylindres Argus As 10 C de177 kW (240 CV) de puissance de décollage
Poids maximum au décollage : 1 380 kg
Vitesse maximale : 300 km/h
Autonomie : 950 km env.
Plafond : 5 000 m
Capacité : 3 passagers + 1 pilote

Piaggio P.148/149

Avion de sport monomoteur entièrement métallique à ailes surbaissées à portée libre (vol initial le 12/02/1951). Avion d'entraînement pour pilotes débutants, mais également d'initiation à la voltige aérienne. La version évoluée P.149 (vol initial le 19/06/1953) était l'avion d'entraînement de base de l'armée de l'air allemande ainsi que d'autres forces aériennes. En Allemagne, il fut construit sous licence par les usines Focke Wulf.

Type : Piaggio P.148/P.149
Pays de production : Italie
Utilisation : Avion-école et de sport
Envergure : 11,12 m/11,12 m
Longueur : 8,44 m/8,80 m
Motorisation : 1 moteur Lycoming O-435-A de 142 kW/ 1 Lycoming GO 480 de 202 kW
Poids maximum au décollage : 1 280 kg/1 680 kg
Vitesse maximale : 235 km/h/305 km/h
Autonomie : 925 km/1 090 km env.
Plafond : 5 000 m/6 050 m
Capacité : 3-4 passagers + 1 pilote

Pilatus PC-7

Avion-école monomoteur polyvalent, conçu à l'origine avec un moteur à pistons (évolution du P-3). Le PC-7 turbopropulsé décolla pour la première fois en août 1966 et le premier appareil de série vola en 1978. Jusqu'à nos jours, il est très apprécié pour l'entraînement de pilotes débutants, le vol aux instruments, l'acrobatie aérienne, les vols de nuit ainsi que pour l'entraînement tactique.

Type : Pilatus PC-7 Mk.II
Pays de production : Suisse
Utilisation : Avion-école
Envergure : 10,19 m
Longueur : 10,14 m
Motorisation : 1 moteur Pratt & Whitney PT 6A 25A de 410 kW (556 CV)
Poids maximum au décollage : 2 250 kg
Vitesse maximale : 556 km/h
Autonomie : 1 500 km
Plafond : 7 600 m
Capacité : 1 passager + 1 pilote

Pilatus PC-21

Avion-école et de sport monomoteur turbopropulsé à ailes surbaissées (vol initial des prototypes en 2002 et 2004). Le PC-21 dispose d'excellentes propriétés aérodynamiques par rapport à d'autres avions turbopropulsés. Ce nouvel appareil d'entraînement convient ainsi à la fois pour la formation de base que pour les cours approfondis et remplace en partie l'entraînement sur avions à réaction.

Type : Pilatus PC-21
Pays de production : Suisse
Utilisation : Avion-école
Envergure : 8,77 m
Longueur : 11,00 m
Motorisation : 1 moteur Pratt & Whitney Canada PT6A-68B de 1 195 kW (1 625 CV)
Poids maximum au décollage : 4 250 kg
Vitesse maximale : 685 km/h
Autonomie : 1 295 km
Plafond : 11 580 m
Équipage : 2 personnes

Piper J3c Cub

Avion de sport monomoteur à ailes surbaissées, dont les origines remontent aux années 1930 et qui fut produit à près de 20 000 unités à partir de 1937. La faible motorisation de 30 kW est plus tard passée à plus de 60 kW.

Type : Piper J3c-65
Pays de production : États-Unis
Utilisation : Avion de sport
Envergure : 10,74 m
Motorisation : 1 moteur Continental de 48,5 kW (66 CV)
Poids maximum au décollage : 550 kg
Vitesse de croisière : 115 km/h
Autonomie : 300 km
Plafond : 7 000 m
Équipage : 1 personne

Platzer Kiebitz

Avion ultra-léger monomoteur sous forme de biplan entoilé monomât à structure composite. Cet appareil est équipé de deux sièges alignés l'un derrière l'autre. Il est proposé dans les catégories 330 kg et 400 kg de poids au décollage pour lesquelles différentes motorisations sont admises. Il s'agit d'un avion à assemblé sans kit prémonté. Au lieu de ce dernier, le fabricant propose une licence de construction sur plan.

Type : Platzer Kiebitz
Pays de production : Allemagne
Utilisation : Avion ultraléger
Envergure : 7,60 m
Longueur : 6,90 m
Motorisation : 1 moteur Nissan MA-12-P ou d'autres moteurs
Poids maximum au décollage : 330 kg/ 400 kg
Vitesse maximale : 125 km/h
Équipage : 2 personnes

Ruschmeyer R90

Avion de sport monomoteur à ailes surbaissées. Pour la première fois, on employa de la résine d'ester vinylique ainsi que des fibres de verre et de carbone comme matériaux composites en construction aéronautique. Aux États-Unis, la production est assurée par la Solaris Aviation et l'avion y porte le nom de Solaris Sigma 230.

Type : Ruschmeyer R90 230RG
Pays de production : Allemagne
Utilisation : Avion de sport
Envergure : 9,50 m
Motorisation : 1 moteur Textron Lycoming IO540C4D5 de 170 kW (230 CV)
Poids maximum au décollage : 1 350 kg
Vitesse maximale : 324 km/h
Autonomie : 1 610 km
Plafond : 4 875 m
Capacité : 3 passagers + 1 pilote

SAI KZ-2

Avion de sport monomoteur à ailes surbaissées (vol initial le 11/12/1937) à structure en acier contreplaquée et entoilée. Dans la version Kupé (voir illustration), le cockpit était fermé et les deux sièges se trouvaient côte à côte, alors que la version Sport avait un cockpit ouvert et des sièges disposés l'un derrière l'autre.

Type : SAI KZ-2 Kupé
Pays de production : Danemark
Utilisation : Avion de sport
Envergure : 10,50 m
Motorisation : 1 moteur en ligne à 4 cylindres Gipsy Minor/Cirrus Minor 1 de 66 kW (90 CV)
Poids maximum au décollage : 750 kg
Vitesse maximale : 175 km/h
Autonomie : 900 km
Plafond : 5 000 m
Équipage : 2 personnes

Spirit of St. Louis

Avion monomoteur à ailes surélevées et à structure en acier entoilée et en bois. C'est à bord de cet appareil que Charles Lindbergh traversa l'Atlantique du 20 au 21 mai 1925. Le réservoir principal se trouvait en amont de la cabine du pilote, car Lindbergh ne souhaitait pas l'avoir dans le dos en cas d'avarie, ce qui ne laissait au pilote aucune visibilité vers l'avant, si bien qu'il fallait utiliser un périscope. Le Spirit of St. Louis pouvait transporter au maximum 1 705 litres de carburant à bord, soit plus de la moitié de son poids total.

Type : Spirit of St. Louis
Pays de production : États-Unis
Utilisation : Avion de course
Envergure : 14,00 m
Longueur : 8,00 m
Motorisation : 1 moteur Wright Whirlwind J-5C, 223hp de 194 kW (260 CV)
Poids maximum au décollage : 2 330 kg
Vitesse maximale : 390 km/h
Autonomie : 5 808 km
Équipage : 1 personne

Sukhoï Su-26

Avion de sport monomoteur à ailes surbaissées (vol initial le 30/06/1984), premier appareil civil développé par le bureau d'études Sukhoï, spécialisé dans les jets militaires. Cet avion apte à la voltige aérienne a été construit sur la base du Yak-50 et fut également exporté dans les pays occidentaux.

Type : Sukhoï Su-26
Pays de production : Union soviétique
Utilisation : Avion de sport
Envergure : 7,80 m
Longueur : 6,83 m
Motorisation : 1 moteur VKOBM MP-14 P de 268 kW (364 CV)
Poids maximum au décollage : 962 kg
Vitesse maximale : 310 km/h
Autonomie : 825 km
Plafond : 4 000 m
Équipage : 1 personne

Zlin Z-XII

Avion de sport monomoteur (1935) à ailes surbaissées et à structure en bois. Cet appareil était livré avec un cockpit ouvert ou avec une verrière de protection. Plus de 200 unités ont été construites, dont une majeure partie a été exportée.

Type : Zlin Z-XII
Pays de production : Tchécoslovaquie
Utilisation : Avion de sport
Envergure : 10,00 m
Longueur : 7,80 m
Motorisation : 1 moteur Persy II de 33 kW (45 CV)
Poids maximum au décollage : 520 kg
Vitesse de croisière : 135 km/h
Autonomie : 300 km
Plafond : 3 800 m
Équipage : 2 personnes

tma
8Q-TMC

Hydravions à coque, à flotteurs et avions amphibies

Hydravions à coque, à flotteurs et avions amphibies

Les avions amphibies et les hydravions à coque, par leurs dimensions et leur capacité de transport largement supérieures, ont longtemps damé le pion aux avions terrestres. Les énormes hydravions commerciaux, plus des bateaux volants que des aéronefs, ont connu leur âge d'or dans les années 1920 à 1940. En l'absence d'une infrastructure aménagée, mais en présence de grandes surfaces d'eau, cette forme d'évolution sur terrains aqueux est encore utilisée de nos jours, même si ces avions ne sont plus au service des grandes compagnies aériennes.

Aichi E16A Zuiun

Hydravion monomoteur à deux grands flotteurs (vol initial en 1942), équipé de freins de piqué pour pouvoir servir de bombardier en piqué. Il fut néanmoins utilisé en quasi exclusivité pour les missions de reconnaissance. Un prototype avait déjà été construit en 1942 pour remplacer l'Aichi E13A, lancé en série en janvier 1944. Jusqu'à la fin de la guerre, 256 exemplaires ont été construits.

Type : Aichi E16A1
Pays de production : Japon
Utilisation : Avion de reconnaissance
Envergure : 12,81 m
Longueur : 10,83 m
Motorisation : 1 moteur en étoile à 14 cylindres Mitsubishi MK8A Kinsei 51 de 970 kW (1 319 CV)
Poids maximum au décollage : 3 900 kg
Vitesse maximale : 446 km/h
Autonomie : 2 400 km
Plafond : 10 000 m
Équipage : 2 personnes
Armement : 2 canons automatiques de 20 mm, 1 mitrailleuse de 7,7 mm de type 92 250 kg de bombes

Arado Ar 196

Hydravion monomoteur à ailes surbaissées avec deux flotteurs et dont le fuselage était constitué d'une structure tubulaire en acier (revêtement en tôle à l'avant, entoilé à l'arrière). Utilisé depuis 1937 par la marine allemande pour remplacer le He 50 et comme hydravion embarqué standard avec capacité de catapultage. Il fut construit à 541 exemplaires.

Type : Arado Ar 196 A-1
Pays de production : Allemagne
Utilisation : Hydravion embarqué
Envergure : 12,47 m
Longueur : 11,00 m
Motorisation : 1 moteur en étoile à 9 cylindres BMW 132K de 706 kW (960 CV)
Poids maximum au décollage : 3 730 kg
Vitesse maximale : 310 km/h
Autonomie : 1 072 km
Plafond : 7 020 m
Équipage : 2 personnes
Armement : 2 canons automatiques de 20 mm, 1 mitrailleuse 17 de 7,92 mm, jusqu'à 100 kg de bombes

Avro 510

Hydravion monomoteur biplace à structure en bois et sous forme de biplan entoilé à deux mâts. À vrai dire, il s'agissait d'un avion sesquiplan (ailes supérieures plus longues d'un tiers par rapport aux ailes inférieures). Les flotteurs principaux à l'arrière et les flotteurs stabilisateurs étaient reliés au fuselage par des structures en acier. L'amirauté britannique en commanda cinq exemplaires qui hélas se révélèrent trop faibles et pas très résistants.

Type : Avro 510
Pays de production : Grande-Bretagne
Utilisation : Hydravion
Envergure : en haut 18,30 m, en bas 11,60 m
Longueur : 11,58 m
Motorisation : 1 moteur Sunbeam Nubian de 111,8 kW (152 CV)
Poids maximum au décollage : 1 270 kg
Vitesse maximale : 113 km/h
Autonomie : 500 km
Plafond : 950 m
Équipage : 1 passager + 1 pilote

Beriev MBR-2

Hydravion à coque à deux ponts et muni d'ailes surélevées. Le moteur était placé sur une structure métallique sur la voilure. Cet avion de reconnaissance rapprochée employé par la marine patrouilla depuis 1932 au-dessus des eaux côtières soviétiques. Produit jusqu'en 1942, il se caractérisait par sa bonne maniabilité et son entretien facile. Le MP-1 civil en est dérivé.

Type : Beriev MBR-2
Pays de production : Union soviétique
Utilisation : Hydravion à coque
Envergure : 18,90 m
Longueur : 13,50 m
Motorisation : 1 moteur en ligne à 12 cylindres M-17 de 530-633 kW (720-860 CV)
Poids maximum au décollage : 4 000 kg
Vitesse maximale : 285 km/h
Autonomie : 1 450 km
Plafond : 6 600 m
Équipage : 3-4 personnes
Armement : 2-4 mitrailleuses, 600 kg de bombes

Beriev Be-6

Hydravion à coque bimoteur à ailes surélevées et structure entièrement métallique (vol initial en 1947) qui fut utilisé comme hydravion de reconnaissance maritime et comme bombardier. En plus de sa fonction de patrouilleur, le Be-6 réalisa également des missions de lutte contre les sous-marins ou de minage des eaux côtières. Un certain nombre d'appareils furent par ailleurs fournis à la Chine (exploités sous la désignation Qing 6).

Type : Beriev Be-6
Pays de production : Union soviétique
Utilisation : Hydravion à coque
Envergure : 33,00 m
Longueur : 23,50 m
Motorisation : 2 moteurs en étoile Chvetsov ASch-73TK de 1 693 kW (2 300 CV) chacun
Poids maximum au décollage : 23 450 kg
Vitesse maximale : 415 km/h
Autonomie : 4 800 km
Plafond : 6 100 m
Armement : 4 ou 5 canons NS-23 de 23 mm ; mines, grenades sous-marines, torpilles embarquées sous les ailes

Beriev R-1

Hydravion soviétique biréacteur avec coque à deux ponts et empennage en croix (vol initial le 30/05/1952). Le R-1 fut le premier hydravion à coque au monde équipé de réacteurs. Il fut employé pour la reconnaissance et la lutte contre des objectifs ennemis. À cet effet, il était équipé de quatre canons de 23 mm et pouvait transporter une charge de 1 000 kg de bombes. Le R-1 n'a pas pu s'imposer, car il révéla à plusieurs reprises des défauts, mais l'avionneur tira profit des expériences faites avec cet appareil pour la construction du Beriev Be-10.

Type : Beriev R-1
Pays de production : Union soviétique
Utilisation : Hydravion à coque
Envergure : 21,40 m
Longueur : 19,43 m
Motorisation : 2 réacteurs Klimov VK-1 de 26,87 kN (2 740 kp) de poussée chacun
Poids maximum au décollage : 17 000 kg
Vitesse maximale : 800 km/h
Autonomie : 2 000 km
Plafond : 11 500 m
Équipage : 3 personnes
Armement : 4 canons de 23 mm, 1 000 kg de bombes au max.

Beriev Be-12 Chaïka

Hydravion amphibie bimoteur turbopropulsé (vol initial vers 1960). Conçus initialement pour des missions militaires, la plupart des 140 appareils furent employés comme avions de reconnaissance pour la surveillance maritime et côtière ainsi que pour la lutte contre les sous-marins. Le Chaïka fut également utilisé pour des opérations de sauvetage et de recherche géophysique. L'aéronautique navale soviétique s'en servit pour remplacer le Be-6.

Type : Beriev Be-12
Pays de production : Union soviétique
Utilisation : Avion amphibie
Envergure : 29,71 m
Longueur : 30,17 m
Motorisation : 2 moteurs Ivtchenko AI-20D de 3126 kW (4 250 CV) chacun
Poids maximum au décollage : 29 500 kg
Vitesse de croisière : 320 km/h
Autonomie : 4 000 km
Plafond : 11 300 m
Équipage : 10 personnes
Armement : charge de bombes 5 000 kg max.

Beriev Be-200

Avion amphibie biréacteur à ailes surélevées et empennage en T (vol initial le 24/09/1998). Avion polyvalent notamment utilisé pour le transport de passagers et de fret, le contrôle anti-pollution et la surveillance côtière. Le Be-200 est aussi particulièrement efficace pour la lutte anti-incendie. La version destinée aux marchés occidentaux est équipée de moteurs Rolls-Royce ou Allison.

Type : Beriev Be-200
Pays de production : Russie
Utilisation : Avion amphibie
Envergure : 32,78 m
Longueur : 32,05 m
Motorisation : 2 turboréacteurs à double flux Progress D-436TP de 73,6 kN (7 444 kp) de poussée chacun
Poids maximum au décollage : 37 200 kg (depuis la terre), 43 000 kg (depuis l'eau)
Vitesse de croisière : 555–610 km/h
Autonomie : 2 760 km max.
Plafond : 1 700 m (chargé de 7,5 t), sinon jusqu'à 3 850 m
Capacité : 64 passagers (ou 8 t fret/12 m^3 d'eau d'extinction)

Blackburn R.B.3A Perth

Hydravion biplan trimoteur à coque. Conçu pour succéder au Blackburn R.B.1 Iris comme hydravion de reconnaissance à longue distance. En raisons de problème techniques répétitifs (notamment au niveau de l'empennage), il fut seulement utilisé entre 1934 et 1938.

Type : Blackburn R.B.3A
Pays de production : Grande-Bretagne
Utilisation : Hydravion de reconnaissance
Envergure : 29,60 m
Longueur : 21,30 m
Motorisation : 3 moteurs Rolls-Royce Buzzard IIMS de 615 kW (836 CV) chacun
Poids maximum au décollage : 14 740 kg
Vitesse maximale : 213 km/h
Autonomie : 2 780 km
Plafond : 3 500 m
Équipage : 6 personnes
Armement : 1 canon automatique de 37 mm, 900 kg de bombes

Boeing 314 Clipper

Hydravion quadrimoteur long-courrier avec coque et ailes surélevées (vol initial le 07/06/1938). Les flotteurs de stabilisation latéraux transportaient une partie du carburant. Le Clipper compte parmi les plus grands avions de son époque : douze appareils effectuaient des vols réguliers au-dessus de l'Atlantique et du Pacifique aux couleurs de la Pan American World Airways. Ils étaient aménagés avec un grand souci de confort (salles de restauration et salles de bain). Le fuselage pouvait transporter 74 passagers de jour ou 40 passagers de nuit dans des fauteuils inclinés. Durant la Seconde Guerre mondiale, les Clipper servirent pour le transport de ravitaillement militaire. En 1943, le président des États-Unis Roosevelt voyagea à bord d'un Boeing 314 (NC-18605 Dixie Clipper) pour se rendre à la conférence de Casablanca.

Type : Boeing 314
Pays de production : États-Unis
Utilisation : Hydravion à coque
Envergure : 46,33 m
Longueur : 32,31 m
Motorisation : 4 moteurs Wright GR-2600 Twin Cyclone de 1 192 kW (1 600 CV) chacun
Poids maximum au décollage : 37 422 kg
Vitesse de croisière : 296 km/h
Autonomie : 5 600 km
Plafond : 13 700 m
Capacité : 74 passagers

Breguet 521 Bizerte

Hydravion à coque trimoteur biplan avec un équipement militaire (vol initial du prototype le 11/09/1933). Pefectionnement du Short Calcutta pour lequel Breguet avait obtenu une licence. Certains appareils furent repris par la Luftwaffe après l'armistice de 1940 pour des opérations de sauvetage maritime. La version civile du Bizerte fut le Breguet 530 Saigon.

Type : Bréguet 521
Pays de production : France
Utilisation : Hydravion de reconnaissance
Envergure : 35,13 m (en haut), 18,90 m (en bas)
Longueur : 20,33 m
Motorisation : 3 moteurs Gnome-Rhône 14N-11 de 671 kW (900 CV) chacun
Poids maximum au décollage : 16 000 kg
Vitesse maximale : 236 km/h
Autonomie : 2 100 km
Plafond : 6 600 m
Équipage : 8 personnes
Armement : 5 mitrailleuses de 7,5 mm, 200 kg de bombes sous les ailes, torpilles

Canadair CL 215

Avion amphibie polyvalent bimoteur avec coque monopont et flotteurs stabilisateurs sous les ailes (vol initial le 23/10/1967). Sa mission principale fut la lutte contre les incendies de forêt (capacité d'emporter 5 455 litres d'eau et de produits d'extinction). Jusqu'au terme de sa production en 1990, la majorité des 125 unités fut utilisée comme avions d'extinction, dix d'entre elles pour les opérations de sauvetage et la surveillance côtière et enfin deux appareils pour le transport de passagers.

Type : Canadair CL 215
Pays de production : Canada
Utilisation : Avion amphibie polyvalent
Envergure : 28,60 m
Longueur : 19,82 m
Motorisation : 2 moteurs en étoile Pratt & Whitney R-2800-CA3 de 1 566 kW (2 130 CV) chacun
Poids maximum au décollage : 19 731 kg (depuis la terre), 17 100 kg (depuis l'eau)
Vitesse de croisière : 291 km/h
Autonomie : 2 090 km max.
Équipage : 2 personnes

Canadair CL 415

Avion amphibie bimoteur turbopropulsé (vol initial le 06/12/1993). Spécialiste de la lutte contre les incendies de forêt, il fait un plein d'eau en seulement 12 secondes. Le CL 415 est également utilisé comme patrouilleur. La version CL 415 sert pour le transport de passagers et de fret. Le CL 415 est actuellement l'unique grand avion amphibie au monde.

Type : Canadair CL 415
Pays de production : Canada
Utilisation : Avion amphibie
Envergure : 28,61 m
Longueur : 19,82 m
Motorisation : turbopropulseurs Pratt & Whitney Canada PW123AF de 1 750 kW (2 380 CV) chacun
Poids maximum au décollage : 19 800 kg (depuis la terre), 17 100 kg (depuis l'eau)
Vitesse de croisière : 287 km/h
Autonomie : 2 427 km max.
Plafond : 9 750 m
Capacité : jusqu'à 30 passagers (ou 4 790 kg de fret ou 6 120 l d'eau d'extinction) + 2 membres d'équipage

Caproni Ca-60

Hydravion à coque à huit moteurs, triple triplan (vol initial le 04/03/1921). Les trois paires d'ailes du triplan montées sur le fuselage possédaient une envergure totale de 836 m^2 (soit le double d'un B-52). Cet avion expérimental à huit moteurs avec respectivement quatre hélices propulsives et tractrices et ne prit l'air qu'une seule fois pour voler à 20 m d'altitude et s'écraser dans le Lac Majeur.

Type : Caproni Ca-60
Pays de production : Italie
Utilisation : Hydravion à coque
Envergure : 30,50 m
Longueur : 23,45 m
Motorisation : 8 moteurs Liberty L-12 de 293 kW (400 CV) chacun
Poids maximum au décollage : 25 000 kg
Vitesse maximale : 112 km/h
Autonomie : 660 km
Capacité : 60–100 passagers + 8 membres d'équipage

Consolidated PBY Catalina

Avion amphibie bimoteur à ailes hautes et avec deux flotteurs stabilisateurs (vol initial en 1935). Pendant la Seconde Guerre mondiale, cet hydravion de reconnaissance servit entre autres d'avion d'escorte de convoi et pouvait rester dans les airs pendant 24 heures. Avec plus de 3 300 exemplaires, c'est l'avion amphibie le plus construit.

Type : Consolidated PBY 5 A
Pays de production : États-Unis
Utilisation : Avion amphibie
Envergure : 31,70 m
Longueur : 19,47 m
Motorisation : 2 moteurs à 14 cylindres Pratt & Whitney R-1930-92 de 895 kW (1 217 CV) chacun
Poids maximum au décollage : 16 063 kg
Vitesse maximale : 288 km/h
Autonomie : 4 096 km
Plafond : 4 481 m
Équipage : 7–9 personnes
Armement : 3 canons automatiques de 7,62 mm, 2 mitrailleuses de 12,7 mm, au maximum 2 200 kg de bombes fixées à l'extérieur ou 2 torpilles Mk 13-2 de 983 kg

Dornier Do R4 Superwal

Hydravion de ligne à coque quadrimoteur (vol initial en septembre 1926). Il existe également une version bimoteur (Do R2). Les clients pouvaient optaient pour différents moteurs qu'ils devaient livrer eux-même. Les appareils « Wal » et « Superwal » furent également exploités comme avions postaux.

Type : Dornier Do R4
Pays de production : Allemagne
Utilisation : Hydravion de ligne à coque
Envergure : 28,60 m
Longueur : 24,60 m
Motorisation : 4 moteurs Gnôme-Rhône Jupiter VI de 318 kW (517 CV) chacun
Poids maximum au décollage : 14 000 kg
Vitesse de croisière : 190 km/h
Autonomie : 1 500 km
Plafond : 2 000 m
Capacité : 19 passagers + 4 membres d'équipage

Dornier Do X

Hydravion de ligne à coque à 12 moteurs (vol initial le 12/07/1929). Le Do X était de loin le plus grand avion de son époque. Le 05/11/1930, le Do X prit l'air pour un vol de présentation autour de la terre qui dura jusqu'au 24/05/1932. Le Do X ne connut pas de succès commercial. Seuls trois appareils ont été construits, dont deux en Italie. Le Do X allemand, après avoir perdu son empennage lors d'un atterrissage le 09/05/1933, a été démonté et n'a plus jamais été assemblé. Nul ne sait ce qu'il advint des appareils italiens.

Type : Dornier Do X
Pays de production : Allemagne
Utilisation : Hydravion à coque pour le transport de passagers
Envergure : 48,05 m
Longueur : 40,05 m
Motorisation : 12 moteurs en V à 12 cylindres Curtiss GV-1750 Conqueror de 485 kW (660 CV) de puissance au décollage chacun
Poids maximum au décollage : 56 000 kg
Vitesse de croisière : 190 km/h
Autonomie : 1 700–2 800 km
Plafond : 3 200 m
Capacité : 63–100 passagers

Dornier Do 24

Hydravion à coque trimoteur, utilisé pour la reconnaissance et le sauvetage maritime durant la Seconde Guerre mondiale (vol initial le 05/07/1937). En 1982, un Do 24 fut converti en Do 24 ATT (« Amphibischer Technologie Träger », voir illustration). Ses ailes et ses moteurs turbopropulsés furent modernisés et on le munit d'un train terrestre rétractable.

Type : Dornier Do 24 ATT
Pays de production : Allemagne
Utilisation : Hydravion à coque
Envergure : 27,27 m
Longueur : 21,95 m
Motorisation : 3 moteurs Pratt & Whitney Canada PT6A-45 de 827 kW (1 125 CV) chacun
Poids maximum au décollage : 14 000 kg (depuis la terre), 12 000 kg (depuis l'eau)
Vitesse maximale : 343 km/h
Armement : 2 canons automatiques de 7,92 mm, 1 mitrailleuse de 20 mm (uniquement sur la version initiale Do-24 T)

Dornier Do 26 Seeadler

Hydravion à coque quadrimoteur avec ailes en V et des flotteurs entièrement rétractables (vol initial le 21/05/1938). La motorisation consistait en quatre moteurs alignés par paires équipés de quatre hélices (deux tractrices et deux propulsives). Le Do 26, prévu à l'origine pour assurer les liaisons postales transatlantiques, entama une carrière d'avion de reconnaissance auprès de la Luftwaffe.

Type : Dornier Do 26 V-1 A
Pays de production : Allemagne
Utilisation : Hydravion de reconnaissance
Envergure : 30,00 m
Longueur : 24,60 m
Motorisation : 4 moteurs diesel Jumo 205E de 442 kW (600 CV) chacun
Poids maximum au décollage : 20 000 kg
Vitesse maximale : 335 km/h
Autonomie : 9 000 km
Plafond : 4 800 m
Équipage : 4 personnes
Armement : 4 mitrailleuses 151 de 20 mm

Grumman G-21/JRF Goose

Avion amphibie bimoteur. Conçu initialement comme avion d'affaires régional dans autour de Long Island, cet appareil sut s'imposer comme avion de transport et de reconnaissance fiable à l'usage de la garde côtière (Navy), où il fut employé sous la désignation JRF, et de l'armée des États-Unis. Il fut également employé par le Canada et la RAF durant la Seconde Guerre mondiale.

Type : Grumman G-21A/JRF
Pays de production : États-Unis
Utilisation : Avion amphibie
Envergure : 14,94 m
Longueur : 11,68 m
Motorisation : 2 moteurs Pratt & Whitney Wasp Junior SB-2 de 340 kW (462 CV) chacun
Poids maximum au décollage : 3 600 kg
Vitesse maximale : 323 km/h
Autonomie : 1 030 km
Plafond : 6 400 m
Équipage : 3–7 personnes

Grumman HU-16 Albatross

Avion amphibie bimoteur (vol initial du prototype 1947). Suite au succès du Grumman Goose, l'US-Navy ordonna la construction d'un avion amphibie de plus grande dimension. Il fut employé comme avion patrouilleur, de sauvetage maritime, pour les vols de reconnaissance ainsi que pour la lutte contre les sous-marins. Les 459 appareils construits jusqu'en 1954 étaient en service aux États-Unis et dans 16 autres pays.

Type : Grumman HU-16
Pays de production : États-Unis
Utilisation : Avion amphibie
Envergure : 29,46 m
Longueur : 19,15 m
Motorisation : 2 moteurs Wright R-1820-76A ou -76B Cyclone de 1 062 kW (1 444 CV)
Poids maximum au décollage : 17 000 kg
Vitesse maximale : 380 km/h
Autonomie : 5 280 km
Plafond : 6 550 m
Équipage : 3–6 personnes
Armement : charge d'armes externe de 2 350 kg au max.

Heinkel He-60

Hydravion monomoteur biplan (vol initial en 1933). Cet avion fut exploité comme hydravion embarqué et de reconnaissance à capacité de catapultage par la marine du Reich durant la période de réarmement en Allemagne. L'équipage prenait place sur deux sièges ouverts situés l'un derrière l'autre.

Type : Heinkel He 60
Pays de production : Allemagne
Utilisation : Hydravion embarqué
Envergure : 13,50 m
Longueur : 11,50 m
Motorisation : 1 moteur BMW VI 6,0 ZU de 440 kW (600 CV) de puissance de décollage
Poids maximum au décollage : 3 500 kg
Vitesse de croisière : 220 km/h
Autonomie : 950 km max.
Plafond : 5 000 m
Équipage : 2 personnes
Armement : 2 mitrailleuses de 7,9 mm

Hughes H-4 Hercules

Hydravion à coque de transport en bois à huit moteurs, conçu et construit entre 1942 et 1947 (premier et unique vol le 02/11/1947). Il est toujours considéré de nos jours comme le plus grand avion du monde en terme d'envergure et de hauteur (1 061,80 m²). Sa conception fut lancée en 1942 par l'US-Navy en quête d'un hydravion de transport permettant le transport rapide et sûr des soldats américains en Europe. Pour sa construction, l'utilisation de « matériaux stratégiques » était interdite. Ainsi, l'avion était essentiellement constitué de bois de bouleau. L'appareil sortit trop tardivement d'usine pour effectuer les tâches qui lui étaient assignées. Cet hydravion à coque resta proche du sol lors de son premier et unique vol, c'est pourquoi on doute jusqu'à ce jour de sa capacité à voler.

Type : Hughes H-4
Pays de production : États-Unis
Utilisation : Hydravion à coque de transport
Envergure : 97,51 m
Motorisation : 8 moteurs Pratt & Whitney R4360-4A à 28 cylindres et 4 rangées d'étoiles de 2 240 kW (3 040 CV) chacun
Longueur : 66,74 m
Poids maximum au décollage : 181 500 kg
Vitesse maximale : 378 km/h (prévu)
Autonomie : 4 827 km (prévu)
Plafond : 6 370 m (prévu)
Capacité : 750 passagers max. + 18 membres d'équipage

Kawanishi H8K

Hydravion à coque quadrimoteur entièrement métallique à vocation militaire (vol initial en 1940). Le H8K fut utilisé comme avion de reconnaissance sur longue distance et comme avion de transport. Il se caractérisait par une capacité de charge utile extrêmement élevée et possédait des réserves de puissance considérables. Il était même plus performant techniquement parlant que les grands hydravions à coque des forces alliées (tels que Sunderland ou Coronado). Il n'était cependant pas facile à piloter et seuls des pilotes expérimentés surent le maîtriser. On intégra différents moteurs au cours de sa production (jusqu'en 1945). L'armement fut également renforcé pendant les années de guerre. Au total, 162 appareils de série dans différentes versions sortirent d'usine. La dernière variante H8K-4 ne fut plus construite en série.

Type : Kawanishi H8K
Pays de production : Japon
Utilisation : Hydravion à coque
Envergure : 37,80 m
Longueur : 28,80 m
Motorisation : 4 moteurs Mitsubishi MK4B Kasei 12 de 1 103 kW (1 500 CV) chacun
Poids maximum au décollage : 32 000 kg
Vitesse maximale : 470 km/h
Autonomie : 4 800 km
Plafond : 6 800 m
Équipage : 9 personnes
Armement : 5 canons automatiques de 20 mm max., 4 mitrailleuses de 7,7 mm, 2 torpilles de 800 kg ou 8 bombes de 250 kg ou de 16 bombes de 60 kg

Martin M 130

Hydravion de ligne à coque quadrimoteur à ailes hautes (1932). Cet avion, appelé China Clipper, effectua des vols réguliers sur le Pacifique, depuis la côte Ouest américaine vers l'Asie orientale en passant par Hawaï. Employé dans un premier temps comme avion postal, il servit également pour le transport de passagers dès 1936 (48 sièges de jour, 18 couchettes pour les vols de nuit).

Type : Martin M 130
Pays de production : États-Unis
Utilisation : Hydravion à coque commercial
Envergure : 39,62 m
Longueur : 27,62 m
Motorisation : 4 moteurs Pratt & Whitney R-1830 Twin Wasp de 619 kW (840 CV) chacun
Poids maximum au décollage : 23 580 kg
Vitesse de croisière : 262 km/h
Autonomie : 5 150 km
Plafond : 5 200 m
Capacité : 43–48 passagers

Martin Mars

Hydravion à coque quadrimoteur civil et militaire (vol initial le 23/06/1942). Cet appareil pouvait transporter jusqu'à 15,8 tonnes de fret, même jusqu'à 31 tonnes sur la version JRM II. Le M 170 JRM II réalisa un vol record en transportant 263 personnes. À l'époque, le Martin Mars était le plus grand hydravion du monde à être produit en série. Aujourd'hui encore, deux Martin Mars convertis sont affectés à la lutte contre les incendies de forêt au Canada.

Type : Martin M 170
Pays de production : États-Unis
Utilisation : Hydravion de transport à coque
Envergure : 61,00 m
Longueur : 35,70 m
Motorisation : 4 moteurs Pratt & Whitney R-4360-4T Wasp Major de 2 240 kW (3 045 CV) chacun
Poids maximum au décollage : 74 800 kg
Vitesse maximale : 350 km/h
Autonomie : 8 000 km
Plafond : 4 450 m
Équipage : 4 personnes

Martin P5M Marlin

Avion amphibie lourd bimoteur à ailes surélevées (vol initial le 30/05/1948). La construction en série (1 366 exemplaires) débuta en 1951. Cet appareil fut utilisé par la Navy (entre autres pour la lutte contre les sous-marins) et la garde côtière des États-Unis, mais il vola également pour la marine française, où il succéda aux Sunderland. La dernière version SP-5 fut encore utilisée par l'US-Navy au Vietnam.

Type : Martin P5M-2S (SP-5B)
Pays de production : États-Unis
Utilisation : Patrouilleur et bombardier
Envergure : 36,00 m
Longueur : 30,60 m
Motorisation : 2 moteurs Wright R-3350-30WA de 2 423 kW (3 295 CV)
Poids maximum au décollage : 38 550 kg
Vitesse maximale : 400 km/h
Autonomie : 5 000 km
Plafond : 7 300 m
Équipage : 8 personnes
Armement : 4 torpilles de 980 kg ou 4 bombes de 900 kg ou 8 mines de 450 kg ou 16 bombes de 230 kg ou encore 16 charges grenades sous-marines de 150 kg

Piaggio P.136

Avion amphibie bimoteur avec ailes en V surélevées et deux moteurs propulsifs placés à la « cassure » de la voilure (vol initial en 1948). Cette disposition des moteurs était conforme pour assurer le décollage de l'appareil depuis l'eau à pleine charge. Une version spéciale a été conçue pour le marché américain, le Royal Gull. Près de 40 appareils furent vendus aux États-Unis et au Canada.

Type : Piaggio P.136 L2
Pays de production : Italie
Utilisation : Avion amphibie
Envergure : 13,51 m
Longueur : 10,79 m
Motorisation : 2 moteurs Avco Lycoming GSO-480 de 346 CV (255 kW) chacun
Poids maximum au décollage : 2 995 kg
Vitesse maximale : 335 km/h
Autonomie : 1 450 km env.
Plafond : 7 800 m
Capacité : 4 passagers + 1 pilote

Rohrbach Rocco

Hydravion à coque bimoteur dont les ailes surélevées haubanées présentent une très forte flèche, avec fuselage entièrement métallique, nez de croiseur élevé et flotteurs stabilisateurs latéraux (1926/27). Le Rocco volait sur les routes de la mer Baltique en partance de Travemünde (Allemagne).

Type : Rohrbach Ro V
Pays de production : Allemagne
Utilisation : Hydravion à coque commercial
Envergure : 26,00 m
Longueur : 19,30 m
Motorisation : 2 moteurs Rolls-Royce Condor de 480 kW (652 CV) chacun
Poids maximum au décollage : 2 860 kg
Vitesse de croisière : 168 km/h
Autonomie : 2 400 km
Plafond : 3 150 m
Capacité : 10 passagers

Saunders Roe Princess

Hydravion de ligne à coque à dix moteurs (vol initial en août 1952). Ils furent construits à trois exemplaires, la dernière « princesse » fut ferraillée en 1967.

Type : Saunders Roe SR.45
Pays de production : Grande-Bretagne
Utilisation : Hydravion de ligne à coque
Envergure : 66,90 m
Longueur : 42,00 m
Motorisation : 10 moteurs turbopropulsés Bristol Proteus 600 de 2 386 kW (3 245 SHP) chacun
Poids maximum au décollage : 156 490 kg
Vitesse maximale : 580 km/h
Autonomie : 9 270 km
Plafond : 11 300 m
Capacité : 105 passagers

Short S-23 Empire

Hydravion à coque quadrimoteur (vol initial le 04/06/1936). Au total, 31 exemplaires furent construits et servirent d'avions postaux et de transport de passagers sur les lignes à destination de l'Égypte, de l'Inde, de l'Afrique de l'est et du sud, de la Malaisie, de Hongkong et de l'Australie. Ces appareils avaient servi de modèle aux Sunderland S-25.

Type : Short S-23
Pays de production : Grande-Bretagne
Utilisation : Hydravion de ligne à coque
Envergure : 34,75 m
Longueur : 26,82 m
Motorisation : 4 moteurs en étoile Bristol Pegasus XC de 686 kW (920 CV) chacun
Poids maximum au décollage : 18 370 kg
Vitesse maximale : 322 km/h
Autonomie : 1 230 km
Plafond : 6 095 m
Capacité : 24 passagers + 5 membres d'équipage

Short S-25 Sunderland

Hydravion polyvalent quadrimoteur long-courrier (1937) muni d'ailes surélevées à portée libre, à structure entièrement métallique avec empennage conventionnel ; version militaire de l'hydravion commercial S-23 Empire. Le Sunderland fut utilisé pour les missions suivantes : reconnaissance maritime, lutte contre les sous-marins, transport et sauvetage. Certains des 721 exemplaires construits jusqu'en octobre 1945 furent employés par la Grande-Bretagne et d'autres états jusqu'en 1958.

Type : Short S-25 Mk.V
Pays de production : Grande-Bretagne
Utilisation : Hydravion à coque polyvalent
Envergure : 34,36 m
Longueur : 26,01 m
Motorisation : 4 moteurs Pratt & Whitney R-1830 Twin Wasp de 895 kW (1 217 CV) chacun
Poids maximum au décollage : 29 482 kg
Vitesse maximale : 343 km/h
Autonomie : 4 800 km
Plafond : 6 250 m
Équipage : 7–9 personnes (max. 10)
Armement : jusqu'à 10 mitrailleuses de 12,7 mm et bombes de 1 800–2 250 kg ou grenades sous-marine internes

Sikorsky S-40

Hydravion commercial quadrimoteur (vol initial au début de 1930) munis d'ailes hautes haubanées et entoilées. Conçu à l'origine comme avion amphibie, l'appareil fut utilisé comme hydravion à coque par la suite pour réduire la masse à vide et augmenter le chargement. Le S-40 vola aux couleurs de la PanAm (vol initial du premier appareil PanAm le 19/11/1931, piloté par Charles Lindbergh).

Type : Sikorsky S-40
Pays de production : États-Unis
Utilisation : Hydravion à coque commercial
Envergure : 34,80 m
Longueur : 23,40 m
Motorisation : 4 moteurs Pratt & Whitney R-1690 Hornet de 425 kW (580 CV) chacun
Poids maximum au décollage : 6 260 kg
Vitesse de croisière : 185 km/h
Autonomie : 925 km
Plafond : 5 500 m
Équipage : 40 passagers + 4 membres d'équipage

Tchetverikov MDR-6

Avion amphibie bimoteur à ailes surélevées à portée libre (vol initial en décembre 1937). Cet appareil s'imposa contre un concept concurrentiel élaboré par Beriev. 50 appareils de série quittèrent les usines et furent utilisés comme avions de reconnaissance à longue portée. Le modèle qui en dérive, en l'occurrence le MDR-6B avec fuselage redéfini et empennage modifié (version 6B-5, voir illustration) fut construite fin 1940 mais n'a jamais été produite en série.

Type : Tchetverikov MDR-6A
Pays de production : Union soviétique
Utilisation : Avion amphibie
Envergure : 19,50 m
Longueur : 14,68 m
Motorisation : 2 moteurs Klimov M-63 de 821 kW (1 116 CV) chacun
Poids maximum au décollage : 7 200 kg
Vitesse maximale : 365 km/h
Autonomie : 2 650 km
Plafond : 9 000 m
Équipage : 4 personnes
Armement : 1 canon automatique de 7,62 mm, 1 mitrailleuse de 12,7 mm, 1 000 kg de bombes au max.

Bombardiers

Bombardiers

Les aéronefs permettent de lancer des attaques bien au-delà du front de combat. Cependant, au début de la Première Guerre mondiale, il n'y avait encore aucune certitude quant à la capacité des avions à mener de telles opérations. Le dirigeable paraissait par contre parfaitement adapté au transport de charges de bombes. Cette opinion se modifia lorsque les dirigeables allemands subirent de lourdes pertes au-dessus de la Grande-Bretagne. Tous les belligérants construisirent alors des bombardiers toujours plus grands et plus lourds, ne faisant pas seulement usage de leur armes pour combattre d'autres armes et ceux qui s'en servent, mais dirigeant aussi leurs attaques contre les sites de production d'armes et contre les fabricants d'armes. La doctrine d'engagement s'est ensuite modifiée aussi souvent que l'essence même du combat aérien.

AEG G.IV

Bombardier bimoteur biplan à deux mâts, à structure haubanée en bois. Malgré sa construction robuste sous forme d'un fuselage en tube d'acier, ce bombardier des premiers temps était facile à commander et convenait particulièrement bien pour des attaques tactiques à courte distance. Le G.IV commença à être produit en série fin 1916 et intervint à grande échelle sur le front en 1917. Après l'armistice de 1918, quelques appareils ont continué à être utilisés pour des tâches civiles.

Type : AEG G.IV
Pays de production : Allemagne
Utilisation : Bombardier
Envergure : 18,40 m
Longueur : 9,70 m
Motorisation : 2 moteurs à 6 cylindres Mercedes D IVa de 191 kW (260 CV) de puissance au décollage chacun
Poids maximum au décollage : 3 630 kg
Vitesse maximale : 165 km/h
Autonomie : 650 km
Plafond : 4 500 m
Équipage : 3 personnes
Armement : 2 mitrailleuses de 7,9 mm et 400 kg de bombes placées à l'extérieur

Airco DH.9

Bombardier monomoteur (vol initial en 1917), dérivant du modèle précédent DH.4. Il devait être engagé pour des attaques sur des villes allemandes et des installations industrielles. De fréquents problèmes de moteur empêchèrent souvent un engagement en formation d'attaque complète. Ce sont malgré tout quelque 2 100 appareils qui ont été construits jusqu'à la fin de la Première Guerre mondiale. Après que De Havilland ait repris une partie de l'entreprise Airco en 1920, le DH.9 a continué à être produit.

Type : Airco DH.9
Pays de production : Grande-Bretagne
Utilisation : Bombardier
Envergure : 12,82 m
Longueur : 9,27 m
Motorisation : 1 moteur Armstrong Siddeley Puma de 172 kW (234 CV)
Poids maximum au décollage : 1 508 kg
Vitesse maximale : 178 km/h
Autonomie d'engagement : env. 6 heures
Plafond : 4 725 m
Équipage : 2 personnes
Armement : 3 mitrailleuses de 7,7 mm, jusqu'à 460 kg de bombes

Arado Ar 234 Blitz

Bombardier biréacteur à structure entièrement métallique (vol initial le 15/06/1943 ; premier bombardier du monde entraîné par réacteur, utilisé tout d'abord vers la fin de la Seconde Guerre mondiale comme avion de reconnaissance, puis en tant que bombardier. La fixation des bombes à l'extérieur réduisait la vitesse du Ar 234 de manière si considérable qu'il redevenait une cible atteignable pour les chasseurs alliés.

Type : Arado Ar 234 B-2
Pays de production : Allemagne
Utilisation : Bombardier
Envergure : 14,40 m
Longueur : 12,60 m
Motorisation : 2 moteurs Jumo 004B Orcan d'une poussée de 28,4 kN (2 900 kp) chacun
Poids maximum au décollage : 10 000 kg
Vitesse maximale : 740 km/h
Autonomie : jusqu'à 1 100 km/h
Plafond : 10 000 m
Équipage : 2 personnes
Armement : 2 canons automatiques 151 de 20 mm, 2 canons automatiques 108 de 30 mm, jusqu'à 2 000 kg de bombes à l'extérieur

Avro 683 Lancaster

Bombardier quadrimoteur à ailes demi-surélevées, issu du projet Manchester (vol initial du prototype le 09/01/1941). Les Lancester ont été utilisés dès 1942 pour des missions spéciales de bombardement et avant tout pour des attaques aériennes nocturnes sur des villes allemandes larguant en tout plus de 600 000 tonnes de bombes. Les derniers des 7 377 Lancaster construits ont été mis hors service en 1954.

Type : Avro 683 Lancaster I
Pays de production : Grande-Bretagne
Utilisation : Bombardier
Envergure : 31,09 m
Longueur : 21,13 m
Motorisation : 4 moteurs Rolls-Royce Merlin 24s de 955 kW (1 298 CV) chacun
Poids maximum au décollage : 24 000 kg
Vitesse maximale : 462 km/h
Autonomie opérationnelle : 2 670 km
Plafond : 7 470 m
Équipage : 7 personnes
Armement : 8–10 mitrailleuses de 7,7 mm, jusqu'à 6 350 kg de bombes emportées

Avro 694 Lincoln

Bombardier quadrimoteur à grande autonomie (vol initial le 09/06/1944). Le Lincoln dérivait du modèle Avro Lancaster, mais il n'a pas été engagé lors de la Seconde Guerre mondiale. Différentes versions correspondant à plusieurs modes d'engagement ont été construites. À la fin des années 1950, le Lincoln a été remplacé par le Canberra.

Type : Avro 694
Pays de production : Grande-Bretagne
Utilisation : Bombardier stratégique
Envergure : 36,58 m
Longueur : 23,86 m
Motorisation : 4 moteurs Rolls-Royce Merlin 85 de 1 310 kW (1 780 CV) chacun
Poids maximum au décollage : 34 020 kg
Vitesse maximale : 475 km/h
Plafond : 9 295 m
Autonomie d'engagement : 4 715 km
Équipage : 7 personnes
Armement : 7 mitrailleuses de 12,7 mm, 6 350 kg de bombes

Boeing B-17 Flying Fortress

Bombardier quadrimoteur à ailes demi-surélevées (vol initial du prototype le 28/07/1935). Son premier combat a eu lieu en 1941 et il devint rapidement un des plus importants bombardiers états-uniens de la Seconde Guerre mondiale. Le Flying Fortress disposait d'un puissant armement contre les défenses anti-aériennes et pouvait résister à de très importants dommages. Une tourelle sous le nez a encore été installée depuis 1942 pour parer les attaques frontales de chasseurs.

Type : Boeing B-17
Pays de production : États-Unis
Utilisation : Bombardier
Envergure : 31,67 m
Longueur : 22,83 m
Motorisation : 4 moteurs Wright R-1820-97 d'une puissance de 640 kW (870 CV) chacun
Poids maximum au décollage : 29 484 kg
Vitesse maximale : 462 km/h
Autonomie : 6 035 km
Plafond : 10 850 m
Équipage : 9 personnes
Armement : 13 mitrailleuses, 4 354 kg de bombes embarquées

Boeing B-29 Superfortress

Bombardier stratégique quadrimoteur à ailes demi-surélevées (vol initial du prototype le 21/09/1942). Le B-29 a été utilisé dès juillet 1944 avant tout contre des objectifs au Japon et également pour le minage de zones maritimes. Son équipement de défense se composait de quatre tourelles armées télécommandées. Outre une fabrication chez Boeing, ces appareils ont aussi été produits chez Bell et Martin. C'est également sur les grandes villes japonaises de Hiroshima et Nagasaki que des B-29 ont largué les premières bombes atomiques.

Type : Boeing B-29
Pays de production : États-Unis
Utilisation : Bombardier
Envergure : 43,01 m
Longueur : 30,18 m
Motorisation : 4 moteurs Wright R-3550 d'une puissance de 1 640 kW (2 230 CV) chacun
Poids maximum au décollage : 47 627 kg
Vitesse maximale : 575 km/h
Autonomie : 9 382 km
Plafond : 9 708 m
Équipage : 10 personnes
Armement : 12 mitrailleuses, 1 canon automatique de 20 mm, 9 070 kg de bombes embarquées

Boeing B-47 Stratojet

Bombardier stratégique à 6 réacteurs à ailes hautes en forme de flèche (vol initial du prototype le 17/12/1947). Cet avion stratosphérique devait remplacer les avions à hélices conçus durant la Seconde Guerre mondiale. La production en série débuta en juin 1950. Dans l'armée de l'air des États-Unis (USAAF), les avions à réaction stratosphériques étaient employés comme porteurs d'armes atomiques. Des versions pour des vols de reconnaissance et pour mener des combats électroniques ont aussi été produites. Quelque 1 800 appareils ont été construits jusqu'en 1957.

Type : Boeing B-47
Pays de production : États-Unis
Utilisation : Bombardier
Envergure : 35,36 m
Longueur : 33,48 m
Motorisation : 6 moteurs General Electric J47-GE-25 de 26,7 kN (2 722 kp) de poussée au point fixe chacun
Poids maximum au décollage : 93 760 kg
Vitesse maximale : 975 km/h
Autonomie : 6 436 km
Plafond : 11 980 m
Équipage : 3 personnes
Armement : 2 canons automatiques à l'arrière de 20 mm, jusqu'à 9 070 kg de bombes conventionnelles et d'armes nucléaires

Boeing B-52 Stratofortress

Bombardier stratégique à huit réacteurs à ailes hautes muni de surfaces portantes en forme de flèche placées selon une disposition en V légèrement négatif (vol initial le 15/04/1952). Le B-52 a été défini dans un cahier des charges établi par la force aérienne de l'armée des États-Unis (USAAF) en 1945. Les bombardiers stratégiques devaient pouvoir être engagés à l'étranger en pouvant se passer de points de ravitaillement. Il était initialement prévu d'équiper cet avion de groupes turbopropulseurs, mais c'est finalement 8 turboréacteurs placés sous quatre nacelles jumelées ainsi que des surfaces portantes fortement en flèche (35°) qui ont été retenus ; des dispositifs de ravitaillement en vol ont en outre été installés. Le profil des ailes est si fin que le train d'atterrissage principal est placé dans le fuselage. Sur un demi-siècle, les différentes versions ont toujours été adaptées à des modes d'utilisation variables. Le B-52 a ainsi servi pour des bombardements en tapis durant la guerre du Vietnam, puis a plus tard été porteur d'armes téléguidées et a enfin été utilisé pour des attaques sur des cibles précises en Irak et en Afghanistan. Il y avait en 2005 encore 94 des 744 appareils (de modèle H) à être en service.

Type : Boeing B-52 G
Pays de production : États-Unis
Utilisation : Bombardier stratégique à grande distance
Envergure : 56,39 m
Longueur : 48,03 m
Motorisation : 8 moteurs Pratt & Whitney J57-P-43-W, avec une poussée au point fixe de 56,9 kN (5 080 kp) chacun
Poids maximum au décollage : 221 357 kg
Vitesse maximale : 952 km/h
Autonomie : env. 14 000 km/h
Plafond : 15 150 m
Équipage : 6 personnes
Armement : 4 mitrailleuses de 12,7 mm dans la soute arrière à commande automatique, jusqu'à 22 680 kg d'armes embarquées

Bristol Blenheim

Bombardier bimoteur (vol initial du prototype le 25/06/1936) en exécution à ailes demi-surélevées. Il a été à l'origine commandé en tant qu'avion civil de 6–8 places par le propriétaire du Daily Mail, Lord Rothemere. En raison de sa vitesse, qui était supérieure à celle de la plupart des chasseurs, le Blenheim à été redéfini en tant que bombardier peu avant la Seconde Guerre mondiale. Des pertes croissantes durant la guerre ont conduit à le réaffecter à des missions de chasse nocturne.

Type : Bristol Type 142M Blenheim IF
Pays de production : Grande-Bretagne
Utilisation : Bombardier
Envergure : 17,17 m
Longueur : 12,16 m
Motorisation : 2 moteurs Bristol Mercury VIII d'une puissance de 626 kW (850 CV) chacun
Poids maximum au décollage : 5 534 kg
Vitesse maximale : 447 km/h sur une distance de 4 570 m
Autonomie : 1 690 km
Plafond : 7 500 m
Équipage : 3 personnes
Armement : 1 canon K 303, 4 mitrailleuses, 545 kg de bombes à l'intérieur, 145 kg à l'extérieur

Bristol Beaufort

Bombardier bimoteur à ailes demi-surélevées (vol initial du prototype le 15/10/1938) ; au service de l'armée de l'air des Forces armées britanniques (RAF) de 1940 à 1943. En 1942, tous les appareils Beaufort ont été déplacés vers la Méditerranée et vers l'océan Indien. Le Beaufort était aussi employé comme avion de reconnaissance et comme poseur de mines.

Type : Bristol Type 152 Mk.I
Pays de production : Grande-Bretagne
Utilisation : Bombardier
Envergure : 17,63 m
Longueur : 13,46 m
Motorisation : 2 moteurs Bristol Taurus VI d'une puissance de 843 kW (1 146 CV) chacun
Poids maximum au décollage : 9 630 kg
Vitesse maximale : 426 km/h
Autonomie : 1 700 km
Plafond : 5 030 m
Équipage : 4 personnes
Armement : 4 mitrailleuses de 7,7 mm, 907 kg de bombes ou une torpille

Consolidated B-24 Liberator

Bombardier quadrimoteur à ailes demi-surélevées avec double empennage latéral (vol initial du prototype le 29/12/1939). Apprécié à cause de son énorme rayon d'action, le Liberator a avant tout été engagé dans les opérations de guerre du Pacifique. Dans l'armée de l'air des États-Unis (USAF), le B-24 était engagé comme porteur de bombes (dans l'armée de l'air des Forces armées britanniques (RAF), il a été essentiellement employé de nuit).

Type : Consolidated B-24 Liberator
Pays de production : États-Unis
Utilisation : Bombardier
Envergure : 33,53 m
Longueur : 20,24 m
Motorisation : 4 moteurs Pratt & Whitney R-1830 d'une puissance de 883 kW (1 200 CV) chacun
Poids maximum au décollage : 25 401 kg
Vitesse maximale : 488 km/h
Autonomie : 4 590 km
Plafond : 8 530 m
Équipage : 12 personnes
Armement : 11 mitrailleuses de 12,7 mm, jusqu'à 3 630 kg de bombes

Convair B-36 Peacemaker

Bombardier américain à ailes hautes entraîné par 6 hélices propulsives (vol initial le 08/08/1946). Le B-36 a été développé au cours de la Seconde Guerre mondiale dans l'idée d'attaquer directement l'Allemagne depuis les États-Unis. Mis en service en 1948, ce bombardier était le plus grand appareil de ce type jamais construit jusqu'alors. Le B-36 entraînait aussi de très importants coûts de maintenance et son entretien était très onéreux.

Type : Convair B-36 B
Pays de production : États-Unis
Utilisation : Bombardier
Envergure : 70,10 m
Longueur : 49,40 m
Motorisation : 6 moteurs Pratt & Whitney R-4360-41 d'une puissance de 2 610 kW (3 549 CV) chacun
Poids maximum au décollage : 185 975 kg
Vitesse maximale : 660 km/h
Autonomie : 10 945 km
Plafond : 12 160 m
Équipage : 15 personnes
Armement : 12 canons automatiques de 20 mm, jusqu'à 38 958 kg de bombes conventionnelles ou nucléaires

Convair B-58 Hustler

Bombardier américain quadriréacteur à ailes demi-surélevées en forme de delta (vol initial le 11/11/1956). Premier bombardier supersonique du monde occidental qui a permis d'établir 19 records internationaux. Seuls 116 appareils ont été construits en série. En raison de leur taux élevé d'accident et de leurs coûts d'exploitation accrus, ces appareils ont été complètement retirés du service en 1969.

Type : Convair B-58 A
Pays de production : États-Unis
Utilisation : Bombardier
Envergure : 17,32 m
Longueur : 29,49 m
Motorisation : 4 moteurs à turboréaction General Electric J79-GE-1 d'une poussée de 69,4 kN (7 077 kp) chacun
Poids maximum au décollage : 73 935 kg
Vitesse maximale : 2 200 km/h
Autonomie : 8 248 km
Plafond : 19 000 m
Équipage : 3 personnes
Armement : 1 canon de 20 mm à l'arrière, jusqu'à 8 820 kg de bombes embarquées nucléaires ou conventionnelles

Curtiss A-18

Bombardier léger à deux moteurs à ailes demi-surélevées (vol initial le 17/07/1935) ; par rapport aux types A-8 et A-12, il s'agit d'une construction entièrement nouvelle. Les 13 appareils construits sont restés peu de temps en service auprès du troisième groupe d'attaque de Barksdale Field, en Louisiane ; ils avaient ainsi déjà été remplacés par des avions plus modernes avant la Seconde Guerre mondiale sans jamais avoir participé à un combat.

Type : Curtiss A-18
Pays de production : États-Unis
Utilisation : Bombardier
Envergure : 18,13 m
Longueur : 12,90 m
Motorisation : 2 moteurs Wright R-1820-47 d'une puissance de 440 kW (598 CV) chacun
Poids maximum au décollage : 5 750 kg
Vitesse maximale : 383 km/h
Autonomie : 2 575 km
Plafond : 9 120 m
Équipage : 2 personnes
Armement : 5 mitrailleuses de 7,62 mm, 297 kg de bombes à l'intérieur

Curtiss SB2C (A-25) Helldiver

Bombardier monomoteur en piqué à ailes surbaissées (vol initial le 18/12/1940). La version Navy (SB2C) était embarquée à bord de porte-avions et possédait des ailes rabattables. Les premiers Helldiver furent engagés dès novembre 1943 dans les combats de la guerre du Pacifique. La version destinée au corps aérien de l'armée des États-Unis (USAAC), soit le A-25 (voir illustration) n'a pas été construite selon le nombre d'unités initialement prévues.

Type : Curtiss SB2C (A-25)
Pays de production : États-Unis
Utilisation : Bombardier en piqué
Envergure : 15,20 m
Motorisation : 1 moteur Wright R-2600-20 d'une puissance de 1 285 kW (1 747 CV)
Longueur : 10,80 m
Poids maximum au décollage : 7 550 kg
Vitesse maximale : 474 km/h
Autonomie : max. 1 860 km
Plafond : 8 400 m
Équipage : 2 personnes
Armement : 4 mitrailleuses de 12,7 mm ou 2 canons automatiques de 20 mm, une mitrailleuse double à l'arrière, 1 900 kg de bombes à l'intérieur, à l'extérieur ou de missiles

Dassault Mirage IV

Bombardier français biréacteur (vol initial du prototype le 17/06/1959, version de série le 07/12/1963). En matière constructive et d'exécution, le Mirage IV est semblable au Mirage II, avec toutefois les exigences spécifiques que doit remplir un bombardier qui devait faire de la France une puissance nucléaire autonome. Lorsque le Mirage IV est entré en service en 1964, c'était le premier avion européen qui pouvait continuellement voler à une vitesse de Mach 2. Au milieu des années 1980, 18 unités ont été modifiées en version IV P afin de pouvoir emporter un missile atomique de 150 000 tonnes. Le dernier Mirage IV a été radié des effectifs en 2005.

Type : Dassault Mirage IV A
Pays de production : France
Utilisation : Bombardier
Envergure : 23,50 m
Longueur : 11,84 m
Motorisation : 2 turboréacteurs à double flux SNECMA Atar 9 K d'une poussée de 68,65 kN (7 000 kp) chacun
Poids maximum au décollage : 33 475 kg
Vitesse maximale : 2 340 km/h (Mach 2,2)
Autonomie : 1 240 km
Plafond : 18 000 m
Équipage : 1 personne
Armement : bombe atomique de 160 kilotonnes ou 7 260 kg de bombes conventionnelles

De Havilland DH.98 Mosquito

Bombardier bimoteur à ailes demi-surélevées à structure entièrement en bois (vol initial du prototype le 25/11/1940). Son autonomie et sa vitesse firent du Mosquito dès 1942 un avion polyvalent. Au total 7 781 exemplaires ont été produits en différentes versions.

Type : De Havilland DH.98 Mk.IV
Pays de production : Grande-Bretagne
Utilisation : Bombardier
Envergure : 16,51 m
Longueur : 12,55 m
Motorisation : 2 moteurs Rolls-Royce Merlin XXV de 919 kW (1 250 CV) chacun
Poids maximum au décollage : 9 735 kg
Vitesse maximale : 620 km/h
Autonomie : 3 200 km
Plafond : 10 300 m
Équipage : 2 personnes
Armement : jusqu'à 4 mitrailleuses et env. 1 800 kg de bombes embarquées

Dornier Do 17

Bombardier bimoteur à ailes hautes avec double empennage latéral (vol initial le 23/11/1934). Cet appareil a été produit en série avant la Seconde Guerre mondiale et au début de celle-ci. De toutes les versions produites, c'est le Do 17 Z qui fut produit dans le plus grand nombre d'exemplaires (500 unités). Son utilisation en tant qu'avion de combat fut limitée dès 1940 environ, car c'est le modèle suivant, soit le Dornier Do 217, qui fut alors produit en série.

Type : Dornier Do 17 Z-2
Pays de production : Allemagne
Utilisation : Bombardier
Envergure : 18,00 m
Longueur : 15,79 m
Motorisation : 2 moteurs en étoile Bramo 323 P de 735 kW (1 000 CV) chacun
Poids maximum au décollage : 8 590 kg
Vitesse maximale : 410 km/h
Autonomie : 1 160 km
Plafond : 8 200 m
Équipage : 4 personnes
Armement : jusqu'à 6 mitrailleuses de 7,9 mm et 1 000 kg de bombes

Dornier Do 217

Bombardier bimoteur à ailes hautes avec empennage latéral double basé sur le Do 17, avec toutefois un blindage nettement amélioré et un armement contre la défense anti-aérienne (vol initial en août 1938). En service dès mars 1941 en tant que bombardier standard lourd de la défense aérienne allemande engagé dans des missions nocturnes, le Do 217 était en son temps le bombardier qui pouvait emporter la charge embarquée la plus élevée. Jusqu'en juin 1944, quelque 1 905 exemplaires ont été construits en plusieurs versions, dont de très nombreux appareils destiné à des missions nocturnes en tant que chasseurs-bombardiers.

Type : Dornier Do 217 E-2
Pays de production : Allemagne
Utilisation : Bombardier
Envergure : 19,15 m
Longueur : 17,30 m
Motorisation : 2 moteurs BMW 801 A de 1 177 kW (1 600 CV) chacun
Poids maximum au décollage : 16 465 kg
Vitesse maximale : 515 km/h
Autonomie : 2 300 km
Plafond : 9 000 m
Équipage : 4 personnes
Armement : 6 mitrailleuses, jusqu'à 4 000 kg de bombes

Dornier Do 215

Bombardier bimoteur à ailes hautes (vol initial du prototype en 1938) ; il s'agissait d'un modèle basé sur le Do 17 Z avec une meilleure motorisation. Conçu en tant que version destinée à l'exportation, il n'a pas pu être livré en raison du début de l'éclatement de la guerre. À peine 100 exemplaires furent construits et entrèrent au service de l'armée de l'air allemande (Luftwaffe) en tant qu'appareils de reconnaissance et pour des bombardements nocturnes.

Type : Dornier Do 215 A-1
Pays de production : Allemagne
Utilisation : Bombardier
Envergure : 18,00 m
Longueur : 15,80 m
Motorisation : 2 moteurs Daimler Benz DB 601 A de 809 kW (1 100 CV) chacun
Poids maximum au décollage : 8 800 kg
Vitesse maximale : 470 km/h
Autonomie : 2 450 km
Plafond : 9 400 m
Équipage : 4 personnes
Armement : 3-4 mitrailleuses de 7,9 mm, jusqu'à 1 000 kg de bombes embarquées (ou alors 3 caméras)

Douglas SBD Dauntless

Bombardier monomoteur embarqué à bord de porte-avions (vol initial du prototype en juin 1935). Le Dauntless fut le premier bombardier en piqué standard de l'armée navale nord-américaine (US-Navy) dans les années 1940 et contribua largement aux succès américains lors des grandes batailles du Pacifique de la Seconde Guerre mondiale. Presque 6000 unités ont été produites jusqu'à fin 1944. Il existait, sous le nom de A-24 Banshee, une version modifiée pour l'armée nord-américaine.

Type : Douglas SBD-6
Pays de production : États-Unis
Utilisation : Bombardier
Envergure : 12,65 m
Longueur : 10,06 m
Motorisation : 1 moteur en étoile refroidi à l'air à 9 cylindres, de type Wright R-1820-66 Cyclone d'une puissance de 1 007 kW (1 369 CV)
Poids maximum au décollage : 4 318 kg
Vitesse maximale : 410 km/h
Autonomie : 1 244 km
Plafond : 7 680 m
Équipage : 2 personnes
Armement : 2 mitrailleuses de 12,7 mm, 2 mitrailleuses de 7,62 mm, jusqu'à 730 kg de bombes embarquées

Douglas TBD Devastator

Bombardier monomoteur (vol initial le 15/04/1935). Le Devastator fut le premier avion entièrement métallique de l'armée navale nord-américaine (US-Navy). Dès juin 1937, ce sont 114 appareils qui ont été stationnés sur les grands porte-avions. Suite à la bataille proche des îles de Midway, au cours de laquelle très peu des 41 Devastator engagés regagnèrent leurs porte-avions, ce modèle ne fut plus engagé au combat.

Type : Douglas TBD 1
Pays de production : États-Unis
Utilisation : Bombardier
Envergure : 15,24 m
Longueur : 10,67 m
Motorisation : 1 moteur Pratt & Whitney R-1830-64 de 14 cylindres Double-Wasp de 625 kW (850 CV)
Poids maximum au décollage : 4 624 kg
Vitesse maximale : 332 km/h
Autonomie : 669 km
Plafond : 6 005 m
Équipage : 3 personnes
Armement : 2 mitrailleuses de 7,62 mm, 454 kg de bombes ou de torpilles

Douglas B-18

Bombardier bimoteur à ailes demi-surélevées développé à partir du Douglas DC-2 civil. Il resta comparativement compétitif jusqu'en 1935 par rapport au Martin 146 et au Boeing 299 (précurseur du quadrimoteur B-17). 133 appareils ont été initialement commandés, puis ensuite 217 ; cet avion fut utilisé dès 1942 comme appareil de transport et comme avion de chasse contre les sous-marins.

Type : Douglas B-18
Pays de production : États-Unis
Utilisation : Bombardier
Envergure : 27,28 m
Longueur : 17,63 m
Motorisation : 2 moteurs Wright R-1850-53 Cyclone 9 d'une puissance de 745 kW (1 014 CV) chacun
Poids maximum au décollage : 12 550 kg
Vitesse maximale : 346 km/h
Autonomie : 1 930 km
Plafond : 7 285 m
Équipage : 6 personnes
Armement : 3 mitrailleuses de 7,62 mm, 2 040 kg de bombes embarquées à l'intérieur

Douglas A-26 Invader

Bombardier bimoteur léger, destiné à appuyer les combats terrestres (vol initial en 1942) ; la production en série débuta en 1944. L'Invader fut le bombardier nord-américain le plus rapide de la Seconde Guerre mondiale, vola encore au cours de la guerre de Corée et fut engagé au Vietnam. Quelques-uns des 1 355 appareils construits volent encore de nos jours en tant qu'appareils pour combattre les incendies.

Type : Douglas A-26
Pays de production : États-Unis
Utilisation : Bombardier
Envergure : 21,34 m
Longueur : 15,62 m
Motorisation : 2 moteurs Pratt & Whitney R-2800-27 ou R-2800-79 d'une puissance de 1 490 kW (2 028 CV) chacun
Poids maximum au décollage : 15 876 kg
Vitesse maximale : 571 km/h
Autonomie : max. 2 235 km
Plafond : 6 735 m
Équipage : 3 personnes
Armement : 10 mitrailleuses de 12,7 mm, 1 814 kg de bombes

Douglas A-1 Skyraider

Bombardier monomoteur d'attaque au sol à ailes surbaissées (vol initial le 18/08/1945). Ces appareils ont été engagés lors de la guerre de Corée et d'Indochine. Plus d'un cinquième des 3 180 appareils construits étaient, en 1966, encore au service de différentes forces armées aériennes.

Type : Douglas A-1H
Pays de production : États-Unis
Utilisation : Avion d'attaque au sol
Envergure : 15,24 m
Longueur : 11,94 m
Motorisation : 1 moteur Wright R-3550-26WD Cyclone d'une puissance de 2 013 kW (2 737 CV)
Poids maximum au décollage : 11 340 kg
Vitesse maximale : 500 km/h
Autonomie : 4 900 km
Plafond : 7 590 m
Équipage : 1 personne
Armement : 4 canons automatiques de 20 mm, 2 948 kg d'armes chargées à l'extérieur

English Electric (BAC) Canberra

Bombardier biréacteur britannique (vol initial du prototype le 13/05/1949). Développé dès 1944 en remplacement du De Havilland Mosquito et mis en service en 1951. Une version sous licence nord-américaine vit le jour sous le nom de Martin B-57 (encore engagé lors de la guerre du Vietnam et en service jusqu'en 1983). Le Canberra a été exporté dans plus de 15 pays répartis sur quatre continents. Plus de 1 300 appareils ont été produits au total et ils ont aussi été employés comme avion de reconnaissance et d'attaque à basse altitude.

Type : English Electric Canberra B-2
Pays de production : Grande-Bretagne
Utilisation : Bombardier
Envergure : 19,49 m
Longueur : 19,96 m
Motorisation : 2 turboréacteurs Rolls-Royce Avon 101 d'une poussée de 28,9 kN (2 948 kp) chacun
Poids maximum au décollage : 21 185 kg
Vitesse maximale : 917 km/h
Autonomie : 4 274 km
Plafond : 14 630 m
Équipage : 3 personnes
Armement : 4 mitrailleuses, 2 700 kg de bombes

Fairchild Republic A-10

Avion de combat biréacteur (vol initial du prototype le 11/05/1972). De bonnes caractéristiques de vol à faible vitesse et une grande précision sur cible permettent un engagement du Thunderbolt II contre tous les objectifs terrestres. Leur mise hors service a été interrompue en 1991.

Type : Fairchild Republic A-10
Pays de production : États-Unis
Utilisation : Avion de combat au sol
Envergure : 17,53 m
Longueur : 16,26 m
Motorisation : 2 moteurs General Electric TF34-100 de type turboréacteur à double flux d'une poussée de 40,3 kN (4 110 kp) chacun
Poids maximum au décollage : 23 636 kg
Vitesse maximale : 705 km/h
Autonomie : 3 950 km
Plafond : 10 600 m
Équipage : 1 personne
Armement : canon automatique de 30 mm, 11 emplacements extérieurs pour environ 7 200 kg de bombes et de missiles

Fairey Swordfish

Bombardier monomoteur biplan (vol initial du prototype TSR.I en mars 1933, du TSR.II le 17/04/1934, du Swordfish le 31/12/1935). Développé initialement en 1933 sur la base d'une initiative privée en tant que chasseur de sous-marins, il fut produit en série dès novembre 1934 et est devenu le bombardier-torpilleur standard de la marine royale britannique (Royal Navy) dès 1938. Quelque 2 390 appareils en différentes versions ont été construits, certains avions ayant aussi été utilisés comme appareils de reconnaissance.

Type : Fairey Swordfish Mk.II
Pays de production : Grande-Bretagne
Utilisation : Bombardier
Envergure : 13,87 m
Longueur : 10,87 m
Motorisation : 1 moteur Bristol Pegasus XXX d'une puissance de 552 kW (750 CV)
Poids maximum au décollage : 3 406 kg
Vitesse maximale : 222 km/h
Autonomie : 1 658 km
Plafond : 3 260 m
Équipage : 3 personnes
Armement : 2 mitrailleuses de 7,7 mm, 1 torpille de 730 kg

Fairey Battle

Bombardier monomoteur à ailes surbaissées avec empennage conventionnel (vol initial du prototype le 10/03/1936); mis en service dès 1937. Après quelques pertes au début de la Seconde Guerre mondiale en raison d'une puissance insuffisante, il ne fut plus engagé en combat. Cet avion a été ensuite employé comme avion-école. Quelque 2 300 exemplaires en différentes versions ont été produits.

Type : Fairey Battle Mk.I
Pays de production : Grande-Bretagne
Utilisation : Bombardier
Envergure : 16,46 m
Longueur : 15,87 m
Motorisation : 1 moteur Rolls-Royce Merlin Mk.I de 758 kW (1 030 CV)
Poids maximum au décollage : 4 895 kg
Vitesse maximale : 388 km/h
Autonomie : 1 690 km
Plafond : 7 160 m
Équipage : 3 personnes
Armement : 2 mitrailleuses de 7,7 mm, 500 kg de bombes

FIAT BR.20 Cicogna

Bombardier bimoteur à ailes surbaissées avec double empennage latéral (vol initial du prototype le 10/02/1936). Bombardier standard de l'armée de l'air italienne depuis 1936, il a été engagé cette même année durant la guerre civile espagnole. Durant la Seconde Guerre mondiale, le Cicogna se révéla rapidement suranné.

Type : FIAT BR.20 Cicogna
Pays de production : Italie
Utilisation : Bombardier
Envergure : 21,60 m
Longueur : 16,10 m
Motorisation : 2 moteurs FIAT A. 80 RC.41 de 735 kW (1 000 CV) chacun
Poids maximum au décollage : 9 900 kg
Vitesse maximale : 432 km/h
Autonomie : 3 000 km
Plafond : 9 000 m
Équipage : 5 personnes
Armement : 1 mitrailleuse de 12,7 mm, 2 mitrailleuses de 7,7 mm et 1 600 kg de bombes embarquées

Grumman TBF Avenger

Bombardier monomoteur embarqué à bord de porte-avions, à ailes demi-surélévées à portée libre avec un empennage conventionnel (vol initial le 01/08/1941). Cet appareil à trois places se profila comme le bombardier-torpilleur standard de la marine nord-américaine (Navy) après l'entrée en guerre des États-Unis. Ses premiers engagements au combat se déroulèrent lors de la bataille contre les Japonais autour des îles de Midway. D'une aérodynamique très favorable, il permettait de placer toutes les armes destinées à être larguées, que ce soit des bombes et/ou des torpilles, complètement dans le logement de fuselage. De nombreux appareils ont également été livrés à des puissances alliées et ont volé par exemple pour la marine britannique (Royal Navy) et pour l'armée de l'air Néo-Zélandaise. La version TBM-3 qui en découle pouvait emporter des missiles fixés sous les ailes. Après la guerre, les Avenger ont encore été utilisés quelques temps comme appareils de reconnaissance, de ravitaillement et de sauvetage.

Type : Grumman TBF
Pays de production : États-Unis
Utilisation : Bombardier
Envergure : 16,51 m
Longueur : 12,48 m
Motorisation : 1 moteur Wright R-2600-2 Cyclone d'une puissance de 1 267 kW (1 700 CV)
Poids maximum au décollage : 8 278 kg
Vitesse maximale : 445 km/h
Autonomie : 4 320 km
Plafond : 9 200 m
Équipage : 3 personnes
Armement : 3 mitrailleuses de 12,7 mm, 1 mitrailleuse de 7,62 mm, 1 torpille, des missiles fixés sous les ailes.

Grumman A-6 Intruder

Bombardier bimoteur embarqué à bord de porte-avions (vol initial le 19/04/1960) en service depuis 1963 sur les porte-avions de l'armée navale nord-américaine (US-Navy). Le corps des Marines de l'armée nord-américaine a aussi employé des A-6 depuis ses bases côtières. Les Intruder ont été engagés durant la guerre du Vietnam. Dès 1996, les Intruder ont été remplacés par les versions E et F du F/A-18 ; la version EA-6B Prowler est restée en service pour mener des combats électroniques.

Type : Grumman A-6
Pays de production : États-Unis
Utilisation : Bombardier
Envergure : 16,20 m
Longueur : 16,60 m
Motorisation : 2 moteurs Pratt & Whitney J52-P8B d'une poussée 41 kN (4 180 kp) chacun
Poids maximum au décollage : 27 496 kg
Vitesse maximale : 1 043 km/h
Autonomie : 1 734 km
Plafond : 12 400 m
Équipage : 2 personnes
Armement : 5 emplacements de chargement externes pouvant chacun contenir 1 633 kg de bombes (bombes, bombes guidées par laser, AGM-12 Bullpup entre autres ; armes nucléaires B57 et B61)

Handley Page H.P.52 Hampden

Bombardier de poids moyen bimoteur à ailes demi-surélevées à portée libre avec double empennage latéral (vol initial du prototype le 21/06/1938). Des appareils de ce type ont participé à la première attaque britannique sur Berlin et à l'attaque dite des « 1 000 bombardiers » sur Cologne. Quelques-uns des 1 430 appareils construits ont été livrés à l'URSS, tandis que d'autres Hampden ont volé en Australie, en Nouvelle-Zélande et en Suède.

Type : Handley Page H.P.52 Mk.I
Pays de production : Grande-Bretagne
Utilisation : Bombardier
Envergure : 21,08 m
Longueur : 16,33 m
Motorisation : 2 moteurs Bristol Pegasus XVIII d'une puissance de 710 kW (965 CV) chacun au démarrage
Poids maximum au décollage : 9 526 kg
Vitesse maximale : 426 km/h
Autonomie : 1 440–3 200 km
Plafond : 6 900 m
Équipage : 4 personnes
Armement : 5 mitrailleuses de 7,7 mm, 1 800 kg de bombes

Handley Page H.P.57 Halifax

Bombardier quadrimoteur à ailes demi-surélevées à portée libre avec double empennage latéral (vol initial le 25/10/1938). Les premiers appareils de série volèrent en octobre 1940 et ont constitué l'essentiel de la force aérienne stratégique en Grande-Bretagne. La version Mk.II (H.P.59 dès juillet 1941) avait, par la présence d'une tourelle supplémentaire sur l'arrière du fuselage, une meilleure capacité de défense. Le Mk.III (H.P.61) est sorti en août 1943 équipé de moteurs plus puissants et d'une plus grande envergure. Jusqu'en 1956, ce sont quelque 6168 Halifax qui ont été construits en différentes versions.

Type : Handley Page H.P.57
Pays de production : Grande-Bretagne
Utilisation : Bombardier
Envergure : 31,75 m
Longueur : 21,82 m
Motorisation : 4 moteurs Bristol Hercules XVI d'une puissance de 1 230 kW (1 672 CV) chacun
Poids maximum au décollage : 29 484 kg
Vitesse maximale : 500 km/h
Autonomie : 2 030 km
Plafond : 7 315 m
Équipage : 7 personnes
Armement : 9 mitrailleuses de 7,7 mm, 5 890 kg de bombes embarquées

Handley Page (BAe) H.P.80 Victor

Bombardier biréacteur à ailes demi-surélevées à portée libre avec empennage en T (vol initial du prototype le 22/12/1952). Cet avion était un des trois bombardiers britanniques en « V » (outre le Vickers 667 Valiant et l'Avro 698 Vulcan). Étant donné que ses prestations en altitude étaient peu satisfaisantes, il fut modifié pour en faire un bombardier d'attaque à basse altitude et équipé dans ce but d'installations radar. Ce Victor B-2 amélioré entra en service en 1962. Après avoir achevé leur utilisation comme bombardier, certains avions ont été utilisés comme avions-citerne de ravitaillement en vol.

Type : Handley Page (BAe) H.P.80 Victor B-2
Pays de production : Grande-Bretagne
Utilisation : Bombardier
Envergure : 36,80 m
Longueur : 34,95 m
Motorisation : 4 moteurs Rolls-Royce Conway 201 d'une poussée de 87,9 kN (8 963 kp) chacun
Poids maximum au décollage : 79 450 kg
Vitesse maximale : 1 024 km/h
Autonomie : 7 360 km
Plafond : 18 300 m
Équipage : 5 personnes
Armement : bombes et missiles

Heinkel He 70 F

Avion monomoteur polyvalent à ailes surbaissées à portée libre et à usage militaire. Excepté l'armement embarqué et les vitres du cockpit, cet avion correspondait en tous points aux versions civiles (vol initial le 01/12/1932). Cet appareil a été à la base utilisé comme bombardier, mais aussi en tant qu'avion de reconnaissance à longue distance et comme avion de liaison, tel en Espagne dans la légion Condor.

Type : Heinkel He 70 F-2
Pays de production : Allemagne
Utilisation : Bombardier
Envergure : 14,80 m
Longueur : 12,00 m
Motorisation : 1 moteur BMW VI 7,3 de 533 kW (750 CV)
Poids maximum au décollage : 3 460 kg
Vitesse maximale : 360 km/h
Autonomie : 1 820 km
Plafond : 5 500 m
Équipage : 2-5 personnes
Armement : 1 mitrailleuse de 7,9 mm (dirigée vers l'arrière), 300 kg de bombes

Heinkel He 111

Bombardier bimoteur à ailes surbaissées à portée libre dérivant du He 70 qui avait été développé pour un usage civil sous mandat de la Luft Hansa (vol initial en 1935). Après des essais avec différentes motorisations, ce sont plus de 1 000 bombardiers qui ont été construits jusqu'au début de la Seconde Guerre mondiale et testés en Espagne dans la légion Condor. Jusqu'en automne 1944, le nombre des appareils terminés a atteint plus de 7 000 unités. Le He 111 était un des bombardiers standard de l'armée de l'air allemande (Luftwaffe).

Type : Heinkel He 111 P-4
Pays de production : Allemagne
Utilisation : Bombardier
Envergure : 22,50 m
Longueur : 16,40 m
Motorisation : 2 moteurs Daimler Benz DB 601 A-1 de 809 kW (1 100 CV) chacun
Poids maximum au décollage : 13 500 kg
Vitesse maximale : 390 km/h
Autonomie : 1 200-2 400 km
Plafond : 8 000 m
Équipage : 5 personnes
Armement : 5 mitrailleuses de 7,92 mm, 2 mitrailleuses de de 13 mm, 2 000 kg de bombes à l'intérieur

Heinkel He 177 Greif

Bombardier quadrimoteur lourd à ailes demi-surélevées à portée libre (vol initial le 19/11/1939). L'entraînement se composait de deux propulseurs doubles qui actionnaient chacun une hélice à 4 pales. Les premiers appareils produits en série (A-1) étaient encore peu fiables, la série A-3 sortit en 1942 sous forme légèrement prolongée tandis que la série A-5 vit le jour en 1943 et a été produite à de nombreux exemplaires.

Type : Heinkel He 177 A-5
Pays de production : Allemagne
Utilisation : Bombardier
Envergure : 31,44 m
Longueur : 20,40 m
Motorisation : 2 moteurs doubles Daimler Benz DB 601A/B de 2 200 kW (2 990 CV) chacun
Poids maximum au décollage : 31 000 kg
Vitesse maximale : 490 km/h
Autonomie : 5 500 km
Plafond : 8 000 m
Équipage : 6 personnes
Armement : 2 canons automatiques de 20 mm, 3 mitrailleuses de 7,92 mm, 3 mitrailleuses de 13 mm, 1 000 kg de bombes à l'intérieur, 2 bombes planantes

Henschel Hs 129

Bombardier bimoteur à ailes surbaissées à portée libre (vol initial du prototype le 25/05/1939, production en série depuis 1940). Cet avion était blindé et lourdement armé, mais sous-motorisé les premiers temps et seulement partiellement adapté à l'usage auquel il était destiné (soutien au combat terrestre) à cause de la visibilité réduite imputable au blindage. Les versions suivantes étaient plus puissantes, tandis que la version B-3 était spécialement équipée pour combattre les blindés.

Type : Henschel Hs 129 B-1
Pays de production : Allemagne
Utilisation : Bombardier, avion de combat
Envergure : 14,20 m
Motorisation : 2 moteurs Gnôme-Rhône 14M d'une puissance de 522 kW (710 CV) chacun
Longueur : 9,75 m
Poids maximum au décollage : 5 250 kg
Vitesse maximale : 407 km/h
Autonomie : 560 km
Plafond : 9 000 m
Équipage : 1 personne
Armement : 2 canons automatiques de 20 mm, 2 mitrailleuses MG 7,92 mm, 450 kg de bombes

Iliouchine Il-2 3M Chtourmovik

Avion de combat blindé (monoplace, puis biplace) à ailes surbaissées à portée libre (vol initial du prototype le 30/12/1939). Le blindage de l'ensemble de la partie antérieure du fuselage protégeait le moteur, le pilote, le réservoir à carburant ainsi que l'artilleur de bord (dans la version biplace) et résistait même à des coups tirés directement de canons 20 mm. Une version améliorée fut produite sous la désignation Il-10.

Type : Iliouchine Il-2 3M
Pays de production : Union soviétique
Utilisation : Avion de combat
Envergure : 14,60 m
Longueur : 11,65 m
Motorisation : 1 moteur Mikuline AM-38F de 1 282 kW (1 720 CV)
Poids maximum au décollage : 6 360 kg
Vitesse maximale : 410 km/h
Autonomie : 765 km
Plafond : 4 525 m
Équipage : 2 personnes
Armement : 2 moteurs MK 23 mm, 1 mitrailleuse de 7,62 mm, 1 mitrailleuse de 12,7 mm, jusqu'à 600 kg de bombes, 4-8 missiles

Iliouchine Il-4

Bombardier bimoteur à ailes surbaissées (vol initial en juin 1939), en fait une version améliorée du type DB-3 avec un nez de fuselage aérodynamique totalement redéfini. Tout comme son prédécesseur, le type Il-4 a aussi été esquissé en tant que bombardier à longue distance. L'avion avait une structure entièrement métallique, mais des pièces en bois ont aussi été exécutées durant la guerre en raison de la pénurie de matériaux. Plus de 5 250 appareils du type Il-4 ont été produits toutes versions confondues (entre autres aussi comme bombardier-torpilleur Il-4T).

Type : Iliouchine Il-4
Pays de production : Union soviétique
Utilisation : Bombardier
Envergure : 21,44 m
Longueur : 14,76 m
Motorisation : 2 moteurs Toumanski M-88B de 810 kW (1 100 CV) chacun
Poids maximum au décollage : 10 055 kg
Vitesse maximale : 429 km/h
Autonomie : 3 800 km
Plafond : 9 700 m
Équipage : 3-4 personnes
Armement : 2 mitrailleuses de 7,62 mm, 1 mitrailleuse de 12,7 mm, jusqu'à 2 500 kg de bombes

Iliouchine Il-28

Bombardier biréacteur à ailes hautes à portée libre (vol initial du prototype le 08/07/1948). Cet avion fut conçu en tant que bombardier tactique et a été construit en différentes versions (entre autres aussi comme bombardier-torpilleur Il-28T) et était très répandu dans les états prosoviétiques.

Type : Iliouchine Il-28
Pays de production : Union soviétique
Utilisation : Bombardier
Envergure : 21,45 m
Longueur : 17,65 m
Motorisation : 2 moteurs Klimov WK-1 d'une poussée de 26,5 kN (2 700 kp) au départ chacun
Poids maximum au décollage : 23 200 kg
Vitesse maximale : 900 km/h
Autonomie : 2 180 km
Plafond : 12 500 m
Équipage : 3 personnes
Armement : 2 canons automatiques de 23 mm à l'avant comme à l'arrière, jusqu'à 3 000 kg de bombes

Junkers Ju 86

Bombardier bimoteur à ailes surbaissées avec double empennage latéral (vol initial du prototype le 04/11/1934). Ce bombardier était issu du développement d'un avion civil rapide pour la Luft Hansa. Malgré une motorisation améliorée, le Ju 86 ne pouvait rivaliser avec le Heinkel He 111 et fut dès lors avant tout utilisé pour des missions de reconnaissance en altitude.

Type : Junkers Ju 86 D-1
Pays de production : Allemagne
Utilisation : Bombardier
Envergure : 22,50 m
Longueur : 17,87 m
Motorisation : 2 moteurs Jumo 205 C-4 d'une puissance de 447 kW (600 CV) chacun
Poids maximum au décollage : 8 060 kg
Vitesse maximale : 325 km/h
Autonomie : 1 500 km
Plafond : 5 900 m
Équipage : 4 personnes
Armement : 3 mitrailleuses de 7,92 mm, jusqu'à 1 000 kg de bombes en soute

Junkers Ju 87

Bombardier en piqué monomoteur à ailes surbaissées en double flèche (en trois parties) et train d'atterrissage rigide (vol initial le 17/09/1935). À partir de la version B-2, cet appareil disposait d'un système de redressement automatique, permettant à l'avion de se cabrer de lui-même après un vol en piqué. Les carénages du train d'atterrissage étaient munis de sirènes (appelées trompettes de Jéricho) afin de renforcer l'impact psychologique d'une attaque.

Type : Junkers Ju 87 B-1 (1938)
Pays de production : Allemagne
Utilisation : Bombardier en piqué
Envergure : 13,80 m
Longueur : 11,00 m
Motorisation : 1 moteur Junkers Jumo 211 Da de 882 kW (1 200 CV)
Poids maximum au décollage : 4 250 kg
Vitesse maximale : 380 km/h
Autonomie : 600 km
Plafond : 8 000 m
Équipage : 2 personnes
Armement : 2 mitrailleuses de 7,92 mm à l'avant, 1 mitrailleuse de 7,92 mm à l'arrière, une bombe de 500 kg ou 1 bombe de 250 kg et 4 bombes de 50 kg

Junkers Ju 88

Bombardier bimoteur à ailes demi-surélevées (vol initial du prototype le 21/12/1936). En raison des exigences du ministère de l'Aviation du IIIe Reich, cet avion a été rendu capable de faire des vols en piqué en 1937 (avec un système automatique de redressement de l'appareil). Le Ju 88 a été utilisé en de nombreuses versions durant l'ensemble de la Seconde Guerre mondiale. Environ 15 000 unités ont été produites.

Type : Junkers Ju 88 A-4
Pays de production : Allemagne
Utilisation : Bombardier
Envergure : 20,08 m
Longueur : 14,40 m
Motorisation : 2 moteurs Junkers Jumo 211 J de 1 045 kW (1 420 CV) chacun
Poids maximum au décollage : 14 000 kg
Vitesse maximale : 470 km/h
Autonomie : max. 2 730 km
Plafond : 8 200 m
Équipage : 4 personnes
Armement : 5 mitrailleuses de 7,92 mm, 1 mitrailleuse de 13 mm, 500 kg de bombes placées à l'intérieur et jusqu'à 3 000 kg de bombes accrochées sous les ailes

Junkers Ju 188

Bombardier bimoteur à ailes demi-surélevées. Cet appareil, produit en 1941, est en fait une version améliorée du Ju 88, suite aux expériences résultant de l'engagement de ce dernier. La « tête de combat » vitrée de forme sphérique était très caractéristique de cet avion. Les surfaces portantes et les empennages avaient aussi été redéfinies. 1 036 appareils ont au total été produits depuis le début de la production en série en été 1943 jusqu'à la fin de la guerre.

Type : Junkers Ju 188 A-2
Pays de production : Allemagne
Utilisation : Bombardier
Envergure : 22,02 m
Motorisation : 2 moteurs Jumo 213 A d'une puissance de 1 287 kW (1 750 CV) chacun
Longueur : 14,95 m

Poids maximum au décollage : 15 000 kg
Vitesse maximale : 525 km/h
Autonomie : 2 200 km
Plafond : 10 000 m
Équipage : 4 personnes
Armement : 2 canons automatiques de 20 mm, 2 mitrailleuses 7 de 13 mm, jusqu'à 4 mitrailleuses de 7,92 mm et 3 000 kg de bombes ou de torpilles

Lockheed F-117 Nighthawk

Biréacteur à ailes surbaissées indétectable par radar destinés à des attaques de précision (premier vol le 18.06.1981). Sa disposition inhabituelle est parfaitement conforme aux exigences d'une technologie furtive (surface réduite de renvoi des signaux radars et faible dégagement de chaleur). Le F-117A se compose presque complètement d'une seule surface plane recouverte d'une couche de matériaux absorbant les ondes des radars. Afin de ne pas être détectés par les capteurs d'infrarouges, les propulseurs n'ont pas de postcombustion (leurs tuyères à fentes sont placées sur la partie supérieure du fuselage). Ce « Nighthawk » (faucon de la nuit) fut engagé dans des combats au Panama (1988), lors des guerres du golfe de 1991 et 2003 ainsi qu'en Yougoslavie où un appareil fut détruit en 1999. 59 unités de cette série ont été produites jusqu'en juillet 1990. La classification F de ce bombardier est volontairement erronée, car elle correspond à un principe de camouflage qui a déjà commencé lors de la phase de développement.

Type : Lockheed F-117A
Pays de production : États-Unis
Utilisation : Bombardier
Envergure : 13,20 m
Longueur : 20,08 m
Motorisation : 2 turboréacteurs à double flux General Electric F404-F1D2 d'une poussée de 48 kN (4 895 kp) chacun

Poids maximum au décollage : 23 814 kg
Vitesse maximale : 1 040 km/h
Autonomie : 2 100 km
Équipage : 1 personne
Armement : 2 268 kg de bombes (guidées par laser)

Martin MB

Bombardier bimoteur biplan à trois mâts, à structure haubanée en bois (1918). Des versions civiles (pour 12 passagers), cargo et postales de ce bombardier appelé Glenn Martin ont été construites.

Type : Martin MB-1
Pays de production : États-Unis
Utilisation : Bombardier
Envergure : 21,80 m
Longueur : 14,10 m
Motorisation : 2 moteurs Liberty V-12 de 313 kW (420 CV) chacun
Poids maximum au décollage : 5 477 kg
Vitesse maximale : 172 km/h
Autonomie : 898–2 400 km
Plafond : 2 590 m
Équipage : 2 personnes
Armement : 4–5 mitrailleuses, 750 kg de bombes ou de torpilles

Martin B-26 Marauder

Bombardier bimoteur mi-lourd à ailes hautes (vol initial le 25/11/1940). Une version améliorée et lourdement armée est apparue peu après la première série B-26A. Les appareils de cette nouvelle version ont commencé à attaquer le Japon depuis l'Australie. La version B-26B a été engagée également en Europe à partir de mars 1943. La dernière version B-26G est sortie en mars 1945. De nombreux appareils ont également été livrés à l'armée de l'air des Forces armées britanniques (RAF).

Type : Martin B-26G
Pays de production : États-Unis
Utilisation : Bombardier
Envergure : 21,65 m
Longueur : 17,12 m
Motorisation : 2 moteurs Pratt & Whitney RR-2800-43 Double Wasp d'une puissance de 1 412 kW (1 920 CV) chacun
Poids maximum au décollage : 17 320 kg
Vitesse maximale : 465 km/h
Autonomie : 1 760 km
Plafond : 6 040 m
Équipage : 7 personnes
Armement : 11 mitrailleuses de 12,7 mm, 1 800 kg de bombes

Martin A-30 Baltimore

Bombardier bimoteur à ailes demi-surélevées à portée libre (vol initial du prototype le 14/06/1941). Bien que construit selon les spécifications de la force aérienne de l'armée des États-Unis (USAAF), cet appareil n'a jamais été employé par l'armée américaine, mais par l'armée de l'air des Forces armées britanniques (RAF) ainsi que les armées de l'air canadiennes, australiennes et sud-africaines. Cet avion à été développé à partir du type Martin 167.

Type : Martin A-30 Mk.III
Pays de production : États-Unis
Utilisation : Bombardier
Envergure : 18,69 m
Longueur : 14,78 m
Poids maximum au décollage : 10 430 kg
Motorisation : 2 moteurs Wright GR-2600-19 Cyclone d'une puissance de 1 193 kW (1 622 CV) chacun
Vitesse maximale : 480 km/h
Autonomie : 1 530 km
Plafond : 7 300 m
Équipage : 4 personnes
Armement : 4 mitrailleuses 7,62 mm dans les surfaces portantes dirigées vers l'avant, 4 mitrailleuses de 7,62 mm dans les zones d'armement, 900 kg de bombes

Mitsubishi G4M Hamaki

Bombardier bimoteur à ailes demi-surélevées à portée libre (vol initial le 23/10/1939). Lors de sa construction, la recherche d'une grande autonomie a été privilégiée. La vitesse et le blindage ont en revanche été négligés, c'est la raison pour laquelle cet appareil se révéla très vulnérable et subit de lourdes pertes durant la guerre du Pacifique.

Type : Mitsubishi G4M Hamaki
Pays de production : Japon
Utilisation : Bombardier
Envergure : 24,90 m
Longueur : 19,60 m
Motorisation : 2 moteurs Mitsubishi MK4A Kasei d'une puissance de 1 125 kW (1 530 CV) chacun
Poids maximum au décollage : 15 000 kg
Vitesse maximale : 437 km/h
Autonomie : max. 5 040 km
Plafond : 9 000 m
Équipage : 7 personnes
Armement : 2 canons automatiques de 20 mm, 4 mitrailleuses de 7,7 mm, jusqu'à 2 200 kg de bombes et de torpilles

Mitsubishi Ki-67 Hiryu

Bombardier bimoteur mi-lourd à ailes demi-surélevées à portée libre (vol initial le 27/12/1942). Cet appareil devait remplacer le Ki-21 et se basait du point de vue constructif sur des éléments de l'appareil de type G4M. Cet appareil rapide et maniable fut engagé dès octobre 1944 sur le théâtre des opérations du Pacifique.

Type : Mitsubishi Ki-67-I
Pays de production : Japon
Utilisation : Bombardier
Envergure : 22,40 m
Motorisation : 2 moteurs Mitsubishi Ha-42-11 d'une puissance de 1 417 kW (1 900 CV) chacun
Poids maximum au décollage : 14 097 kg
Longueur : 18,70 m
Vitesse maximale : 550 km/h
Autonomie : 3 200 km
Plafond : 9 150 m
Équipage : 7 personnes
Armement : 1 canon automatique de 20 mm, 4 mitrailleuses de 12,7 mm, jusqu'à 1 600 kg de bombes et de torpilles

Miassichtchev M-4

Bombardier quadriréacteur à ailes hautes à portée libre (vol initial le 20/01/1953), ailes fortement en flèche avec une disposition en V légèrement négatif, train d'atterrissage tandem avec roues d'appui au bout des ailes. Il est estimé que 150 unités de ce bombardier stratégique et porteur d'armes nucléaires ont été construites depuis 1954, une partie d'entre eux a depuis déjà été démolie, une autre partie a été mise en réserve. Une version servant d'avion de transport lourd avec un double empennage latéral (WMT Atlant) pour un transport extérieur de charges a été développé en 1981.

Type : Miassichtchev M-4
Pays de production : Union soviétique
Utilisation : Bombardier
Envergure : 50,48 m
Longueur : 47,20 m
Motorisation : 4 moteurs Mikouline AM-3D d'une poussée de 85,6 kN (8 730 kp) chacun
Poids maximum au décollage : 181 000 kg
Vitesse maximale : 1 000 km/h
Autonomie : max. 10 700 km
Plafond : 8 200 m
Équipage : 6–11 personnes
Armement : 6–10 mitrailleuses de 23 mm, jusqu'à 40 000 kg de bombes et missiles

North American B-25 Mitchell

Bombardier bimoteur mi-lourd à ailes demi-surélevées à portée libre en forme de double flèche et double empennage latéral (vol initial le 19/08/1940). Cet appareil est considéré comme un des bombardiers les plus polyvalents et les plus puissants de la Seconde Guerre mondiale. L'engagement d'une escadrille d'entre eux le plus connu (filmé plus tard par Hollywood) se passa lorsqu'une petite formation de 16 avions B-25 décolla du porte-avion Hornet pour attaquer Tokyo et alla atterrir en Chine (18/04/1942 : Doolittle-Raid).

Type : North American B-25 J
Pays de production : États-Unis
Utilisation : Bombardier
Envergure : 20,60 m
Longueur : 16,10 m

Motorisation : 2 moteurs Wright R-2600-92 d'une puissance de 1 250 kW (1 700 CV) chacun
Poids maximum au décollage : 15 870 kg
Vitesse maximale : 440 km/h
Autonomie : 2 100 km
Plafond : 7 620 m
Équipage : 3–6 personnes
Armement : 12 mitrailleuses de 12,7 mm, 8 missiles, 1 360 kg de bombes embarquées

North American B-45 Tornado

Bombardier quadriréacteur à ailes hautes (vol initial en février 1948) ; premier bombardier à réaction des États-Unis. En 1952, un B-45 a volé pour la première fois au-dessus du Pacifique sans escale en étant ravitaillé en vol. 142 appareils se déclinant en trois versions ont été construits au total. Quelques-uns d'entre eux ont mené des opérations militaires durant la guerre de Corée.

Type : North American B-45C
Pays de production : États-Unis
Utilisation : Bombardier
Envergure : 29,26 m
Longueur : 23,14 m

Motorisation : 4 moteurs General Electric J47-GE-13 d'une poussée de 26,7 kN (2 720 kp) chacun
Poids maximum au décollage : 51 230 kg
Vitesse maximale : 920 km/h
Autonomie : 4 070 km
Plafond : 12 270 m
Équipage : 4 personnes
Armement : 2 mitrailleuses de 12,7 mm, 9 000 kg de bombes

Northrop-Grumman B-2 Spirit

Bombardier stratégique à quatre réacteurs (vol initial le 17/07/1989). Le B-2 Spirit est constructivement une aile volante à usage polyvalent, peut être muni d'armes conventionnelles ou nucléaires et peut-être ravitaillé en vol. Il est conçu de telle manière qu'il reste indétectable avec des rayons électromagnétiques ou infrarouges (par exemple au niveau des turbines), les gaz émis ne laissent aucune traînée de condensation, les tuyères sont refroidies afin de réduire les émanations d'infrarouges et il est difficilement repérable par les radars (pas davantage détectable qu'un bourdon). Il est considéré comme l'avion le plus coûteux construit à ce jour (prix à l'unité estimé à 1,8 milliard d'euros). Seuls 21 appareils ont été produits. Le dispositif de ravitaillement en vol permet un engagement illimité dans le monde entier.

Type : Northrop-Grumman B-2
Pays de production : États-Unis
Utilisation : Bombardier stratégique
Envergure : 52,43 m
Longueur : 21,03 m
Motorisation : 4 turboréacteurs à double flux General Electric F-118-GE-100 d'une poussée de 84,53 kN (8 620 kp) chacun
Poids maximum au décollage : 152 635 kg
Vitesse maximale : 1 010 km/h (à 15 000 m d'altitude)
Autonomie : env. 10 000–12 000 km (chargé avec des armes)
Plafond : env. 15 150 m
Équipage : 2 personnes
Armement : jusqu'à 18 144 kg d'armes embarquées dans deux soutes d'armement

Petliakov Pe-2

Bombardier bimoteur en piqué à ailes surbaissées à portée libre (début des essais en 1939). Il a été engagé au combat dans les zones de conflit au cours de la Seconde Guerre mondiale. Plus de 11 000 appareils de ce type ont été produits.

Type : Petliakov Pe-2
Pays de production : Union soviétique
Utilisation : Bombardier en piqué
Envergure : 17,19 m
Longueur : 12,60 m
Motorisation : 2 moteurs Klimov WK-105R de 920 kW (1 250 CV) chacun
Poids maximum au décollage : 8 500 kg
Vitesse maximale : 536 km/h
Autonomie : 1 920 km
Plafond : 8 200 m
Équipage : 2 personnes
Armement : 4 mitrailleuses de 12,7 mm, 4 mitrailleuses de 7,62 mm, 1 000 kg de bombes

Polikarpov R-5

Avion monomoteur polyvalent sesquiplan monomât à structure en bois (sorti en 1928, production en série dès 1931). Cet appareil a été utilisé comme bombardier léger, comme avion de soutien aux combats au sol, comme avion de liaison et comme avion léger de transport. Une version civile servait d'avion postal. Plus de 7 000 unités (dont 1 000 en exécution civile) ont été produites.

Type : Polikarpov R-5
Pays de production : Union soviétique
Utilisation : Bombardier
Envergure : 15,50 m (en haut)
Longueur : 10,56 m
Motorisation : 1 moteur M-17 de 367 kW (500 CV)
Poids maximum au décollage : 2 955 kg
Vitesse maximale : 228 km/h
Autonomie : 800 km
Plafond : 6 400 m
Équipage : 2 personnes
Armement : 3 mitrailleuses de 7,62 mm, 500 kg de bombes placées à l'extérieur

Rockwell B-1 Lancer

Bombardier stratégique quadriréacteur à ailes rabattables. Conçu au milieu des années 1960, en tant que successeur du Boeing B-52, il fit son vol initial le 23/12/1974, avec la version B-1A. Son développement ultérieur chez North American Rockwell (dès 1973 Rockwell International, repris par Boeing 1997) sommeilla depuis 1977, avant d'être repris en 1981 sous forme d'un appareil avec un profil d'utilisation totalement différent. Ce B-1 modernisé allait pouvoir dorénavant voler plus bas, être moins facilement détectable par les radars et pouvoir exécuter des attaques de précision en plage subsonique (vol initial du B-1B exécuté le 18/10/1984).

Type : Rockwell B-1B Lancer
Pays de production : États-Unis
Utilisation : Bombardier stratégique à grande distance
Envergure : 41,67 m avec les ailes non rabattues, 23,84 m avec les ailes rabattues vers l'arrière
Longueur : 41,81 m
Motorisation : 4 turboréacteurs à double flux General Electric F-101-GE-102 d'une poussée de 136,92 kN (13 960 kp) chacun
Poids maximum au décollage : 216 365 kg
Vitesse maximale : 1 205 km/h (vol à basse altitude), 1 329 km/h (vol à haute altitude)
Autonomie : env. 11 265 km (sans ravitaillement en vol)
Plafond : env. 9 100 m/h
Équipage : 4 personnes
Armement : jusqu'à 36 288 kg d'armes embarquées dans rois soutes spécifiques

Saab 17

Bombardier léger et avion de reconnaissance monomoteur léger (vol initial en mai 1940). Au total plus de 322 appareils ont été produits en différentes exécutions (entre autres aussi avec des flotteurs et des patins à neige) et avec plusieurs types de motorisation. 132 appareils B 17A ont été livrés de 1944 à 1948 à l'armée de l'air suédoise. Ce modèle a été officiellement mis hors service en 1948 en tant que bombardier, mais a cependant continué à être utilisé jusqu'en 1968.

Type : Saab B 17 A
Pays de production : Suède
Utilisation : Avion de combat
Envergure : 13,70 m
Longueur : 9,80 m
Motorisation : 1 moteur Pratt & Whitney SC3-G Twin Wasp de 794 kW (1 080 CV)
Poids maximum au décollage : 3 790 kg
Vitesse maximale : 435 km/h
Autonomie : 1 800 km
Plafond : 8 700 m
Équipage : 2 personnes
Armement : 2 canons automatiques de 12,9 mm, 1 mitrailleuse M22 de 7,9 mm, 500 kg de bombes

Savoia Marchetti SM.79 Sparviero

Bombardier trimoteur (vol initial le 02/10/1934). Prévu initialement comme avion de transport civil pouvant emmener huit passagers, il a été converti en bombardier déjà à partir du deuxième prototype. Les appareils de la série SM.79-I ont aussi été engagés dans la guerre civile espagnole. La Yougoslavie en commanda 45 unités. L'Italie débuta la Seconde Guerre mondiale avec environ 600 Sparviero.

Type : Savoia Marchetti SM.79-II
Pays de production : Italie
Utilisation : Bombardier
Envergure : 21,20 m
Longueur : 16,20 m
Motorisation : 3 moteurs Piaggio P.XI RC.40 d'une puissance de 746 kW (1 000 CV) chacun
Poids maximum au décollage : 12 500 kg
Vitesse maximale : 434 km/h
Autonomie : 1 990 km (avec 2 torpilles)
Plafond : 7 000 m
Équipage : 5 personnes
Armement : 2 mitrailleuses de 12,7 mm, 2 mitrailleuses de 7,62 mm, 2 torpilles de 450 mm avec 200 kg de charges explosives

Short S.29 Stirling

Bombardier quadrimoteur (vol initial du prototype le 14/05/1939). Le Stirling dut, à cause de la dimension des hangars de l'époque, se satisfaire d'une envergure d'ailes si limitée qu'il ne pouvait pas atteindre une altitude très élevée. Les soutes à bombes ne pouvaient contenir que des bombes d'un poids maximum de 907 kg chacune. Son premier engagement au combat eut lieu le 10/02/1941. Il a été construit dans cinq versions, également comme avion de fret ou pour le transport de passagers.

Type : Short S.29 Mk.III
Pays de production : Grande-Bretagne
Utilisation : Bombardier
Envergure : 30,20 m
Longueur : 26,50 m
Motorisation : 4 moteurs Bristol Hercules VI ou XVI d'une puissance de 1 220 kW (1 660 CV) chacun
Poids maximum au décollage : 31 790 kg
Vitesse maximale : 434 km/h
Autonomie : 3 234 km
Plafond : 5 030 m
Équipage : 7–8 personnes
Armement : 8 mitrailleuses de 7,7 mm, 6 350 kg de bombes dans les soutes d'armement internes

Sikorsky S-23 V Ilia Muromez

Bombardier à 4 moteurs biplan et à structure en bois (vol initial en 1913). L'Ilia Muromez était un bombardier lourd qui avait été développé à partir d'un avion civil. 73 exemplaires munis de différents types d'armes et de diverses motorisations ont été construits par l'armée de l'air russe durant la Première Guerre mondiale. Seul un appareil a été perdu lors d'un combat aérien.

Type : Sikorsky S-23 V
Pays de production : Russie
Utilisation : Bombardier
Envergure : 29,80 m
Longueur : 17,10 m
Motorisation : 4 moteurs Sunbeam V8 d'une puissance de 110 kW (150 CV) chacun
Poids maximum au décollage : 7 460 kg
Vitesse maximale : 130 km/h
Autonomie : 560 km
Plafond : 3 200 m
Équipage : 4–7 personnes
Armement : différentes mitrailleuses, 8 bombes de 100 kg, 16 bombes de 50 kg ou une bombe de 656 kg

Sukhoï Su-2

Bombardier monomoteur léger à ailes surbaissées et structure entièrement métallique (vol initial le 25/08/1937). C'était en juin 1941 le bombardier léger le plus moderne de l'Union soviétique, utilisé initialement comme avion de combat. À cause de lourdes pertes, ces appareils ont été retirés des engagements guerriers dès 1942 et utilisés loin du front en tant qu'avions-école, avions de remorquage et de reconnaissance.

Type : Sukhoï Su-2
Pays de production : Union soviétique
Utilisation : Bombardier
Envergure : 14,30 m
Longueur : 10,25 m
Motorisation : 1 moteur double M-88B de 735 kW (1 000 CV)
Poids maximum au décollage : 4 375 kg
Vitesse maximale : 455 km/h
Autonomie : 1 190 km
Plafond : 8 400 m
Équipage : 2 personnes
Armement : 2 mitrailleuses fixes et 1 mitrailleuse mobile SchKAS 7 de 7,62 mm, 400 kg de bombes ou de missiles RS-82/RS-132

Sukhoï Su-25

Avion de combat biréacteur d'assaut (vol initial le 22/02/1975) mis en service en 1982. Une petite pré-série a été engagée dans la guerre d'Afghanistan. Le Su-25 doit intervenir en étroite collaboration avec les troupes terrestres. Leur but de combat est la destruction ciblée d'objectifs fixes et mobiles (véhicules blindés, hélicoptères, convois, ponts, routes, fortifications en campagne, etc.).

Type : Sukhoï Su-25K
Pays de production : Union soviétique
Utilisation : Avion d'assaut
Envergure : 14,36 m
Longueur : 15,53 m
Motorisation : 2 turboréacteurs Toumanski R-195 d'une poussée de 44 kN (4 487 kp) chacun
Poids maximum au décollage : 17 600 kg
Vitesse maximale : 970 km/h
Autonomie : max. 1 250 km
Plafond : 7 000 m
Équipage : 1 personne
Armement : 1 canon automatique de 30 mm, jusqu'à 4 400 kg d'armement primaire (bombes, missiles guidés antiradar et missiles non-guidés)

Sukhoï T-4 (Su-100)

Bombardier quadriréacteur à ailes surbaissées en delta et plan canard (vol initial le 22/08/1972, projet arrêté en 1974) ; cet appareil constituait la réponse soviétique au XB-70 nord-américain. Des matériaux et des techniques d'usinage avancées pour cette époque ont été mises en œuvre. Cet appareil devait disposer d'une technologie « fly-by-wire ». Le nez de l'appareil pouvait être abaissé pour les décollages et atterrissages (comme sur le Concorde et le Tu-144). Les 10 avions d'essais construits ne sont pas parvenus à démontrer la pleine puissance d'engagement de l'appareil.

Type : Sukhoï T-4
Pays de production : Union soviétique
Utilisation : Bombardier
Envergure : 22,00 m
Longueur : 44,50 m
Motorisation : 4 moteurs Kolesov RD-36-41 d'une poussée de 153,9 kN (16 244 kp) chacun
Poids maximum au décollage : 135 000 kg
Vitesse maximale : 3 200 km/h (vol à basse altitude)
Autonomie : 6 000 km/h (projetée)
Plafond : 25 000–30 000 m (projeté)
Équipage : 2 personnes
Armement : 2 missiles air-sol Ch-45 de 1 500 km de portée

Tupolev TB-3

Bombardier quadrimoteur à ailes surbaissées à portée libre (également désigné sous le code ANT-6) avec une structure entièrement métallique revêtue de tôle ondulée (vol initial le 22/12/1930). Cet appareil se caractérisait par une autonomie et une capacité portante importantes. Certains appareils ont servi de « porte-avions volants », car ils pouvaient charger sur leur fuselage un avion de chasse ou suspendre ce dernier aux emplacements de fixation sous les ailes.

Type : Tupolev TB-3
Pays de production : Union soviétique
Utilisation : Bombardier
Envergure : 39,50 m
Motorisation : 4 moteurs M-17F d'une puissance de 526 kW (715 CV) chacun au décollage
Longueur : 24,40 m
Poids maximum au décollage : 17 200 kg
Vitesse maximale : 177 km/h
Autonomie : 1 350 km
Plafond : 3 800 m
Équipage : 8 personnes
Armement : 5 mitrailleuses de 7,7 mm, 2 000 kg de bombes

Tupolev SB-2

Bombardier bimoteur à ailes demi-surélevées à portée libre (vol initial du prototype le 07/10/1934). Cet avion était pour son époque plus rapide que la plupart des avions de chasse. En 1936, les SB-2 furent engagés du côté des Républicains lors de la guerre civile espagnole. Ces appareils ont effectué leurs dernières missions en 1943.

Type : Tupolev SB-2
Pays de production : Union soviétique
Utilisation : Bombardier
Envergure : 20,33 m
Longueur : 12,27 m
Motorisation : 2 moteurs Klimov M-100A de 640 kW (870 CV) chacun
Poids maximum au décollage : 5 627 kg
Vitesse maximale : 424 km/h
Autonomie : 1 000 km
Plafond : 9 500 m
Équipage : 3 personnes
Armement : 3 mitrailleuses de 7,62 mm, 500 kg de bombes

Tupolev Tu-2

Bombardier bimoteur mi-lourd à ailes demi-surélevées à portée libre (vol initial du prototype le 03/10/1940, vol initial de l'ANT-58 le 29/01/1941). Il devait être engagé en tant que bombardier pour des attaques en vol horizontal comme en piqué, mais aussi pour des missions de reconnaissance. Il livra ses premiers combats en septembre 1942. C'est au début 1943 que cet avion reçut son appellation définitive Tu-2.

Type : Tupolev Tu-2S
Pays de production : Union soviétique
Utilisation : Bombardier et bombardier en piqué
Envergure : 18,86 m
Longueur : 13,80 m
Motorisation : 2 moteurs ASch-82FNW d'une puissance de 1 380 kW (1 850 CV) chacun
Poids maximum au décollage : 11 360 kg
Vitesse maximale : 550 km/h
Autonomie : 1 400 km
Plafond : 9 500 m
Équipage : 4 personnes
Armement : 2 canons automatiques de 20 mm, 3 mitrailleuses de 12,7 mm, jusqu'à 4 000 kg de bombes

Tupolev Tu-16

Bombardier biréacteur à ailes demi-surélevées à portée libre (vol initial du prototype le 27/04/1952) ; mis en service dès 1955 comme bombardier mi-lourd. Les Tu-16 ont constitué l'essentiel de la flotte de bombardiers stratégiques russes. C'est sur la base du modèle militaire Tu-16 que l'avion civil Tu-104 a été développé.

Type : Tupolev Tu-16A
Pays de production : Union soviétique
Utilisation : Bombardier stratégique
Envergure : 32,99 m
Longueur : 34,80 m
Motorisation : 2 turboréacteurs Mikuline AM-3M d'une poussée de 93,16 kN (9 500 kp) chacun
Poids maximum au décollage : 75 800 kg
Vitesse maximale : 1 050 km/h
Autonomie : 7 200 km
Plafond : 12 800 m
Équipage : 6 personnes
Armement : 7 canons automatique de 23 mm, jusqu'à 9 000 kg de bombes et de missiles

Tupolev Tu-22

Bombardier biréacteur à ailes demi-surélevées à portée libre (vol initial du prototype le 21/06/1958), premier bombardier supersonique soviétique. Cet appareil se distingue par la disposition des turbines à l'arrière. Les Tu-22 ont été produits en série dès 1961. Hormis leur mission fondamentale (soit l'attaque d'objectifs terrestres), ils ont aussi été employés pour des missions de reconnaissance et de surveillance maritime.

Type : Tupolev Tu-22B
Pays de production : Union soviétique
Utilisation : Bombardier
Envergure : 23,50 m
Longueur : 41,60 m
Vitesse maximale : 1 510 km/h
Motorisation : 2 moteurs Kolesov RD-7M d'une poussée de 156,9 kN (16 000 kp) chacun
Poids maximum au décollage : 85 500 kg
Autonomie : 5 650 km
Plafond : 14 700 m
Équipage : 3 personnes
Armement : 1 canon automatique de 23 mm, jusqu'à 24 bombes de 500 kg ou une bombe de 9 000 kg ou une bombe atomique

Tupolev Tu-22M

Bombardier biréacteur développé dès 1966 en tant que successeur du Tu-22. Il s'agit en fait d'un avion d'un nouveau type avec des ailes rabattables. Après le stade des prototypes et des pré-séries, seule la version Tu-22M parvint à remplir les exigences posées ; la version Tu-22M-3, nettement renforcée, devait être considérée plutôt comme un appareil stratégique. Plus de 280 unités se déclinant en différentes versions ont été produites. Beaucoup de ces appareils sont encore au service des forces armées aériennes et navales.

Type : Tupolev Tu-22M-3
Pays de production : Union soviétique
Utilisation : Bombardier
Envergure : 23,30 m à 34,28 m
Longueur : 42,46 m
Motorisation : 2 moteurs Kusnezov/KKBM NK-25 d'une poussée de 245,2 kN (25 000 kp) chacun
Poids maximum au décollage : 126 400 kg
Vitesse maximale : 2 300 km/h
Autonomie : 7 000 km
Plafond : 13 300 m
Équipage : 4 personnes
Armement : 1 canon automatique de 23 mm, 3 missiles air-sol Ch-22M ou 10 missiles Ch-15 ou jusqu'à 24 000 kg de bombes

Tupolev Tu-95

Bombardier quadrimoteur à ailes demi-surélevées à portée libre et en forme de flèche (vol initial en 1954). Cet appareil est le seul bombardier à longue distance équipé d'un entraînement par turbopropulseurs, soit des paires d'hélices tournant en direction opposée. Pendant militaire à l'avion civil Tu-114, il a aussi été utilisé pour des missions de surveillance maritime et comme avion de chasse contre les sous-marins Tu-142.

Type : Tupolev Tu-95MS
Pays de production : Union soviétique
Utilisation : Bombardier
Envergure : 50,04 m
Longueur : 46,90 m
Motorisation : 4 moteurs Kusnezov NK-12M d'une puissance de 11 032 kW (15 000 CV) chacun
Poids maximum au décollage : 188 000 kg
Vitesse maximale : 830 km/h
Autonomie : 10 500 km
Plafond : 10 500 m
Équipage : 7 personnes
Armement : 2 canons automatiques de 23 mm (habitacle arrière), 6 missiles Ch-55 à l'intérieur, jusqu'à 10 missiles Ch-55 placés à l'extérieur

Tupolev Tu-160

Bombardier quadriréacteur à ailes surbaissées et rabattables ainsi qu'avec un empennage cruciforme (vol initial du prototype le 19/12/1981). Cet appareil a été développé parallèlement à l'avion civil Tu-144. Il devait constituer la contrepartie soviétique au Rockwell B-1. Cet avion est entré en 1987 au service de l'armée de l'air soviétique. 32 unités ont été livrées jusqu'en 1994.

Type : Tupolev Tu-160
Pays de production : Union soviétique/Russie
Utilisation : Bombardier
Envergure : 35,6 m à 55,7 m
Longueur : 54,10 m
Motorisation : 4 moteurs Kusnezov NK-321 de 245,2 kN (25 000 kp) de poussée chacun
Poids maximum au décollage : 275 000 kg
Vitesse maximale : 2 200 km/h
Autonomie : 12 300 km
Plafond : 15 000 m
Équipage : 4 personnes
Armement : 12 engins atmosphériques Ch-55 protégé de l'air ou 24 missiles Ch-15P ou jusqu'à 40 000 kg de bombes

Vickers Wellington

Bombardier bimoteur à ailes demi-surélevées avec empennage conventionnel (vol initial du prototype le 15/06/1936). C'était le bombardier britannique le plus important au début de la Seconde Guerre mondiale. Jusqu'en octobre 1945, bien plus de 11 000 unités furent produites. Les Wellington n'ont effectué que des attaques nocturnes (lancement de la première mine aérienne « Blockbuster » en avril 1941). Ils ont en outre été utilisés pour la surveillance des côtes et comme avion de chasse contre les sous-marins.

Type : Vickers Wellington Mk.I
Pays de production : Grande-Bretagne
Utilisation : Bombardier
Envergure : 26,26 m
Longueur : 19,68 m
Motorisation : 2 moteurs Bristol Hercules VII/XVI d'une puissance de 1 165 kW (1 585 CV) chacun
Poids maximum au décollage : 16 500 kg
Vitesse maximale : 410 km/h
Autonomie : 2 125 km
Plafond : 7 325 m
Équipage : 6 personnes
Armement : 6 mitrailleuses de 7,7 mm ou 7,92 mm, 2 720 kg de bombes

Vickers 667 Valiant

Bombardier quadrimoteur à ailes hautes en forme de flèche (vol initial le 10/08/1951). Ce fut le premier des trois bombardiers en V et porteurs de bombes nucléaires de l'armée de l'air des Forces armées britanniques (RAF). 107 unités ont été produites. Munis de bombes conventionnelles, les Valiant ont attaqué des objectifs en Égypte durant la crise de Suez en 1956. À partir de 1960, la plupart des appareils ont été transformés en avions de ravitaillement et ont dû être mis hors service en 1964 à cause d'une fatigue des matériaux.

Type : Vickers 667 Valiant Mk.I
Pays de production : Grande-Bretagne
Utilisation : Bombardier
Envergure : 34,76 m
Longueur : 32,91 m
Motorisation : 4 moteurs Rolls-Royce Avon R28 d'une poussée de 44,5 kN (4 540 kp) chacun
Poids maximum au décollage : 63 500 kg
Vitesse maximale : 912 km/h
Autonomie : 7 240 km
Plafond : 16 400 m
Équipage : 5 personnes
Armement : une bombe de 4 540 kg ou 10 bombes de 454 kg

Vultee A-31 Vengeance

Avion de combat en piqué monomoteur à ailes demi-surélevées. Il a d'abord été construit en tant que modèle V-72 sans commande gouvernementale, puis, après la chute de la France, des appareils de ce type allèrent en 1940 à l'armée de l'air des Forces armées britanniques. Le Brésil, la Chine, la Turquie et l'URSS ont aussi acquis cet avion.

Type : Vultee A-31.
Pays de production : États-Unis
Utilisation : Bombardier en piqué
Envergure : 14,63 m
Longueur : 12,12 m
Motorisation : 1 moteur Wright Cyclone GR-2600-A5B-5 de 2 279 kW (3 100 CV)
Poids maximum au décollage : 7 440 kg
Vitesse maximale : 450 km/h
Autonomie : 3 700 km
Plafond : 6 800 m
Équipage : 2 personnes
Armement : 6 mitrailleuses de 7,62 mm, 2 bombes de 225 kg à l'intérieur, 2 bombes de 113 kg placées à l'extérieur

Zeppelin Staaken R VI

Bombardier quadrimoteur biplan à quatre mâts et structure haubanée. Chacun des deux moteurs entraînait à la fois une hélice de poussée et de traction placées dans une même nacelle. Les Staaken ont attaqué de façon répétée Londres à partir de la mi-septembre 1917, la dernière fois en octobre 1918. Aucun des 18 Staaken engagés n'a été abattu.

Type : Zeppelin R VI Staaken
Pays de production : Allemagne
Utilisation : Bombardier
Envergure : 42,20 m
Longueur : 22,10 m
Motorisation : 4 moteurs Mercedes D IVa de 191 kW (260 CV) chacun
Poids maximum au décollage : 11 824 kg
Vitesse maximale : 135 km/h
Autonomie : 800 km
Plafond : 4 300 m
Équipage : 7 personnes
Armement : 4–7 mitrailleuses, 2 000 kg de bombes

Chasseurs et chasseurs-bombardiers

Chasseurs et chasseurs-bombardiers

Lorsque les avions ont commencé à prendre part aux combats lors de la Première Guerre mondiale, la nécessité de protéger les appareils contre ceux de l'ennemi apparut très clairement. C'est pourquoi des avions chargés de prendre en chasse d'autres avions ont vu le jour. Plus tard, les avions de chasse accompagnaient d'autres avions, comme par exemple des bombardiers ou essayaient d'intercepter les bombardiers de l'ennemi. L'époque des avions spécialisés concentrés sur des objectifs de combat limités a fait place à une tendance à avoir des avions polyvalents. Ils se basent sur une seule et même plateforme et doivent pouvoir idéalement changer d'objectif opérationnel en cours de mission.

Aermacchi MB 339

Avion d'entraînement monoréacteur très maniable et avec de bonnes capacités d'accélération (vol initial le 12/08/1976). Développé sur la base du MB 326, il a cependant une structure de fuselage renforcée. Il peut entre autres être engagé pour la préparation des pilotes sur les Tornado ou les Eurofighter, mais aussi pour des missions de soutien aux combats terrestres. Lors de la catastrophe du meeting aérien de Ramstein en 1988, plusieurs MB 339 d'une formation italienne de vol acrobatique entrèrent en collision.

Type : Aermacchi MB 339
Pays de production : Italie
Utilisation : Avion à réaction d'entraînement
Envergure : 10,86 m
Longueur : 10,79 m
Motorisation: 1 moteur Rolls-Royce Viper MK632-43 d'une poussée de 17,8 kN (1 825 kp)
Poids maximum au décollage : 6 350 kg
Vitesse maximale : 920 km/h
Autonomie : 2 075 km
Plafond : 14 200 m
Équipage : 2 personnes
Armement : 2 canons DEFA de 30 mm, jusqu'à 1 815 kg d'armes réparties en 6 emplacements sous les ailes

Aero L-39 Albatros

Avion d'entraînement monoréacteur à ailes surbaissées à portée libre (vol initial le 02/11/1969, prototype le 04/11/1968). Développé pour succéder au L-29 Delfin, le L-39 Albatros devint bientôt, après le début de la production en série en 1972, l'avion d'entraînement standard du bloc militaire du pacte de Varsovie ainsi que d'autres états. En tout, près de 3 000 appareils ont été produits.

Type : Aero L-39
Pays de production : Tchécoslovaquie
Utilisation : Avion à réaction d'entraînement
Envergure : 9,46 m
Longueur : 12,13 m
Motorisation: 1 moteur Progress AI-25 TL d'une poussée de 168,7 kN (17 200 kp)
Poids maximum au décollage : 4 700 kg
Vitesse maximale : 750 km/h à 5 000 m
Autonomie : 840 km
Plafond : 11 500 m
Équipage : 2 personnes
Armement : 1 canon à double volée Griatsev-Chipounov de 23 mm, jusqu'à 1 000 kg d'armes fixées dans quatre emplacements sous les ailes

Albatros D.III

Avion de chasse monomoteur biplan de la Première Guerre mondiale, modèle qui succéda à l'avion de chasse standard D.II depuis 1917. Grâce à ses avantages en termes de rapidité et de manœuvrabilité par rapport à ses adversaires, le baron Manfred von Richthofen parvint à lui seul à abattre 21 avions en avril 1917 avec un D.III. Début 1918, il fut remplacé par le D.V. Près de 440 appareils de ce type ont été produits.

Type : Albatros D.III
Pays de production : Allemagne
Utilisation : Avion de chasse
Envergure : 9,05 m
Longueur : 7,33 m
Motorisation: 1 moteur Mercedes D.IIIa de 130 kW (177 CV)
Poids maximum au décollage : 886 kg
Vitesse maximale : 175 km/h
Autonomie d'engagement : env. 2 heures
Plafond : 5 500 m
Équipage : 1 personne
Armement : 2 mitrailleuses de 7,92 mm LMG 08/15 au-dessus du moteur

Albatros D.V

Bombardier monomoteur biplan, avec ailes inférieures plus étroites et à fuselage en bois contreplaqué qui succéda à l'avion de chasse standard D.III en tant qu'avion standard, en service depuis la fin 1917 jusqu'à la fin de la guerre. Tout comme le D.III, le D.V souffrait aussi de problèmes de surfaces portantes lors de vols en piqué, ce qui conduisait souvent à des écrasements au sol.

Type : Albatros D.V
Pays de production : Allemagne
Utilisation : Avion de chasse
Envergure : 9,05 m
Longueur : 7,33 m
Motorisation: 1 moteur Mercedes D.IIIa de 130 kW (177 CV)
Poids maximum au décollage : 957 kg
Vitesse maximale : 187 km/h
Autonomie : 350 km
Plafond : 6 250 m
Équipage : 1 personne
Armement : 2 mitrailleuses de 7,92 mm

Arado Ar 68

Avion de chasse monomoteur biplan à structure mixte ; l'ossature du fuselage se composait de tubes d'acier soudés, les ailes d'une structure en bois recouverte d'étoffe (vol initial en 1934). Cet avion, mis en service en 1936, devait contribuer à développer une force aérienne militaire en Allemagne. En raison de caractéristiques de vol décevantes, il a essentiellement été utilisé comme chasseur nocturne et comme avion d'entraînement, avant d'être mis hors service en 1940.

Type : Arado Ar 68 E
Pays de production : Allemagne
Utilisation : Avion de chasse
Envergure : 11,58 m
Longueur : 9,40 m
Motorisation: 1 moteur Junkers Jumo 210 Ea de 500 kW (680 CV)
Poids maximum au décollage : 2 020 kg
Vitesse maximale : 335 km/h
Autonomie : 500 km
Plafond : 12 800 m
Équipage : 1 personne
Armement : 2 mitrailleuses MG-17 de 7,92 mm, jusqu'à 60 kg de bombes à l'extérieur

Bell P-39 Airacobra

Bombardier de chasse monomoteur à ailes surbaissées (vol initial en avril 1939) ; cet avion n'a pas rencontré beaucoup de succès dans l'armée nord-américaine en raison de défauts et d'une puissance insuffisante. Jusqu'en 1944, ce sont pourtant 9 584 Airacobra qui ont été construits, dont la moitié à été livrée à l'URSS, pays dans lequel ces appareils étaient très appréciés pour appuyer les combats au sol.

Type : Bell P-39 Q
Pays de production : États-Unis
Utilisation : Chasseur-bombardier
Envergure : 10,36 m
Longueur : 9,18 m
Motorisation: 1 moteur 12 cylindres Allison V-1710-85 de 1 044 kW (1 420 CV)
Poids maximum au décollage : 3 750 kg
Vitesse maximale : 615 km/h
Autonomie : jusqu'à 2 000 km/h
Plafond : 10 600 m
Équipage : 1 personne
Armement : 1 canon de 37 mm, 4 mitrailleuses de 12,7 mm, env. 230 kg de bombes placées à l'extérieur

Bell P-59 Airacomet

Avion de chasse biréacteur (vol initial le 01/10/1942). C'est dans le plus grand secret que l'armée de l'air des États-Unis passa commande du P-59, son premier avion à réaction. La livraison de ces avions produits en série débuta en automne 1944, mais toutefois seules 66 unités des 100 avions commandés ont été construites. Le P-59 a essentiellement été utilisé comme avion-école et avion d'essai pour des avions à réaction appelés à être produits ultérieurement.

Type : Bell P-59 B
Pays de production : États-Unis
Utilisation : Avion de chasse
Envergure : 13,47 m
Longueur : 11,62 m
Motorisation: 2 moteurs General Electric I-16s d'une poussée de 8,98 kN (907 kp) chacun
Poids maximum au décollage : 6 214 kg
Vitesse maximale : 658 km/h
Autonomie : 644 km
Plafond : 14 080 m
Équipage : 1 personne
Armement : 1 canon M4 de 37 mm, 3 mitrailleuses de 12,7 mm

Blohm & Voss BV 40

Planeur militaire non motorisé (vol initial en mai 1944) développé à titre d'essai par l'armée de l'air allemande (deutsche Luftwaffe) afin de trouver une parade au manque de matériaux et de carburant. Les planeurs devaient être remorqués au-dessus de l'altitude de vol des bombardiers ennemis et combattre ensuite ces derniers en planant. Ce projet a été arrêté peu de mois après le vol initial.

Type : Blohm & Voss BV 40
Pays de production : Allemagne
Utilisation : Planeur
Envergure : 7,90 m
Longueur : 5,70 m
Poids maximum au décollage : 950 kg
Vitesse maximale : 900 km/h
Plafond : 6 000 m
Équipage : 1 personne
Armement : 2 canons automatiques 108 de 30 mm

Boeing P-12

Avion de chasse monomoteur biplan destiné au corps aérien de l'armée des États-Unis. Il s'agit d'un appareil modifié dérivant de l'exécution F4B de la marine de guerre nord-américaine (vol initial le 06/05/1929). Le corps aérien de l'armée des États-Unis (USAAC) le reçut en 1932 après avoir demandé de légères modifications. Cet appareil resta en service jusqu'à son remplacement par le P-26.

Type : Boeing P-12
Pays de production : États-Unis
Utilisation : Avion de chasse
Envergure : 9,14 m
Longueur : 6,20 m
Motorisation: 1 moteur Pratt & Whitney R-1340-17 d'une puissance de 373 kW (507 CV)
Poids maximum au décollage : 1 220 kg
Vitesse maximale : 304 km/h
Autonomie : 917 km
Plafond : 8 380 m
Équipage : 1 personne
Armement : 2 mitrailleuses de 7,62 mm ou 1 mitrailleuse de 7,62 mm avec une mitrailleuse de 12,7 mm, 110 kg de bombes

Boulton-Paul Defiant

Avion de chasse monomoteur à ailes surbaissées et structure entièrement métallique (vol initial du prototype le 11/08/1937) ; il remporta l'appel d'offres en devançant le Hawker Hotspur et enregistra initialement des succès lors de combats aériens mais, en raison de sa faible puissance de feu, il fut ensuite avant tout utilisé comme chasseur nocturne. Le Defiant a aussi été utilisé plus tard comme avion-école. Plus de 1 000 unités ont été produites.

Type : Boulton-Paul Defiant Mk.I
Pays de production : Grande-Bretagne
Utilisation : Avion de chasse
Envergure : 11,99 m
Longueur : 10,77 m
Motorisation: 1 moteur Rolls-Royce Merlin III de 768 kW (1 044 CV)
Poids maximum au décollage : 3 821 kg
Vitesse maximale : 504 km/h
Autonomie : 748 km
Plafond : 9 250 m
Équipage : 2 personnes
Armement : 4 mitrailleuses Browning de 7,62 mm dans la tourelle derrière le cockpit

Bristol Beaufighter

Avion de chasse bimoteur lourd (vol initial du prototype le 17/07/1939). Le Beaufighter prit de l'importance avec l'éclatement de la Seconde Guerre mondiale en raison de sa vitesse et de sa puissance de feu. Au total 5 564 appareils ont été produits en différentes variantes jusqu'à la fin de la guerre. Il a aussi été utilisé comme chasseur nocturne, chasseur-bombardier contre des objectifs maritimes et bombardier-torpilleur.

Type : Bristol 156 Beaufighter T.F.X
Pays de production : Grande-Bretagne
Utilisation : Avion de chasse
Envergure : 17,64 m
Longueur : 12,59 m
Motorisation: 2 moteurs Bristol Hercules XVII d'une puissance de 1 286 kW (1 748 CV) chacun
Poids maximum au décollage : 11 520 kg
Vitesse maximale : 514 km/h à 3 000 m d'altitude
Autonomie : 2 816 km
Plafond : 5 790 m
Équipage : 2 personnes
Armement : 4 canon de 20 mm, 7 mitrailleuses, ou sinon 8 missiles et des torpilles

BAe/McDonnell Douglas Harrier II

Chasseur-bombardier monoréacteur à décollage court et atterrissage vertical (STOVL) (vol initial de l'AV-8 B le 05/11/1981, respectivement du BAe Harrier GR Mk.5 le 30/04/1985). Le Harrier II a été conçu par BAe Systems et McDonnell Douglas (qui appartient maintenant à Boeing). Il a été plusieurs fois modernisé depuis les années 1980. Outre les porte-avions nord-américains et britanniques, les porte-avions espagnols et italiens en sont aussi équipés.

Type : AV-8 B Harrier II plus
Pays de production : États-Unis, Grande-Bretagne
Utilisation : Chasseur-bombardier
Envergure : 9,25 m
Longueur : 14,12 m
Poids maximum au décollage : 14 061 kg
Motorisation: 1 moteur Rolls-Royce-Pegasus 11-61 F408-RR-408 d'une poussée de 105 kN (10 707 kp)
Vitesse maximale : 1 065 km/h
Autonomie : 1 780 km
Plafond : 15 240 m
Équipage : 1 personne
Armement : 2 canons automatiques de 30 mm, des missiles air-air AIM-9 et des missiles air-sol AGM-65 Maverick

British Aerospace BAe Hawk T 1

Avion de combat monoréacteur (vol initial en 1974). Prévu initialement en remplacement du Folland Gnat et développé dès 1968 par Hawker Siddeley en tant qu'avion à réaction subsonique, cet appareil d'entraînement a été rebaptisé Hawk en 1973 et finalement mis en service en 1976. La formation acrobatique « Red Arrows » utilise ces avions lors de leurs démonstrations.

Type : British Aerospace BAe Hawk T 1
Pays de production : Grande-Bretagne
Utilisation : Avion à réaction d'entraînement
Envergure : 9,39 m
Longueur : 11,96 m
Motorisation: 1 moteur Rolls-Royce Turbomeca Adour Mk.151 d'une poussée de 23,75 kN (2 422 kp)
Poids maximum au décollage : 8 340 kg
Vitesse maximale : 1 040 km/h
Autonomie : 2 400 km
Plafond : 15 250 m
Équipage : 2 personnes
Armement : 1 canon Aden de 20 mm, 2 missiles air-air AIM-9 Sidewinder, 3 084 kg de bombes placés à l'extérieur

CASA C-101 Aviojet

Avion polyvalent monoréacteur espagnol (vol initial le 27/06/1977). Cet appareil a été construit et développé de 1974 à 1997 en coopération avec Northrop et MBB. Grâce à sa structure modulaire, il peut facilement et rapidement passer du statut d'avion-école à celui d'avion de combat.

Type : CASA C-101
Pays de production : Espagne
Utilisation : Avion polyvalent
Envergure : 10,60 m
Longueur : 12,25 m
Motorisation : 1 moteur Garrett TFE731-2-25 d'une poussée de 15,6 kN (1 590 kp)
Poids maximum au décollage : 5 600 kg
Vitesse maximale : 685 km/h
Autonomie : 480 km
Plafond : 13 700 m
Équipage : 2 personnes
Armement : 1 canon DEFA de 30 mm, 1 000 kg d'armes fixées dans quatre emplacements sous les ailes

Convair F-102 Delta Dagger

Chasseur monoréacteur à ailes demi-surélevées à portée libre, en forme de delta et comportant cinq longerons (vol initial le 24/10/1953). Il s'agit du premier avion à réaction supersonique pouvant voler par tous les temps. L'électronique de bord et un radar mettent l'appareil dans la position de combat correcte et actionnent le système d'armement. La puissance en vol resta toutefois en deçà des espérances. Les améliorations techniques nécessaires n'ont été réalisées que sur le modèle suivant, soit le Delta Dart.

Type : Convair F-102
Pays de production : États-Unis
Utilisation : Avion de chasse
Envergure : 11,62 m
Longueur : 20,84 m
Motorisation: 1 moteur Pratt & Whitney J57-P-23 d'une poussée de 76,54 kN (7 800 kp)
Poids maximum au décollage : 14 300 kg
Vitesse maximale : 1 328 km/h
Autonomie : 2 175 km
Plafond : 16 460 m
Équipage : 1 personne
Armement : 6 missiles guidés, 24 missiles de 70 mm non guidés

Convair F-106 Delta Dart

Avion de chasse monoréacteur à ailes demi-surélevées à portée libre (vol initial le 26/12/1956). Développé pour surpasser en hauteur de vol et en vitesse les bombardiers soviétiques supersoniques. Ce modèle est resté en service durant plus de 28 ans et détient encore de nos jours le record de vitesse pour un avion à réaction supersonique (2 455,736 km/h). Les derniers des 340 appareils construits ont été mis hors service en 1988.

Type : Convair F-106 A
Pays de production : États-Unis
Utilisation : Avion de chasse
Envergure : 11,67 m
Longueur : 21,56 m
Motorisation: 1 moteur Pratt & Whitney J57-P-17 d'une poussée de 109 kN (11 115 kp)
Poids maximum au décollage : 17 350 kg
Vitesse maximale : 2 455 km/h
Autonomie : 4 300 km
Plafond : 17 400 m
Équipage : 1 personne
Armement : 1 canon M61 Vulcan 20 mm, une bombe atomique AIR 2A ou AIR-2B, 4 missiles

Curtiss F9C Sparrowhawk

Avion de chasse monomoteur biplan avec cadre métallique (vol initial le 14/04/1932). Le F9C était équipé de crochets aériens afin d'offrir une protection rapprochée au dirigeable militaire USS Akron. Les sept exemplaires construits ont assuré cette mission jusqu'à la chute en mer de l'Akron en 1933. Le nouveau dirigeable-porte-avions des Sparrowhawk, l'USS Macon, connut le même destin que son prédécesseur en 1935.

Type : Curtiss XF9C-1
Pays de production : États-Unis
Utilisation : Avion de chasse
Envergure : 7,75 m
Longueur : 6,13 m
Motorisation: 1 moteur Wright R-975-E3 Whirlwind d'une puissance de 321 kW (436 CV)
Poids maximum au décollage : 1 256 kg
Vitesse maximale : 248 km/h à 1 220 m d'altitude
Autonomie : 563 km
Plafond : 5 850 m
Équipage : 1 personne
Armement : 2 mitrailleuses Browning de 7,62 mm

Curtiss P-40E Warhawk

Chasseur-bombardier et avion de soutien aux forces terrestres, développé initialement comme avion de chasse. Cet avion, au service des forces armées britanniques (RAF), était déjà en 1940 moins performant que ses adversaires. Les forces armées britanniques (RAF) et la force aérienne de l'armée des États-Unis (USAAF) l'utilisèrent pour le soutien rapproché des troupes au sol. Quand le théâtre des opérations guerrières se déplaça en Chine, les P-40 se distinguèrent contre les avions japonais engagés.

Type : Curtiss P-40E
Pays de production : États-Unis
Utilisation : Chasseur-bombardier
Envergure : 11,38 m
Longueur : 10,16 m
Motorisation: 1 moteur Allison V-1710-99 de 882 kW (1 200 CV)
Poids maximum au décollage : 3 780 kg
Vitesse maximale : 552 km/h
Autonomie : 1 200 km
Plafond : 9 450 m
Équipage : 1 personne
Armement : 6 mitrailleuses de 12,7 mm, 3 227 kg de bombes

Dassault Super Etendard

Chasseur-bombardier monoréacteur embarqué à bord de porte-avions (vol initial le 21/05/1958). Les Super Etendard sont entrés en 1978 au service de la marine française. Cet appareil fut aussi engagé du côté argentin dans la guerre des Malouines et coula 2 navires britanniques avec des missiles Exocet (entre autres la frégate Sheffield).

Type : Dassault-Bréguet Super Etendard
Pays de production : France
Utilisation : Chasseur-bombardier
Envergure : 9,60 m
Longueur : 14,31 m
Motorisation: 1 réacteur SNECMA Atar 9K50 d'une poussée de 49 kN (5 000 kp)
Poids maximum au décollage : 12 000 kg
Vitesse maximale : 1 200 km/h
Autonomie : 820 km
Plafond : 13 700 m
Équipage : 1 personne
Armement : 2 canons DEFA 552A de 30 mm, jusqu'à 2 100 kg de bombes embarquées ou des missiles Exocet

Dassault Mirage F1

Avion de combat monoréacteur (vol initial le 23/12/1966). Développé sur la base du Mirage III, il a gagné en autonomie et en maniabilité par rapport à son prédécesseur. Il était l'avion de combat par excellence des forces aériennes françaises jusqu'à l'introduction du Mirage 2000.

Type : Dassault-Bréguet Mirage F1C
Pays de production : France
Utilisation : Chasseur-bombardier
Envergure : 8,40 m
Longueur : 15,00 m
Motorisation: 1 réacteur SNECMA Atar 9K50 d'une poussée de 49 kN (5 000 kp)
Poids maximum au décollage : 16 200 kg
Vitesse maximale : 2 355 km/h
Autonomie : 836 km
Plafond : 20 000 m
Équipage : 1 personne
Armement : 2 canons automatiques de 30 mm, 2 missiles, jusqu'à 4 000 kg de bombes à l'extérieur

Dassault Mirage 2000

Chasseur-bombardier monoréacteur à ailes surbaissées en forme de delta (vol initial le 10/03/1978). Équipé d'une technologie « fly-by-wire » étendue, cet appareil est devenu dès 1975 l'avion de combat standard de l'armée de l'air française. Se basant sur la stratégie éprouvée de Dassault, il s'est décliné en un grand nombre de versions et a été conçu en vue d'être exporté.

Type : Dassault-Bréguet Mirage 2000
Pays de production : France
Utilisation : Chasseur-bombardier
Envergure : 9,00 m
Longueur : 15,33 m
Motorisation: 1 moteur SNECMA M53-5 d'une poussée de 88,26 kN (9 000 kp)
Poids maximum au décollage : 15 000 kg
Vitesse maximale : 2 445 km/h
Autonomie : 700 km
Plafond : 16 460 m
Équipage : 1 personne
Armement : 2 mitrailleuses de 30 mm, 6 300 kg de bombes

Dassault Rafale

Avion de combat biréacteur polyvalent (vol initial du prototype le 04/07/1986). Le Rafale est l'avion de combat le plus moderne de l'armée de l'air française. Produit en diverses exécutions, il remplace depuis 2006 presque tous les anciens modèles des forces armées navales et aériennes.

Type : Dassault-Bréguet Rafale A
Pays de production : France
Utilisation : Avion de combat
Envergure : 11,20 m
Longueur : 15,80 m
Motorisation: 2 moteurs General Electric F404-GE-100 d'une poussée de 69,8 kN (7 120 kp)
Poids maximum au décollage : 20 000 kg
Vitesse maximale : 2 124 km/h
Autonomie : 1 850 à 3 705 km
Plafond : 19 810 m
Équipage : 1 personne
Armement : 1 mitrailleuse de 30 mm, 6 000 kg de bombes

Dassault/Dornier Alpha-Jet

Avion de combat biréacteur servant d'avion-école (en France) et d'avion de combat léger (en Allemagne). Son vol initial eut lieu en 1973. La version allemande était, à cause de son équipement pour mener des combats, équipée d'une technologie plus moderne et l'électronique supplémentaire a pu être installée à la place du deuxième siège sur la version servant à la formation des pilotes.

Type : Dassault/Dornier Alpha-Jet A
Pays de production : France, Allemagne
Utilisation : Chasseur-bombardier
Envergure : 9,11 m
Longueur : 12,46 m
Motorisation: 2 turboréacteurs à double flux SNECMA/Turboméca Larzac d'une poussée de 14,12 kN (1 440 kp) chacun
Poids maximum au décollage : 8 000 kg
Vitesse maximale : 1 000 km/h
Autonomie : 2 940 km (avec 2 réservoirs supplémentaires)
Plafond : 14 630 m
Équipage : 2 personnes
Armement : 1 canon de 27 mm, 2 500 kg d'armes chargées à l'extérieur

De Havilland DH.100 Vampire

Chasseur-bombardier monoréacteur avec double empennage (vol initial le 20/09/1943). La carlingue en forme de fuseau avec 2 supports d'empennage était particulièrement caractéristique. Cet avion a été trop tardivement mis au point pour être engagé lors de la Seconde Guerre mondiale, car il ne commença à être livré qu'en 1946. Il entra déjà au service de l'aviation militaire suisse en 1949.

Type : De Havilland DH.100
Pays de production : Grande-Bretagne
Utilisation : Chasseur-bombardier
Envergure : 11,58 m
Longueur : 9,37 m
Motorisation: 1 moteur De Havilland Goblin 3 d'une poussée de 14,9 kN (1 520 kp)
Poids maximum au décollage : 5 620 kg
Vitesse maximale : 880 km/h
Autonomie : max. 1 900 km
Plafond : 13 000 m
Équipage : 1 personne
Armement : 4 canons automatiques de 20 mm, 8 bombes de 27 kg ou 2 bombes de 454 kg

Dornier Do 335 Pfeil

Avion de chasse bimoteur (vol initial du prototype le 26/10/1943). Conçu en tant qu'avion de combat polyvalent, le Do 335 était, par la disposition des deux moteurs à l'avant et à l'arrière, l'avion à moteur à pistons le plus rapide du monde jamais produit en série. Jusqu'en 1945, 37 exemplaires en différentes versions ont été produits. Ces avions ne dépassèrent cependant jamais le stade des vols d'essai.

Type : Dornier Do 335 A-1
Pays de production : Allemagne
Utilisation : Avion de chasse
Envergure : 13,80 m
Longueur : 13,90 m
Motorisation: 2 moteurs Daimler-Benz DB 603A d'une puissance de 1 287 kW (1 750 CV) chacun
Poids maximum au décollage : 9 510 kg
Vitesse maximale : 775 km/h
Autonomie : 2 150 km
Plafond : 11 500 m
Équipage : 1 personne
Armement : 1 canon automatique 103 de 30 mm, 2 mitrailleuses 151, 1 000 kg de bombes

Douglas A-1 Skyraider

Bombardier de chasse monomoteur à ailes surbaissées (vol initial le 18/03/1945). Il devait normalement remplacer le Dauntless en tant que bombardier-torpilleur de la marine de guerre nord-américaine (US-Navy), mais ne put être mis en service durant la Seconde Guerre mondiale. Le Skyraider, dont il a existé 50 versions, s'est toutefois révélé extrêmement puissant durant les guerres de Corée et du Vietnam. 3 180 unités ont été produites jusqu'en février 1957.

Type : Douglas A-1J
Pays de production : États-Unis
Utilisation : Chasseur-bombardier
Envergure : 15,47 m
Longueur : 11,84 m
Motorisation: 1 moteur Wright R 3350-26WB Cyclone d'une puissance de 2 243 kW (3 050 CV)
Poids maximum au décollage : 11 340 kg
Vitesse maximale : 512 km/h
Autonomie : 2 500 km
Plafond : 7 800 m
Équipage : 1 personne
Armement : 4 canons de 20 mm, 3 630 kg d'armes chargées à l'extérieur

Douglas A-3 Skywarrior

Chasseur-bombardier biréacteur embarqué à bord de porte-avions (vol initial le 28/10/1952). Cet avion a été développé en tant que porteur d'armes nucléaires. La première version de série est entrée en service en 1956. Une version fondamentalement redéfinie de cet appareil a volé sous la désignation B-66. Le Skywarrior a été l'avion qui est resté le plus longtemps au service (jusqu'en 1974) de la marine de guerre nord-américaine (US-Navy).

Type : Douglas A-3B
Pays de production : États-Unis
Utilisation : Chasseur-bombardier
Envergure : 22,10 m
Longueur : 23,27 m
Motorisation: 2 moteurs Pratt & Whitney J57-P-10 de 46,7 kN (4 760 kp) de poussée sans postcombustion et de 55,2 kN (5 630 kp) de poussée avec postcombustion
Poids maximum au décollage : 37 195 kg
Vitesse maximale : 982 km/h
Autonomie : max. 4 660 km
Plafond : 12 500 m
Équipage : 2 personnes
Armement : 4 bombes de 907 kg ou 12 bombes de 454 kg ou 24 bombes de 227 kg dans les soutes d'armement ou des bombes atomiques

Douglas A-4 Skyhawk

Chasseur-bombardier monoréacteur à ailes surbaissées en forme de delta, initialement prévu pour servir de bombardier atomique embarqué à bord de porte-avions (vol initial le 22/06/1954). Le Skyhawk réalisa en 1954 le record du monde de vitesse de l'époque. Au total 2 960 appareils Skyhawk ont été produits jusqu'en 1980.

Type : Douglas A-4 Skyhawk II
Pays de production : États-Unis
Utilisation : Chasseur-bombardier
Envergure : 8,38 m
Longueur : 12,27 m
Motorisation: 1 turboréacteur Pratt & Whitney J52-P-8A d'une poussée de 40,5 kN (4 130 kp)
Poids maximum au décollage : 11 113 kg
Vitesse maximale : 1 086 km/h
Autonomie : max. 3 300 km
Plafond : 14 500 m
Équipage : 1 personne
Armement : 2 canons automatiques de 20 mm, 3 720 kg de bombes chargées à l'extérieur

Embraer AMX

Chasseur-bombardier monoréacteur qui a été développé en coopération entre le Brésil et l'Italie. Cet appareil est employé pour des missions de reconnaissance armée et pour appuyer les combats au sol.

Type : Embraer AMX
Pays de production : Brésil, Italie
Utilisation : Avion de chasse
Envergure : 9,97 m
Longueur : 13,24 m
Motorisation: 1 moteur Rolls-Royce Spey Mk. 807 d'une poussée de 49 kN (5 000 kp)
Poids maximum au décollage : 13 000 kg
Vitesse maximale : 940 km/h
Autonomie : 3 335 km
Plafond : 13 500 m
Équipage : 1 personne
Armement : 1 canon automatique de 20 mm, 2 canons automatiques de 30 mm, 3 800 kg de bombes, missiles (par exemple des missiles air-air Sidewinder)

English Electric Lightning

Avion de chasse biréacteur à ailes demi-surélevées avec moteurs d'entraînement superposés (vol initial le 04/04/1954). Ce fut le premier avion de chasse britannique à atteindre en vol horizontal le double de la vitesse du son. Malgré un comportement en vol très apprécié, son autonomie et son armement ont été jugés trop faibles.

Type : English Electric P-1 F.2A
Pays de production : Grande-Bretagne
Utilisation : Avion de chasse
Envergure : 10,60 m
Longueur : 16,25 m
Motorisation: 2 moteurs Rolls-Royce Avon 211 R de 73,94 kN (7 540 kp) de poussée (avec postcombustion)
Poids maximum au décollage : 17 554 kg
Vitesse maximale : 2 044 km/h
Autonomie : 600 km
Plafond : 18 300 m
Équipage : 2 personnes
Armement : jusqu'à 4 canons de 30 mm ADEN, 2 missiles guidés ou 48 missiles non guidés

Eurofighter Typhoon

Avion de combat polyvalent biréacteur à structure en Delta et équipé d'aile canards (premier vol le 27/03/1994). Issu d'un projet commun lancé en 1983 regroupant les membres de l'OTAN que sont l'Allemagne, la France, la Grande-Bretagne, l'Italie et l'Espagne. Les Français se sont entretemps retirés de ce projet. En raison du changement des conditions-cadres touchant à la politique de sécurité, le nombre d'avions, fixé primitivement à 620 unités, fut nettement réduit.

Type : Eurofighter Typhoon
Pays de production : Union européenne
Utilisation : Avion de combat polyvalent
Envergure : 10,95 m
Longueur : 15,96 m
Motorisation: 2 turboréacteurs à double flux EJ200 d'une poussée de 90 kN (9 166 kp) chacun
Poids maximum au décollage : 23 500 kg
Vitesse maximale : 2 125 km/h
Autonomie : 1 398 km
Plafond : 16 765 m
Équipage : 1 ou 2 personnes
Armement : 1 canon de 27 mm, 15 emplacements extérieurs pour missiles air-air et missiles air-sol

FIAT CR.32 Chirri

Bombardier de chasse monomoteur à ailes sesquiplan (vol initial le 28/04/1933). D'abord engagé dans la guerre civile espagnole, puis lors de la Seconde Guerre mondiale. 1 052 appareils étaient déjà en service dans l'armée de l'air italienne en mai 1939. À partir de 1942, les CR.32 furent toutefois davantage employés à des tâches de formation et pour des engagements nocturnes, car ils n'étaient plus en mesure de combattre les nouveaux avions ennemis.

Type : FIAT CR.32
Pays de production : Italie
Utilisation : Avion de chasse
Envergure : 9,50 m
Longueur : 7,45 m
Motorisation: 1 moteur en ligne à 12 cylindres en V FIAT A.30 RA de 441 kW (600 CV)
Poids maximum au décollage : 1 850 kg
Vitesse maximale : 375 km/h
Autonomie : 680 km
Plafond : 8 800 m
Équipage : 1 personne
Armement : 2 mitrailleuses de 7,7 mm

FIAT G.91

Bombardier de chasse monoréacteur à ailes surbaissées (vol initial du prototype en 1956). Il s'agit du premier avion à réaction également construit en Allemagne après la Seconde Guerre mondiale. Il est resté durant presque 30 ans l'avion léger d'attaque au sol et de reconnaissance le plus important de l'armée de l'air allemande (Luftwaffe). Une version d'entraînement à deux sièges a aussi été produite.

Type : FIAT G.91 R3
Pays de production : Italie
Utilisation : Chasseur-bombardier
Envergure : 8,53 m
Longueur : 10,06 m
Motorisation: 1 turboréacteur Bristol Siddeley Orpheus 801 d'une poussée de 22,3 kN (2 270 kp)
Poids maximum au décollage : 5 670 kg
Vitesse maximale : 1 075 km/h
Autonomie : 1 850 km
Plafond : 13 100 m
Équipage : 1 personne
Armement : 2 canons automatiques DEFA de 30 mm, des missiles ou des bombes à 4 emplacements placés sous les ailes

Focke-Wulf Fw 190

Avion de chasse monomoteur à ailes surbaissées (vol initial le 13/05/1939). Lors du début de son engagement guerrier en 1941, le Fw 190 n'était pas seulement plus performant que le Me 109, mais aussi que la plupart des avions de chasse alliés. Jusqu'à la fin de la guerre, environ 20 000 appareils ont été produits sous différentes versions, environ deux tiers en tant qu'avions de chasse et chasseurs nocturnes, et un tiers en tant que chasseurs-bombardiers et avions de soutien aux combats terrestres. Quelques autres appareils ont été équipés pour servir de bombardiers-torpilleurs, d'avions de reconnaissance à longue distance ou comme chasseurs-école à deux places. Après la guerre, 64 appareils de la version A-8 ont été construits en France et utilisés sous la désignation NC 900.

Type : Focke-Wulf Fw 190 A-8
Pays de production : Allemagne
Utilisation : Avion de chasse
Envergure : 10,50 m
Longueur : 8,95 m
Motorisation: 1 moteur BMW 801 D de 1300 kW (1 770 CV)
Poids maximum au décollage : 4 400 kg
Vitesse maximale : 656 km/h
Autonomie : 800 km
Plafond : 10 350 m
Équipage : 1 personne
Armement : 2 mitrailleuses 131 de 12 mm, 4 mitrailleuses 151 de 20 mm

Focke-Wulf Ta 152

Avion de chasse monomoteur à ailes surbaissées (vol initial en automne 1944), conçu dès 1943 comme chasseur d'altitude en tant que successeur au Fw 190 D pour combattre les puissants bombardiers alliés d'altitude. Cet appareil se distinguait par d'excellentes caractéristiques de vol et d'armement, mais entra en service seulement au début 1945, soit trop tard pour l'armée de l'air allemande (Luftwaffe). 150 exemplaires en différentes versions ont été construits.

Type : Focke-Wulf Ta 152 H-1
Pays de production : Allemagne
Utilisation : Avion de chasse
Envergure : 14,44 m
Longueur : 10,71 m
Motorisation: 1 moteur Jumo 213 E-1 d'une puissance de 1 288 kW (1 751 CV)
Poids maximum au décollage : 4 750 kg
Vitesse maximale : 760 km/h
Autonomie : jusqu'à 1 500 km
Plafond : 14 800 m
Équipage : 1 personne
Armement : 1 canon automatique 108 de 30 mm, 2 mitrailleuses 151 de 20 mm

Fokker Dr.I

Avion de chasse monomoteur triplan (vol initial en juillet 1917). Développé dès 1916 à Schwerin par le Néerlandais Fokker et construit à environ 350 unités. Vers la fin de la Première Guerre mondiale, les triplans se révélèrent généralement moins performants que les biplans. C'est le 21/04/1918 que le « baron rouge » Manfred von Richthofen a été abattu dans un Fokker Dr.I.

Type : Fokker Dr.I
Pays de production : Allemagne
Utilisation : Avion de chasse
Envergure : 7,20 m
Longueur : 8,80 m
Poids maximum au décollage : 670 kg
Motorisation: 1 moteur rotatif à 9 cylindres Oberusel UR II de 81 kW (110 CV)
Vitesse maximale : 185 km/h
Autonomie : 250 km
Plafond : 6 000 m
Équipage : 1 personne
Armement : 2 mitrailleuses légères 08/15 Spandau de 7,92 mm

Fokker D.21

Avion de chasse monomoteur à ailes surbaissées (en service de 1938 à 1940). Lors de l'attaque allemande sur les Pays-Bas en mai 1940, 28 appareils de ce type prirent part aux combats : cinq furent détruits au sol et onze lors d'opérations. Fokker a aussi livré quelques D.21 à la Finlande, où ils ont été employés contre l'Union soviétique durant la guerre d'hiver.

Type : Fokker D.21
Pays de production : Pays-Bas
Utilisation : Avion de chasse
Envergure : 11,01 m
Longueur : 8,20 m
Motorisation: 1 moteur Mercury VIII d'une puissance de 610 kW (830 CV)
Poids maximum au décollage : 2 050 kg
Vitesse maximale : 460 km/h (à 5 100 m d'altitude)
Autonomie : 930 km
Plafond : 11 350 m
Équipage : 1 personne
Armement : 4 mitrailleuses dans les surfaces portantes

General Dynamics F-111

Chasseur-bombardier biréacteur à ailes hautes rabattables (vol initial le 21/12/1964). Développé à partir du programme TFX (pour chasseur polyvalent, bombardier stratégique), il était le premier avion du monde à être opérationnel avec des ailes rabattables. En raison d'exigences différentes de la part de la marine de guerre (Navy) et de l'armée de l'air (Air Force), il y a eu initialement des écrasements au sol et des problèmes techniques avec certaines versions. En tout, ce sont 563 appareils qui ont été produits.

Type : General Dynamics F-111 A
Pays de production : États-Unis
Utilisation : Chasseur-bombardier
Envergure : 9,76 m / 19,40 m
Longueur : 22,40 m
Motorisation : 2 moteurs Pratt & Whitney TF30-P-100 d'une poussée de 111,6 kN (11 385 kp) chacun
Poids maximum au décollage : 41 500 kg
Vitesse maximale : 2 655 km/h
Autonomie : 6 115 km
Plafond : 17 600 m
Équipage : 2 personnes
Armement : 1 canon automatique de 20 mm, 13 600 kg d'armes à huit emplacements

General Dynamics F-16 Fighting Falcon

Chasseur-bombardier monoréacteur à ailes demi-surélevées en forme de flèche et munies d'arêtes postérieures droites (vol initial du prototype le 13/12/1973, d'un avion de série le 07/08/1978). En raison de sa grande maniabilité et de ses excellentes caractéristiques de vol, c'est un des avions de combat les plus réussis de tous les temps. Plus de 8 000 F-16 ont été produits en plus de dix versions et exportés dans quelque 20 pays.

Type : General Dynamics F-16 A
Pays de production : États-Unis
Utilisation : Chasseur-bombardier
Envergure : 9,45 m
Longueur : 14,52 m
Poids maximum au décollage : 16 050 kg
Motorisation : 1 moteur Pratt & Whitney F100-PW 200 d'une poussée de 106 kN (10 810 kp)
Vitesse maximale : 2 145 km/h
Autonomie : 1 250 km
Plafond : 15 240 m
Équipage : 1 personne
Armement : 1 mitrailleuse de 20 mm, 5 440 kg de bombes à l'extérieur ou 2 à 6 missiles air-air AIM-9 Sidewinder

Gloster Meteor

Chasseur-bombardier et chasseur biréacteur à ailes surbaissées à portée libre (vol initial du prototype le 05/03/1943). C'était le premier avion de combat à réaction britannique. Il entra en service au milieu de l'année 1944 et servit donc lors de la Seconde Guerre mondiale, par exemple pour combattre les missiles balistiques V1. Pour des raisons constructives, le Gloster Meteor souffrait d'une sous-motorisation et de mauvaises conditions de visibilité. Il réalisa cependant plusieurs records de vitesse après la guerre.

Type : Gloster G.41
Pays de production : Grande-Bretagne
Utilisation : Chasseur / chasseur-bombardier
Envergure : 13,11 m
Longueur : 12,57 m
Motorisation: 2 turboréacteurs Rolls-Royce W.2B d'une poussée de 7,6 kN (770 kp) chacun
Poids maximum au décollage : 6 257 kg
Vitesse maximale : 668 km/h
Autonomie : 2 156 km
Plafond : 12 190 m
Équipage : 1 personne
Armement : 4 mitrailleuses Hispano de 20 mm

Grumman F6F Hellcat

Bombardier de chasse monomoteur à ailes demi-surélevées (vol initial du prototype en juin 1942). Sa mise en service comme chasseur-bombardier embarqué à bord de porte-avions eut lieu à la mi-1943. Cet appareil pouvait être utilisé dans les combats aériens, comme soutien aux opérations au sol, pour des reconnaissances et des vols en formation, ainsi que pour des engagements nocturnes. 12 500 appareils ont été produits, dont quelques-uns restèrent en service jusqu'à la fin des années 1950.

Type : Grumman F6F-5
Pays de production : États-Unis
Utilisation : Avion de chasse
Envergure : 13,06 m
Longueur : 10,24 m
Motorisation: 1 moteur Pratt & Whitney R-2800-10W d'une puissance de 2 610 kW (1 973 CV)
Poids maximum au décollage : 6 690 kg
Vitesse maximale : 612 km/h
Autonomie : 2 462 km
Plafond : 11 370 m
Équipage : 1 personne
Armement : 6 mitrailleuses de 12,7 mm, env. 900 kg de bombes ou de missiles

Grumman F9F Panther

Chasseur-bombardier monoréacteur à ailes demi-surélevées à portée libre (vol initial du prototype le 24/11/1947). Mis en service en 1948 par la marine de guerre nord-américaine (US-Navy), le F9F a été un des plus importants avions de combat états-uniens lors de la guerre de Corée. Avec la version F9F-6 Cougar ainsi qu'avec d'autres versions, se sont quelque 1 300 appareils qui ont été produits. Des exemplaires isolés sont restés en service jusque dans les années 1960.

Type : Grumman F9F-6
Pays de production : États-Unis
Utilisation : Chasseur-bombardier
Envergure : 10,52 m
Longueur : 13,54 m
Motorisation: 1 turboréacteur Pratt & Whitney J48-P-8A d'une poussée de 37,8 kN (3 856 kp)
Poids maximum au décollage : 9 352 kg
Vitesse maximale : 1 050 km/h
Autonomie : 1 610 km
Plafond : 13 600 m
Équipage : 1 personne
Armement : 4 canons automatiques de 20 mm, 900 kg de bombes et de missiles

Grumman F-14 Tomcat

Chasseur-bombardier biréacteur à ailes demi-surélevées et rabattables, ainsi qu'un double empennage latéral (vol initial du prototype le 21/12/1970). Cet avion a emporté en 1969 un appel d'offres de la marine de guerre nord-américain (Navy) visant à développer un nouvel appareil. Le Tomcat montra rapidement sa supériorité dans l'espace aérien, en tant qu'appareil de reconnaissance et de vol en formation lors de multiples engagements internationaux. Il était, alors qu'il était en service, le plus important avion de combat de l'armée nord-américaine. Les appareils les plus anciens sont peu à peu retirés du service depuis 2004. 80 appareils livrés à l'Iran à la fin des années 1970 sont encore en service.

Type : Grumman F-14 A
Pays de production : États-Unis
Utilisation : Chasseur-bombardier
Envergure : 19,54 m
Longueur : 19,10 m
Motorisation: 2 turboréacteurs à double flux Pratt & Whitney TF 30P-412A d'une poussée de 91,2 kN (9 300 kp) chacun
Poids maximum au décollage : 33 724 kg
Vitesse maximale : 2 550 km/h
Autonomie : 2 460 km
Plafond : 20 000 m
Équipage : 2 personnes
Armement : 1 canon automatique de 20 mm, 6 500 kg d'armes à l'extérieur (par exemple des missiles Phoenix, Sidewinder et Sparrow)

Hawker Hurricane

Chasseur monoréacteur à ailes surbaissées à portée libre (vol initial du prototype le 06/11/1935). Cet appareil formait, avec le Spitfire, l'essentiel de la chasse aérienne britannique combattant les attaques allemandes au début de la Seconde Guerre mondiale. Dès 1942, les Hurricanes ont été modifiés en avions de combat et en avions d'assaut. Plus de 14 000 appareils ont été livrés sous différentes versions, employés par l'armée de l'air des Forces armées britanniques (RAF) et exportés dans de nombreux pays.

Type : Hawker Hurricane
Pays de production : Grande-Bretagne
Utilisation : Avion de chasse
Envergure : 12,20 m
Longueur : 9,98 m
Motorisation: 1 moteur Rolls-Royce Merlin XX de 940 kW (1 280 CV)
Poids maximum au décollage : 3 740 kg
Vitesse maximale : 542 km/h
Autonomie : 2 125 km
Plafond : 11 000 m
Équipage : 1 personne
Armement : 12 mitrailleuses de 7,7 mm, 2 bombes ou 8 missiles

Hawker Tempest

Avion de chasse monomoteur à ailes surbaissées (vol initial le 02/09/1942), version améliorée du Hawker Typhoon. Le Tempest atteignait une vitesse supérieure à basse comme à moyenne altitude. Cet appareil a été engagé contre les missiles d'attaque Fi 103 (V-1), plus tard également contre les Me 262. Au total, ce sont environ 1 400 Hawker Tempest qui ont été construits.

Type : Hawker Tempest Mk.V
Pays de production : Grande-Bretagne
Utilisation : Avion de chasse
Envergure : 12,50 m
Longueur : 10,26 m
Motorisation: 1 moteur Napier Sabre IIB de 1 780 kW (2 420 CV)
Poids maximum au décollage : 6 142 kg
Vitesse maximale : 696 km/h
Autonomie : 2 445 km
Plafond : 11 000 m
Équipage : 1 personne
Armement : 4 mitrailleuses de 20 mm

Heinkel He 51

Avion de chasse monomoteur biplan (pré-série dès mai 1933). Cet avion représentait la transition entre l'époque des avions de chasse de la Première Guerre mondiale et les structures entièrement nouvelles, comme celles du Messerschmitt Bf 109. Ils ne se révélèrent plus à la hauteur de leur tâche de chasseur déjà dans le cadre de la légion Condor et furent utilisés comme avions d'assaut.

Type : Heinkel He 51
Pays de production : Allemagne
Utilisation : Avion de chasse
Envergure : 11,00 m
Longueur : 8,40 m
Motorisation: 1 moteur BMW VI -7,3-Z de 550 kW (750 CV)
Poids maximum au décollage : 1 900 kg
Vitesse maximale : 310 km/h
Autonomie : 700 km
Plafond : 7 500 m
Équipage : 1 personne
Armement : 2 mitrailleuses de 7,92 mm, bombes fixées à des emplacements extérieurs

Heinkel He 100

Avion de chasse monomoteur à ailes surbaissées avec empennage conventionnel (vol initial V1 22/01/1938). Même si Henkel, avec son concept du He 112, avait perdu un appel d'offres de production d'un chasseur allemand standard, remporté par le Messerschmitt Bf. 109, elle se décida à développer un chasseur à grande vitesse qui allait battre le record du monde de vitesse. La direction de l'armée de l'air allemande (Luftwaffe) maintint cependant son choix en faveur de Messerschmitt et le He 100, malgré un bon comportement en vol, ne fut pas produit en série.

Type : Heinkel He 100
Pays de production : Allemagne
Utilisation : Avion de chasse
Envergure : 9,42 m
Longueur : 8,17 m
Motorisation: 1 moteur Daimler-Benz DB 601 M
d'une puissance de 865 kW (1 175 CV)
Poids maximum au décollage : 2 500 kg
Vitesse maximale : 670 km/h
Autonomie : 1 000 km
Plafond : 11 000 m
Équipage : 1 personne
Armement : 1 canon automatique de 20 mm, 2 mitrailleuses de 7,92 mm

Heinkel He 219 Uhu

Chasseur bimoteur à ailes hautes avec double empennage latéral (vol initial du prototype le 15/11/1942). Cet avion a été engagé dès 1943 comme chasseur nocturne. Ses performances surpassaient nettement celles du Ju 188 à cette affectation. Une version plus légère, équipée de moteurs placés en position surélevée, était en mesure d'atteindre les Mosquito, qui volaient rapidement et à haute altitude.

Type : Heinkel He 219
Pays de production : Allemagne
Utilisation : Chasseur nocturne
Envergure : 18,53 m
Longueur : 15,55 m
Motorisation: 2 moteurs Daimler-Benz DB 603A
d'une puissance de 1 287/1 434 kW (1 750/1 900 CV) au décollage
Poids maximum au décollage : 16 500 kg
Vitesse maximale : 615 km/h
Autonomie : 1 545–2 000 km
Plafond : 9 400–12 700 m
Équipage : 2 personnes
Armement : 6 mitrailleuses de 20 mm

Heinkel He 280

Avion de chasse biréacteur à ailes surbaissées avec double empennage latéral (vol initial le 30/03/1941). Lors des essais en vol de ce premier avion de chasse à réaction allemand, il y eut des problèmes avec l'empennage et la consommation de carburant. Sept avions d'essais furent construits, également avec des turbines de propulsion Jumo 004 et BMW 003. En septembre 1942, la direction de l'armée de l'air allemande (Luftwaffe) élimina cet avion au profit du Me 262.

Type : Heinkel He 280
Pays de production : Allemagne
Utilisation : Avion de chasse
Envergure : 12,20 m
Longueur : 10,40 m
Motorisation: 2 moteurs Heinkel He S 8 A d'une poussée de 5,9 kN (600 kp) chacun
Poids maximum au décollage : 4 125 kg
Vitesse maximale : 820 km/h
Autonomie : 970 km
Plafond : 11 500 m
Équipage : 1 personne
Armement : 3 mitrailleuses de 20 mm

Hunting P-84 Jet Provost (BAC 145)

Avion de chasse monoréacteur léger et avion d'entraînement, avec des ailes surbaissées à portée libre (vol initial le 26/06/1954). Cet avion à été développé à partir du Provost entraîné par un moteur à pistons. La version Mk.II4 était à même d'effectuer des acrobaties aériennes, tandis que le Mk.5 était équipé de matériel électronique moderne et avait une cabine pressurisée. Jusqu'à la fin des années 1980, le Jet Provost était l'avion d'entraînement standard de l'armée de l'air des Forces armées britanniques (RAF).

Type : Hunting P-84
Pays de production : Grande-Bretagne
Utilisation : Avion de chasse, avion d'entraînement
Envergure : 10,77 m
Longueur : 10,36 m
Motorisation: 1 moteur Bristol Viper Mk 202 d'une poussée de 11,1 kN (1 134 kp)
Poids maximum au décollage : 4 173 kg
Vitesse maximale : 708 km/h
Autonomie : 1 450 km
Plafond : 11 180 m
Équipage : 2 personnes
Armement : 2 mitrailleuses, des missiles et des bombes (au max. 1 724 kg, fixés à des emplacements extérieurs)

Iakovlev Iak-1

Avion de chasse monomoteur à ailes surbaissées (vol initial du prototype le 13/01/1940). Cet appareil a été engagé en 1941 pour assurer la défense aérienne de Moscou. Sa structure mixte en tubes d'acier et en bois fut améliorée lors de la production en série en tenant compte des expériences faites sur le front. La version Iak-1M avait un cockpit entouré de tôle d'acier et un armement plus puissant.

Type : Iakovlev Iak-1M
Pays de production : Union soviétique
Utilisation : Avion de chasse
Envergure : 10,00 m
Longueur : 8,47 m
Motorisation: 1 moteur Klimov WK-105PF de 912 kW (1 240 CV)
Poids maximum au décollage : 2 600 kg
Vitesse maximale : 613 km/h à 3 200 m d'altitude
Autonomie : 710 km
Plafond : 10 770 m
Équipage : 1 personne
Armement : 1 canon automatique de 20 mm, 1 mitrailleuse de 12,7 mm, 2 100 kg de bombes placées à l'extérieur ou 4 missiles RS-82 de 82 mm

Iakovlev Iak-3

Avion de chasse monomoteur à ailes surbaissées (vol initial du prototype et début de la production en série en 1943). Version améliorée du Iak-1. La section arrière du fuselage a été maintenue plus basse, afin d'assurer au pilote une bonne vision circulaire. Jusqu'à la fin de la guerre, plus de 4 500 appareils de ce type ont été produits en différentes versions.

Type : Iakovlev Iak-3
Pays de production : Union soviétique
Utilisation : Avion de chasse
Envergure : 16,68 m
Longueur : 11,23 m
Motorisation: 1 moteur Klimov WK-105PF-2 de 913 kW (1 241 CV)
Poids maximum au décollage : 2 650 kg
Vitesse maximale : 655 km/h à 3 100 m d'altitude
Autonomie : 900 km
Plafond : 10 700 m
Équipage : 1–2 personnes
Armement : 1 canon automatique de 20 mm, 2 mitrailleuses de 12,7 mm, 2 100 kg de bombes

Iakovlev Iak-9189

Avion de chasse monomoteur à ailes surbaissées (vol initial en 1942). Au niveau constructif, cet avion se basait sur le Iak-1 et tirait profit des expériences faites avec le Iak-3 et le Iak-7. Jusqu'à la fin de la guerre, plus de 14 500 appareils ont été produits en différentes versions (entre autres comme avion de combat contre les blindés avec un canon de 45 mm).

Type : Iakovlev Iak-9
Pays de production : Union soviétique
Utilisation : Avion de chasse
Envergure : 9,74 m
Longueur : 8,55 m
Motorisation: 1 moteur Klimov WK-107A de 1 250 kW (1 700 CV)
Poids maximum au décollage : 3 260 kg
Vitesse maximale : 689 km/h
Autonomie : 875 km
Plafond : 10 500 m
Équipage : 1 personne
Armement : 1 canon automatique de 23 mm, 2 mitrailleuses de 12,7 mm, 2 100 kg de bombes placées à l'extérieur

Iakovlev Iak-38

Avion polyvalent monoréacteur à décollage et atterrissage verticaux (VTOL). Sa première lévitation eut lieu le 22/09/1970, son vol initial complet avec double transition le 25/02/1972. Cet appareil dérivait du Iak-36. La version utilisée était stationnée sur les porte-avions du type Kiev. Une version modernisée avec une turbine d'entraînement plus puissante a été développée sous la forme du Iak-38M.

Type : Iakovlev Iak-38M
Pays de production : Union soviétique
Utilisation : Chasseur-bombardier
Envergure : 7,32 m
Longueur : 16,37 m
Motorisation: 1 moteur R-28W-300 d'une poussée de 69,6 kN (7 000 kp), 2 soufflantes de sustentation RD-38 d'une poussée de 31,9 kN (3 250 kp) chacune
Poids maximum au décollage : 11 700 kg
Vitesse maximale : 1 010 km/h
Autonomie : 680 km
Plafond : 12 000 m
Équipage : 1 personne
Armement : 2 000 kg à l'extérieur en décollage court, 600 kg en décollage vertical

Junkers J 10

Avion de combat monomoteur à ailes surbaissées et à structure entièrement métallique (vol initial le 04/05/1918). Au total, 44 appareils de ce type ont été produits en série, mais seulement huit d'entre eux ont pu être livrés jusqu'à la fin de la guerre. Le Junkers J 10 entièrement métallique était particulièrement apprécié des pilotes engagés au front en raison de sa résistance aux impacts et aux intempéries.

Type : Junkers J 10-1
Pays de production : Allemagne
Utilisation : Avion d'attaque au sol et avion de reconnaissance
Envergure : 12,02 m
Longueur : 7,90 m
Motorisation: 1 moteur Mercedes D III de 118 kW (160 CV)
Poids maximum au décollage : 1 135 kg
Vitesse maximale : 190 km/h
Autonomie : 380 km
Plafond : 5 000 m
Équipage : 2 personnes
Armement : 1 mitrailleuse, de petites bombes et des grenades à main à lancer

Kawanishi N1K-J Shiden

Avion de chasse monomoteur à ailes surbaissées (27/12/1942), dérivant, en tant que version affectée à des bases au sol, de l'appareil N1K embarqué sur des porte-avions. Cet avion compta, après la perte des porte-avions japonais, parmi les les plus importants avions de chasse japonais. Il s'est révélé très efficace contre les avions de combat nord-américains, mais son engagement intervint trop tard et le nombre d'unités produites (quelque 1 000 appareils) resta trop limité pour influencer de manière décisive l'issue des combats.

Type : Kawanishi N1K-J
Pays de production : Japon
Utilisation : Avion de chasse
Envergure : 12,00 m
Longueur : 8,89 m
Motorisation: 1 moteur NK9N Homare-21 de 1 324 kW (1 800 CV)
Poids maximum au décollage : 4 321 kg
Vitesse maximale : 575 km/h
Autonomie : 1 400 km
Plafond : 12 500 m
Équipage : 1 personne
Armement : 2 canons automatiques de 20 mm, 2 mitrailleuses de 7,7 mm, 500 kg de bombes

Lavotchkine La-7

Avion de chasse monomoteur à ailes surbaissées, à structure en bois et avec des ailes munies de longerons métalliques. Il s'agit d'un appareil dérivant du type La-5 (phases d'essai au début de l'année 1944). Des exemplaires d'essai furent équipés de moteurs-fusées à l'arrière ou de statoréacteurs supplémentaires sous les ailes.

Type : Lavotchkine La-7
Pays de production : Union soviétique
Utilisation : Avion de chasse
Envergure : 9,80 m
Longueur : 8,60 m
Motorisation: 1 moteur ASch FNW de 1 360 kW (1 850 CV)
Poids maximum au décollage : 3 400 kg
Vitesse maximale : 665 km/h
Autonomie : 635 km
Plafond : 11 000 m
Équipage : 1 personne
Armement : 2–3 canons automatiques SchWAK de 20 mm, 150 kg de bombes ou des missiles RS-82

Lockheed P-38 Lightning

Avion de chasse bimoteur (vol initial du prototype le 27/01/1939), nacelle du fuselage entre deux supports d'empennage et double empennage latéral relié par un empennage horizontal. Utilisé comme chasseur d'interception et d'accompagnement, des versions ultérieures ont volé comme chasseur-bombardier, comme chasseur d'assaut et avion-marqueur pour les escadrons de bombardiers.

Type : Lockheed P-38L
Pays de production : États-Unis
Utilisation : Chasseur-bombardier
Envergure : 15,88 m
Longueur : 11,55 m
Motorisation: 2 moteurs Allison V-1710-111 d'une puissance de 1 085 kW (1 475 CV) chacun
Poids maximum au décollage : 7 950 kg
Vitesse maximale : 633 km/h
Autonomie : 3 620 km
Plafond : 13 390 m
Équipage : 1 personne
Armement : 4 mitrailleuses de 12,7 mm, 1 canon de 20 mm, jusqu'à 1 820 kg de bombes ou missiles

Lockheed F-80 Shooting Star

Avion de chasse monoréacteur à ailes surbaissées à portée libre avec empennage conventionnel (vol initial le 09/01/1944). Le F-80 fut le premier avion de combat propulsé par réacteur à être employé par l'armée de l'air des États-Unis (USAF). Il réalisa le 19/06/1947 un record mondial avec une vitesse de 1003,91 km/h. En novembre 1950, le F-80 a mené des combats directs au-dessus de la Corée.

Type : Lockheed F-80
Pays de production : États-Unis
Utilisation : Avion de chasse
Envergure : 11,81 m
Longueur : 10,49 m
Motorisation: 1 moteur Allison J33-A-35 d'une poussée de 24 kN (2 450 kp)
Poids maximum au décollage : 7 646 kg
Vitesse maximale : 966 km/h
Autonomie : 1 328 km
Plafond : 14 265 m
Équipage : 1 personne
Armement : 6 mitrailleuses de 12,7 mm, 2 bombes de 454 kg ou des missiles

Lockheed F-104 Starfighter

Chasseur monoréacteur à ailes demi-surélevées à portée libre avec empennage en T (vol initial le 28/02/1954). Cet appareil se base sur les expériences faites lors de la guerre de Corée. La version F-104G Super Starfighter qui en découle (vol initial le 05/10/1960) était déjà un avion de combat polyvalent (chasseur d'interception, avion de reconnaissance, chasseur-bombardier).

Type : Lockheed F-104
Pays de production : États-Unis
Utilisation : Avion de chasse
Envergure : 13,56 m
Longueur : 18,87 m
Motorisation: 1 moteur General Electric J79-GE-11A d'une poussée de 47,5 kN (4 850 kp)
Poids maximum au décollage : 13 170 kg
Vitesse maximale : 1 845 km/h
Autonomie : 1 740 km
Plafond : 15 240 m
Équipage : 1 personne
Armement : 1 canon de 20 mm, 2 missiles air – air, 1 814 kg de bombes

Lockheed Martin F-22 Raptor

Chasseur biréacteur polyvalent de domination de l'espace aérien (premier vol le 07. 09.1997). Produit en série depuis 2002 ; la première escadrille régulière de l'US Air Force utilisant cet avion a été mise sur pied à fin 2005. En lançant le F-22 Raptor (rapace), Lockeed Martin a défini de nouveaux principes applicables aux chasseurs de 5ème génération du 21ème siècle. Construit en tant qu'un avion furtif (non détectable par les radars), le F 22 allie une grande maniabilité à l'avionique la plus moderne; il vole sans postcombustion à des vitesses supersoniques. Afin de ne pas porter préjudice aux caractéristiques furtives de cet appareil, les armes sont emportées de préférence dans des soutes spéciales.

Type : Lockheed Martin F-22A Raptor
Pays de production : USA
Utilisation : chasseur polyvalent de domination de l'espace aérien
Envergure : 13,56 m
Longueur : 18,87 m
Motorisation : 2 turboréacteurs à double flux Pratt & Whitney F119-100 de 156,06 kN (15 914 kp) de poussée de postcombustion chacun
Poids maximum au décollage : 27 216 kg
Vitesse maximale : 2 335 km/h
Autonomie : env. 3 000 km
Plafond : plus de 19 000 m
Équipage : 1
Armement : 1 canon automatique de 20 mm, missiles air-air et air-sol, bombes

Lockheed Martin F-35 Lightning II

Avion de combat polyvalent mono-réacteur à camouflage radar. Cet appareil l'a emporté lors de la mise au concours JSF en vue de la fourniture d'un avion de combat commun aux forces armées aériennes des USA, du corps des marines (USMC) et des forces navales (US Navy). Un concept comprenant des variantes largement identiques a été élaboré, pouvant à la fois servir d'appui aux forces terrestres (F-35A) que comme avion à décollage et atterrissage courts (STOVL; F-35B avec réacteur à double flux de décollage) ou encore pour être engagé sur des porte-avions (F-35C). La construction en série a débuté en 2008 et la mise en service des trois variantes s'est faite entre décembre 2008 et juillet 2009. Les F-16 des forces armées aériennes nord-américaines, les chasseurs des forces navales et du corps des marines doivent être remplacés par des F-35 Lightning jusque vers 2030.

Type : Lockheed Martin F-35A Lightning II
Pays de production : USA
Utilisation : avion de combat polyvalent
Envergure : 10,67 m
Longueur : 15,67 m
Motorisation : 1 turboréacteur à double flux Pratt & Whitney F135 de 181,3 kN (18 494 kp) de poussée maximale
Poids maximum au décollage : 31 751 kg
Vitesse maximale : 1 915 km/h
Autonomie : 2 225 km
Plafond : 15 240 m
Équipage : 1
Armement : 1 canon automatique de 25 mm, missiles air-air et air-sol, bombes

Macchi MC.200

Avion de chasse monomoteur à ailes surbaissées avec empennage conventionnel (vol initial du prototype le 24/12/1937). Malgré sa maniabilité, cet avion était inférieur aux autres avions de chasse en raison de sa faible motorisation et de sa puissance de feu insuffisante. Le cockpit placé en hauteur était initialement fermé sur les prototypes, mais il fut laissé ouvert sur les appareils de série pour répondre à un vœu des pilotes.

Type : Macchi MC.200
Pays de production : Italie
Utilisation : Avion de chasse
Envergure : 10,58 m
Longueur : 8,19 m
Motorisation: 1 moteur en étoile FIAT A.74 RC.38 de 649 kW (840 CV)
Poids maximum au décollage : 2 590 kg
Vitesse maximale : 502 km/h
Autonomie : 870 km
Plafond : 8 900 m
Équipage : 1 personne
Armement : 2 mitrailleuses de 12,7 mm (sur le capot-moteur), plus tard 2 mitrailleuses supplémentaires de 7,7 mm

McDonnell F-101 Voodoo

Avion de chasse biréacteur à ailes demi-surélevées avec empennage en T (vol initial du prototype le 29/09/1954). Commandé initialement en tant qu'avion de chasse d'escorte, ses possibilités d'engagement se sont bien vite étendues aux attributions d'un vrai avion polyvalent, capable aussi bien d'être employé comme chasseur-bombardier que d'emporter des armes nucléaires. Au début de sa production en série, c'était l'avion le plus rapide de son temps.

Type : McDonnell F-101
Pays de production : États-Unis
Utilisation : Chasseur et chasseur-bombardier
Envergure : 12,09 m
Longueur : 20,54 m
Poids maximum au décollage : 21 170 kg
Motorisation: 2 moteurs Pratt & Whitney J57-P-55 d'une poussée de 53,35 kN (5 440 kp) chacun
Vitesse maximale : 1 963 km/h
Autonomie : 2 500 km
Plafond : 15 850 m
Équipage : 2 personnes
Armement : 4 canons automatiques de 20 mm, jusqu'à 15 missiles (par exemple AIM-4E Super Falcon, AIR-2A Génie)

McDonnell Douglas F-4 Phantom II

Avion de chasse biréacteur à ailes surbaissées à portée libre avec empennage conventionnel (vol initial le 27/05/1958). Cet avion était à la base destiné à être utilisé comme chasseur d'interception, mais a aussi été employé comme avion de soutien aux combats au sol ou comme appareil de reconnaissance. Au cours de sa production, cet avion a subi de nombreuses modifications et programmes de modernisation. Il a presque été impliqué dans tous les conflits militaires depuis 1960. Jusqu'en octobre 1979, 5 059 unités (plus les appareils produits sous licence au Japon) ont été construites.

Type : McDonnell Douglas F-4
Pays de production : États-Unis
Utilisation : Chasseur / chasseur-bombardier
Envergure : 11,78 m
Longueur : 19,18 m
Motorisation: 2 moteurs General Electric J79-GE-17 de 79,6 kN (8 120 kp) de poussée avec postcombustion
Poids maximum au décollage : 26 300 kg
Vitesse maximale : 2 417 km/h (en tant que chasseur)
Autonomie : 2 200 km
Plafond : 18 180 m
Équipage : 2 personnes
Armement : 1 canon automatique de 20 mm, des missiles fixés à 9 emplacements extérieurs ; en tant que chasseur bombardier, 5 625 kg de bombes à l'extérieur

McDonnell Douglas F-15 Eagle

Avion de chasse biréacteur à ailes demi-surélevées avec double empennage latéral (vol initial du prototype le 27/07/1972). Cet appareil est conçu pour dominer l'espace aérien ; grâce à des systèmes électroniques modernes, l'équipage peut détecter, poursuivre et combattre des avions ennemis dans son propre espace aérien ou dans celui de l'ennemi. L'équipement en armement (composé de bombes planantes, bombes à fragmentation, missiles guidés par laser) permet aussi un engagement en tant que chasseur-bombardier. Un missile à deux étages de défense contre des satellites a même été tiré une fois depuis un Eagle.

Type : McDonnell Douglas F-15A
Pays de production : États-Unis
Utilisation : Avion de chasse
Envergure : 16,68 m
Longueur : 11,23 m
Poids maximum au décollage : 25 000 kg
Motorisation: 2 turboréacteurs à double flux Pratt & Whitney F100-PW-100 de 112,1 kN (11 430 kp) de poussée avec postcombustion
Vitesse maximale : 2 655 km/h à 11 000 m d'altitude
Autonomie : 4 500 km
Plafond : 20 400 m
Équipage : 2 personnes
Armement : 1 canon automatique Gatling de 20 mm, 8 missiles (4 Sidewinder, 4 Sparrow ou 8 AIM-120 AMRAAM) placés à l'extérieur

McDonnell Douglas F-18 Hornet

Chasseur-bombardier biréacteur à ailes demi-surélevées avec double empennage latéral et ailes rabattables (vol initial le 18/11/1978). Cet avion sut convaincre les forces armées par sa stabilité (il a même résisté à des impacts directs de missiles sol-air) et sa variabilité : il peut rapidement passer d'un engagement de chasseur exerçant sa supériorité dans le ciel à celui d'avion d'assaut, le cas échéant en cours de mission. Les versions A et C sont monoplaces, les versions B et D ont deux sièges (un pilote et un officier du système d'armement).

Type : McDonnell F-18D
Pays de production : États-Unis
Utilisation : Chasseur et chasseur-bombardier
Envergure : 11,43 m
Longueur : 17,07 m
Motorisation: 2 turboréacteurs à double flux General Electric F404/402-GE-400 d'une poussée de 79,16 kN (8 070 kp)
Poids maximum au décollage : 25 400 kg
Vitesse maximale : 1 912 km/h
Autonomie : 3 700 km (avec des réservoirs supplémentaires)
Plafond : 15 240 m
Équipage : 2 personnes
Armement : 1 canon automatique Gatling de 20 mm, des missiles (Sidewinder, Sparrow, AMRAAM, Harpoon, HARM, Shrike, SLAM, Maverick et d'autres armes)

Messerschmitt Bf 109 (Me 109)

Chasseur monoréacteur à ailes surbaissées à portée libre et structure entièrement métallique, gouvernail d'empennage entoilé (vol initial en septembre 1935). En compétition avec des concepts proposés par d'autres entreprises, l'avion proposé par Messerschmitt s'imposa et cet appareil devint l'avion de chasse standard de l'aviation de l'air allemande (Luftwaffe), que ce soit comme chasseur dominant l'espace aérien, chasseur d'escorte ainsi que chasseur d'interception et chasseur-bombardier. Ce sont en tout plus de 33 000 unités qui on été produites en différentes versions avec, au cours de la Seconde Guerre mondiale, l'introduction constante d'améliorations et d'adaptations en raison des exigences d'engagement et des expériences faites. Plus de 70 % de toutes les versions produites ont été du type G (grande série produite après 1943).

Type : Messerschmitt Bf 109 G-10
Pays de production : Allemagne
Utilisation : Avion de chasse
Envergure : 9,97 m
Longueur : 8,95 m
Motorisation: 1 moteur Daimler Benz DB 605 B d'une puissance maximum de 1 085 kW (1 475 CV)
Poids maximum au décollage : 3 500 kg
Vitesse maximale : 685 km/h (à 7 000 m d'altitude)
Autonomie : 560 km
Plafond : 12 500 m
Équipage : 1 personne
Armement : 2 mitrailleuses de 13 mm, 1 canon automatique de 20 ou 30 mm (faisant feu à travers le moyeu d'hélice), autres armes lance-projectiles, missiles et des bombes (50, 250 ou 500 kg) placées sous les ailes

Messerschmitt Bf 110 (Me 110)

Bombardier bimoteur à ailes surbaissées à portée libre, empennage horizontal prenant appui sur la carlingue (vol initial le 12/05/1936). Cet appareil, appelé « destructeur », devait accompagner les vagues de bombardiers. Trop peu mobiles, 200 Me 110 ont été perdus lors de la bataille d'Angleterre. Dès la fin de l'année 1940, des versions modifiées ont été produites, en tant que chasseur-bombardier, avion de reconnaissance et chasseur nocturne. Dès 1943, ce ne sont presque que des chasseurs nocturnes avec des modifications qui furent engagés.

Type : Messerschmitt Bf 110
Pays de production : Allemagne
Utilisation : Chasseur nocturne
Envergure : 16,29 m
Longueur : 12,68 m
Motorisation: 2 moteurs Daimler-Benz DB 605B d'une puissance de 1 085 kW (1 085 CV) chacun
Poids maximum au décollage : 9 800 kg
Vitesse maximale : 585 km/h
Autonomie : max. 850 km
Plafond : 8 000 m
Équipage : 3 personnes
Armement : 2 canons automatiques de 20 mm, 4 mitrailleuses de 7,92 mm, 1 mitrailleuse double de 7,92 mm à l'arrière du poste de pilotage (avec dès 1944 2 mitrailleuses FF/M en tant que « schräge Musik »)

Messerschmitt Me 163 Komet

Chasseur monoréacteur à ailes demi-surélevées à portée libre doté d'un moteur-fusée, empennage latéral sans empennage horizontal (vol initial non motorisé au début de l'année 1941, essai de vol avec autopropulsion en été 1941). Le modèle d'essai a atteint le 02/10/1941 une vitesse de 1 003 km/h lors d'un vol horizontal. En été 1944, une unité d'avions de chasse a été équipée de nouveaux appareils propulsés par fusée, équipé et engagé contre des B-17 nord-américain. Les engagements ne furent pas concluants, car, pour neuf avions ennemis abattus, il y eut 14 avions perdus du côté allemand.

Type : Messerschmitt Me 163 B-1a
Pays de production : Allemagne
Utilisation : Avion de chasse
Envergure : 9,30 m
Longueur : 5,70 m
Motorisation: 1 moteur Walter HWK 109-509 A-2 d'une poussée de 15,7 kN (1 600 kp)
Poids maximum au décollage : 4 310 kg
Vitesse maximale : 955 km/h
Autonomie : 80–100 km
Plafond : 12 000 m
Équipage : 1 personne
Armement : 2 mitrailleuses de 30 mm

Messerschmitt Me 262

Avion de chasse biréacteur à ailes surbaissées à portée libre (vol initial le 18/04/1941). Hitler en personne interdit l'emploi du Me 262 comme avion de chasse, donc cet appareil a dû être engagé comme bombardier (« Blitzbomber »), ce qui lui fit perdre son avantage en terme de vitesse par rapport aux chasseurs alliées. De plus, cet appareil qui n'avait pas été suffisamment testé a connu de nombreux accidents. En 1945, la plupart des 1 433 Me 262 qui avaient été livrés jusqu'alors ne pouvaient plus prendre l'air en raison du manque de carburant. L'offensive des jets de chasse propulsés par réacteur, redoutée par les alliés, n'eut finalement pas lieu.

Type : Messerschmitt Me 262 A-1a
Pays de production : Allemagne
Utilisation : Avion de chasse
Envergure : 12,65 m
Longueur : 10,60 m
Motorisation: 2 moteurs Junkers Jumo 004B d'une poussée de 8,8 kN (900 kp) chacun
Poids maximum au décollage : 6 775 kg
Vitesse maximale : 870 km/h à 6 000 m d'altitude
Autonomie : 1 050 km
Plafond : 11 400 m
Équipage : 1 personne
Armement : 4 canons automatiques 108 de 30 mm

Mikoyan/Gourewitch MiG-3

Chasseur monoréacteur à ailes surbaissées à portée libre (construction en série dès 1941) dérivant du MiG-1. Le fuselage était quelque peu plus long et l'autonomie a été accrue par la mise en place d'un réservoir supplémentaire. Le MiG-3 a avant tout été utilisé en tant que chasseur de haute altitude.

Type : Mikoyan/Gourewitch MiG-3
Pays de production : Union soviétique
Utilisation : Avion de chasse
Envergure : 10,20 m
Longueur : 8,26 m
Motorisation: 1 moteur Mikouline AM-35A de 1 007 kW (1 350 CV)
Poids maximum au décollage : 3 350 kg
Vitesse maximale : 640 km/h
Autonomie : 1 195 km
Plafond : 12 000 m
Équipage : 1 personne
Armement : 1 mitrailleuse de 12,7 mm, 2 mitrailleuses de 7,62 mm, 200 kg de bombes ou 6 missiles RS-82

Mikoyan/Gourewitch MiG-19

Avion de chasse biréacteur à ailes demi-surélevées à portée libre (vol initial le 16/05/1951), basé sur le MiG-17 et muni de 2 turboréacteurs, pouvant être employé en tant qu'avion de chasse engageable par tous les temps ou en tant que chasseur-bombardier. Les chasseurs d'interception MiG-19 ont été employés durant la guerre du Vietnam.

Type : Mikoyan/Gourewitch MiG-19
Pays de production : Union soviétique
Utilisation : Avion de chasse
Envergure : 9,20 m
Longueur : 12,60 m
Motorisation: 2 moteurs Toumanski WP-6 d'une poussée de 31,9 kN (3 250 kp) chacun
Poids maximum au décollage : 8 700 kg
Vitesse maximale : 1 450 km/h
Autonomie : max. 1 370 km
Plafond : 17 500 m
Équipage : 1 personne
Armement : 3 canons automatiques de 30 mm, des missiles guidés et non guidés ou 1 000 kg de bombes fixées dans quatre emplacements sous les ailes

Mikoyan/Gourewitch MiG-23

Avion de chasse monoréacteur à ailes rabattables en position haute (vol initial en 1967). Cet avion a été engagé comme chasseur d'interception et de domination aérienne, ainsi que comme chasseur-bombardier. Grâce à de meilleures caractéristiques de vol à basse vitesse (ailes rabattables), des pistes extrêmement courtes peuvent être utilisées. 25 armées de l'air ont utilisé le MiG dans différentes versions et l'Inde le produit sous licence. La version de chasseur-bombardier (MiG-23BN et MiG-27) diffère sensiblement des avions de chasse sur le plan technique.

Type : Mikoyan/Gourewitch MiG-23
Pays de production : Union soviétique
Utilisation : Avion de chasse
Envergure : 7,77–13,96 m
Longueur : 16,70 m
Motorisation: 1 réacteur Toumanski R-29-300 d'une poussée de 112,8 kN (11 500 kp)
Poids maximum au décollage : 18 800 kg
Vitesse maximale : 2 245 km/h
Autonomie : max. 420 km
Plafond : 18 200 m
Équipage : 1 personne
Armement : 1 canon automatique de 23 mm placé au centre du fuselage sur une rampe de lancement abaissable, des missiles guidés air-air (R-3S, R-60, R-23T et R-23R entre autres)

Mikoyan/Gourewitch MiG-29

Avion de chasse biréacteur à ailes demi-surélevées à portée libre et en forme de flèche (vol initial du prototype le 06/10/1977). Cet appareil est conceptuellement une réponse aux avions de combat nord-américains F-15 et F-16 et est destiné à assurer une domination aérienne sur le front de bataille. En cas de décollage depuis une piste en terre, les orifices d'amenée d'air des turbines, placés en bas sur cette avion, peuvent être fermés pour éviter qu'aucun corps étranger ne soit aspiré. Le MiG-29 est exceptionnellement maniable et peut effectuer la manœuvre dite du cobra de Pougatchev aussi bien en combat rapproché qu'en combat aérien. Cet appareil dispose d'un système de pointage des cibles et de guidage de tir performant (projecteur de vitre frontale, installation de visée sur le casque, goniomètre à laser et infrarouge, etc.). Il continue à être construit et exporté dans beaucoup de pays. La version MiG-29K est basée sur le porte-avion « Amiral Kusnetsov » de la marine russe.

Type : Mikoyan/Gourewitch MiG-29
Pays de production : Union soviétique, Russie
Utilisation : Avion de chasse
Envergure : 11,36 m
Longueur : 17,32 m
Motorisation: 2 turboréacteurs à double flux Tourmanski R-33D d'une poussée de 86,4 kN (8 810 kp) chacun avec postcombustion
Poids maximum au décollage : 21 000 kg
Vitesse maximale : 2 430 km/h
Autonomie : max. 2 900 km
Plafond : 18 000 m
Équipage : 1–2 personnes
Armement : 1 canon automatique de 30 mm, des missiles guidés et non guidés, jusqu'à 3 500 kg de bombes fixées à 6 emplacements au maximum à l'extérieur

Mikoyan/Gourewitch MiG-31

Chasseur biréacteur à ailes hautes à portée libre (vol initial le 16/09/1975) qui dérive du MiG-25, destiné à être engagé comme chasseur d'interception contre des bombardiers stratégiques, des engins atmosphériques et des avions furtifs. C'est le premier avion soviétique à avoir disposé d'un système de guidage d'armement numérique. La production en série a débuté en 1979, env. 500 unités ont été construites.

Type : Mikoyan/Gourewitch MiG-31
Pays de production : Union soviétique
Utilisation : Avion de chasse
Envergure : 13,46 m
Longueur : 22,69 m
Motorisation: 2 moteurs Soloviev D-30F-6 Perm d'une poussée de 151,9 kN (15 500 kp)
Poids maximum au décollage : 46 200 kg
Vitesse maximale : 3 000 km/h
Autonomie : max. 3 300 km
Plafond : 24 400 m
Équipage : 2 personnes
Armement : 1 canon automatique de 23 mm, jusqu'à 6 missiles air-air R-33, d'autres missiles fixés à des emplacements extérieurs

Mikoyan/Gourewitch MiG-33

Avion de chasse biréacteur à ailes demi-surélevées à portée libre, version modernisée du MiG-29 (désigné officiellement en tant que MiG-29M). La désignation MiG-33 est utilisée par le constructeur pour la clientèle potentielle à l'étranger. La cellule a été complètement retravaillée sur la base du MiG-29K. Les orifices d'admission d'air ont été agrandis et mieux protégés contre des corps étrangers.

Type : Mikoyan/Gourewitch MiG-33
Pays de production : Russie
Utilisation : Avion de chasse
Envergure : 11,40 m
Longueur : 17,30 m
Motorisation: 2 turboréacteurs RD-33K d'une poussée de 81,4 kN (8 300 kp) chacun
Poids maximum au décollage : 15 300 kg
Vitesse maximale : 2 450 km/h
Autonomie : 1 500 km
Plafond : 18 000 m
Équipage : 1 personne
Armement : 1 canon automatique de 30 mm, des missiles air-air (AA-10, AA-11, AA-12) ainsi que d'autres missiles et bombes jusqu'à atteindre une charge totale de 4 500 kg d'armes

Mitsubishi A5M

Avion de chasse monoréacteur à ailes surbaissées à portée libre avec empennage conventionnel et cockpit ouvert (vol initial le 04/02/1934). La version A5M4 a servi d'avion de combat sur les porte-avions de la marine impériale japonaise. Cet avion était aussi utilisé en tant que bombardier léger. Les premiers engagements au combat de cet avion se sont déroulés en Chine. Lors de l'attaque de Pearl Harbour, pratiquement tous les 880 appareils de ce type prirent l'air.

Type : Mitsubishi A5M
Pays de production : Japon
Utilisation : Avion de chasse
Envergure : 11,00 m
Longueur : 7,57 m
Motorisation: 1 moteur en étoile Kotobouki 41 de 523 kW (710 CV)
Poids maximum au décollage : 1 670 kg
Vitesse maximale : 440 km/h
Autonomie : 1 200 km
Plafond : 9 800 m
Équipage : 1 personne
Armement : 2 mitrailleuses de 7,7 mm, 2 bombes de 30 kg

Mitsubishi A6M

Avion de chasse monoréacteur à ailes surbaissées à portée libre avec empennage conventionnel (vol initial le 01/04/1939). Il fut conçu pour succéder au A5M4 et pour être embarqué sur des porte-avions. Ces appareils ont été engagés lors de l'attaque de Pearl Harbour. Plus de 11 000 unités ont été produites au total.

Type : Mitsubishi A6M5b
Pays de production : Japon
Utilisation : Avion de chasse
Envergure : 12,00 m
Longueur : 9,07 m
Motorisation: 1 moteur Nakajima Sakae 21 de 830 kW (1 128 CV)
Poids maximum au décollage : 2 940 kg
Vitesse maximale : 561 km/h
Autonomie : 1 560 km
Plafond : 10 700 m
Équipage : 1 personne
Armement : 2 canons automatiques de 20 mm, 1 mitrailleuse de 12,7 mm, 1 mitrailleuse de 7,7 mm, jusqu'à 318 kg de bombes

Mitsubishi J2M Raiden

Avion de chasse monomoteur à ailes surbaissées à portée libre (vol initial le 20/03/1942) et qui devait être engagé comme chasseur d'interception. Lors de la phase d'essais, différentes déficiences apparurent et il ne fut pas possible de les éliminer complètement. 476 appareils se déclinant en différentes versions ont été produits. Dès septembre 1944, les Raiden ont été engagés dans les combats autour des Philippines et des îles principales du Japon.

Type : Mitsubishi J2M3
Pays de production : Japon
Utilisation : Avion de chasse
Envergure : 10,82 m
Longueur : 9,95 m
Motorisation: 1 moteur Mitsubishi MK-4R-A Kasei 23a de 1 340 kW (1 820 CV)
Poids maximum au décollage : 3 945 kg
Vitesse maximale : 595 km/h
Autonomie : max. 1 055 km
Plafond : 11 700 m
Équipage : 1 personne
Armement : 4 canons automatiques de 20 mm, 2 bombes de 60 kg

Mitsubishi F-1

Chasseur-bombardier biréacteur à ailes surélevées à portée libre basé sur le concept du SEPECAT Jaguar, avion d'entraînement biplace T-2 (vol initial du prototype le 20/07/1971). Dès 1975, polyvalent monoplace pour les forces d'autodéfense japonaises (vol initial le 03/06/1975), avec pour missions principales un soutien aux forces terrestres et l'attaque d'objectifs navals.

Type : Mitsubishi F-1
Pays de production : Japon
Utilisation : Chasseur-bombardier
Envergure : 7,88 m
Longueur : 17,86 m
Motorisation: 2 moteurs Ishikawajima-Harisma TF40-IHI-801 d'une poussée de 32,49 kN (3 313 kp) chacun
Poids maximum au décollage : 13 674 kg
Vitesse maximale : 1 700 km/h
Autonomie : 1 100 km
Plafond : 15 240 m
Équipage : 1 personne (T-2 : 2 personnes)
Armement : 1 canon automatique de 20 mm, 2 722 kg d'armes embarquées à 6 emplacements placés sous les ailes

Morane-Saulnier Type N

Avion de chasse monomoteur à ailes demi-surélevées haubannées (1913). Cet appareil a été employé au début de la Première Guerre mondiale pour intercepter des avions de reconnaissance et de combat ennemis. Le pionnier de l'aviation Roland Garros fit de plus monter une mitrailleuse fixe au-dessus du capot-moteur, afin de pouvoir tirer à travers la zone de déplacement de l'hélice. Les pales de l'hélice ont été à cette occasion protégées avec du métal, afin d'éviter des dégâts dus à d'éventuels impacts. Ainsi équipé, le Morane-Saulnier devint le premier avion de chasse de l'histoire de l'aviation. En raison de la forme particulière du moyeu d'hélice, les pilotes du Royal flying corps (corps d'aviation britannique), qui employaient aussi cet appareil, l'ont appelé « Bullet ».

Type : Morane-Saulnier Typ N
Pays de production : France
Utilisation : Avion de chasse
Envergure : 8,30 m
Longueur : 6,70 m
Motorisation: 1 moteur en étoile Le Rhône 9J de 82 kW (110 CV)
Poids maximum au décollage : 510 kg
Vitesse maximale : 165 km/h
Autonomie d'engagement : 1 h 30
Plafond : 4 000 m
Équipage : 1 personne
Armement : 1 mitrailleuse de 7,7 mm ou de 7,9 mm

Nakajima Ki-84 Hayate

Avion de chasse monomoteur à ailes surbaissées à portée libre (vol initial en avril 1943). Cet avion à large champ d'utilisation était employé par l'armée de l'air japonaise pour des missions d'interception et des engagements nocturnes, en tant que bombardier en piqué et comme avion d'assaut. Le Ki-84 était plus léger et maniable que ses adversaires alliés et avait de meilleures performances ascensionnelles. Des appareils de ce type ont encore été engagés en juillet 1945 pour assurer la défense aérienne de Tokyo à la place des Ki-45 qui se révélaient trop faibles.

Type : Nakajima Ki-84
Pays de production : Japon
Utilisation : Avion de chasse
Envergure : 11,23 m
Longueur : 9,92 m
Motorisation: 1 moteur Nakajima Homare Ha-45, modèle 11, de 1 417 kW (1 926 CV)
Poids maximum au décollage : 3 890 kg
Vitesse maximale : 631 km/h
Autonomie : max. 2 160 km
Plafond : 10 500 m
Équipage : 1 personne
Armement : 4 canons automatiques de 20 mm, 2 bombes de 250 kg

Nieuport 17

Avion de chasse monomoteur biplan monomât (vol initial en janvier 1916). Cet avion était équipé d'une mitrailleuse synchrone qui tirait à travers le périmètre de déplacement de l'hélice. Il y avait en outre de petites fusées non guidées accrochées aux éléments de soutien des ailes et qui servaient à mettre le feu à des ballons captifs et des dirigeables. Un grand nombre de ces avions ont été utilisés lors des batailles de la Somme et de l'Isonzo.

Type : Nieuport 17
Pays de production : France
Utilisation : Avion de chasse
Envergure : 8,20 m
Longueur : 5,80 m
Motorisation: 1 moteur Le Rhône JB de 81 kW (110 CV)
Poids maximum au décollage : 560 kg
Vitesse maximale : 164 km/h
Autonomie : 250 km
Plafond : 5 300 m
Équipage : 1 personne
Armement : 1 mitrailleuse de 7,7 mm

North American P-51 Mustang

Avion de chasse monomoteur à ailes surbaissées à portée libre (vol initial du prototype le 26/10/1940). Cet appareil a participé à la Seconde Guerre mondiale (muni d'un nouveau moteur à partir de la version P51B) dès décembre 1943 et a été engagé en tant que chasseur sur longue distance pour escorter les formations de bombardiers alliés. Il a assuré la suprématie aérienne des alliés sur l'Allemagne. Il est reclassifié en 1947, passant de la désignation P-51 (« P » pour « Pursuit », poursuite) à l'appellation F-51 (« F » pour « Fighter », combattant).

Type : North American P-51D
Pays de production : États-Unis
Utilisation : Avion de chasse
Envergure : 11,28 m
Longueur : 9,82 m
Motorisation: 1 moteur Royce/Packard-Merlin V-1650-7 de 1 229 kW (1 670 CV)
Poids maximum au décollage : 5 260 kg
Vitesse maximale : 703 km/h
Autonomie : max. 3 307 km
Plafond : 12 500 m
Équipage : 1 personne
Armement : 6 mitrailleuses de 12,7 mm, jusqu'à 907 kg de bombes embarquées ou missiles de 12,7 mm

North American F-86 Sabre

Avion de chasse monoréacteur à ailes surbaissées à portée libre (vol initial du prototype le 01/10/1947). L'irruption de cet appareil lors de la guerre de Corée mit un terme à la toute puissance des MiG-15 chinois de construction soviétique. Cet appareil a été le chasseur standard de l'armée de l'air de plus de 30 pays. La version 86D était conçue pour intercepter les bombardiers atomiques soviétiques.

Type : North American F-86D
Pays de production : États-Unis
Utilisation : Avion de chasse
Envergure : 11,28 m
Longueur : 12,27 m
Motorisation: 1 moteur General Electric J47-GE-17B d'une poussée de 33,35 kN (3 400 kp)
Poids maximum au décollage : 7 756 kg
Vitesse maximale : 1 138 km/h
Autonomie : 1 344 km
Plafond : 16 640 m
Équipage : 1 personne
Armement : 24 missiles air-air

North American F-100 Super Sabre

Chasseur de combat monoréacteur (vol initial le 25/05/1953) muni d'ailes surbaissées et d'un empennage profilé en forme de flèche, le Super Sabre est resté employé, après maintes modernisations, comme chasseur-bombardier jusqu'en 1970. A été engagé au Vietnam.

Type : North American F-100D-75-NA
Pays de production : États-Unis
Utilisation : Chasseur-bombardier
Envergure : 11,82 m
Longueur : 14,36 m
Motorisation: 1 moteur Pratt & Whitney J57-P-21A de 75,4 kN (7 689 kp) de poussée avec post-combustion
Poids maximum au décollage : 15 800 kg
Vitesse maximale : 1 390 km/h
Autonomie : 966 km (sans réservoirs supplémentaires)
Plafond : 14 000 m
Équipage : 1 personne
Armement : 4 canons automatiques de 20 mm, 3 400 kg de bombes et de missiles à l'extérieur

Northrop P-61

Avion de chasse biréacteur à ailes demi-surélevées et double empennage (vol initial du prototype en mai 1942). Les premiers avions de cette série avaient encore un dôme pour canons (voir illustration) sur la partie centrale de la nacelle du fuselage, disposition qui entraînait des positions de vol instable et a été abandonnée par la suite. Cet appareil devint le chasseur nocturne standard de l'armée de l'air des États-Unis (USAF), mais pouvait aussi être engagé en tant que chasseur-bombardier et comme chasseur d'assaut.

Type : Northrop P-61B
Pays de production : États-Unis
Utilisation : Avion de chasse
Envergure : 20,11 m
Longueur : 15,09 m
Motorisation: 2 moteur Pratt & Whitney R-2800-65 Double Wasp d'une puissance de 1 491 kW (2 027 CV)
Poids maximum au décollage : 17 230 kg
Vitesse maximale : 585 km/h
Autonomie : 4 820 km
Plafond : 10 640 m
Équipage : 2 personnes
Armement : 4 canons automatiques de 20 mm, 4 mitrailleuses de 12,7 mm, jusqu'à 2 900 kg de bombes embarquées

Northrop F-89 Scorpion

Avion de chasse biréacteur à ailes demi-surélevées (vol initial du prototype le 16/08/1948). Cet appareil se distingue par ses grands contenants d'armes à l'extrémité des ailes et ses réacteurs très fortement décalés vers l'avant. Les formations de l'armée de l'air des États-Unis (USAF) ont été équipées dès la moitié de l'année 1950 avec ce chasseur d'interception pouvant être engagé par tous les temps et qui fut le premier avion de chasse à porter des armes nucléaires en 1957. Ce type d'appareil a été progressivement remplacé par le Convair F-102 depuis 1957.

Type : Northrop F-89D
Pays de production : États-Unis
Utilisation : Avion de chasse
Envergure : 18,19 m
Longueur : 16,41 m
Motorisation: 2 moteurs Allison J35-A-35 d'une poussée de 33,4 kN (3 400 kp) avec postcombustion
Poids maximum au décollage : 19 160 kg
Vitesse maximale : 1 024 km/h
Autonomie : 3 200 km
Plafond : 15 000 m
Équipage : 2 personnes
Armement : 1 mitrailleuse de 7,7 mm ou de 7,92 mm, des missiles 104 de 70 mm ou 27 missiles et 3 engins guidés Falcon, jusqu'à 2 720 kg de bombes

Northrop F-5 Freedom Fighter

Avion de chasse biréacteur à ailes surbaissées à portée libre (vol initial le 30/07/1959). C'est dans le but de remplacer le Lookheed T-33 en tant qu'avion à réaction d'entraînement qu'un avion léger (F-5A : monoplace, F-5B : biplace) a été développé pour servir aussi bien d'appareil de formation que d'exercice (T-38 Talon). Cet appareil a servi de base aux nouvelles versions F-5E et F, puis enfin au modèle F 5G (1982). Plus de 2 700 exemplaires de toutes les versions ont été produits et exportés vers 30 pays.

Type : Northrop F-5 E
Pays de production : États-Unis
Utilisation : Avion de chasse
Envergure : 8,13 m
Longueur : 14,45 m
Motorisation: 2 moteurs General Electric J85-GE-21B d'une poussée de 22,24 kN (2 270 kp) chacun avec postcombustion
Poids maximum au décollage : 11 190 kg
Vitesse maximale : 1 743 km/h
Autonomie : 1 400 km
Plafond : 15 970 m
Équipage : 1 personne
Armement : 2 mitrailleuses de 20 mm, 3 175 kg de bombes et missiles (Sparrow, Sidewinder, Maverick) fixés sur 7 emplacements extérieurs

Panavia Tornado

Avion de reconnaissance biréacteur à ailes hautes rabattables (vol initial le 14/08/1974). Développé depuis 1967 par un consortium international comme successeur du F-104 Starfighter en tant qu'avion polyvalent (MRCA, soit Multi-role combat aircraft). Il s'agissait d'obtenir des avions d'emploi aussi divers que possible (assaut, domination aérienne, engagement maritime, reconnaissance, entre autres) sur la base d'une plateforme commune. Le rôle principal de cet appareil devait cependant rester celui d'un chasseur-bombardier. L'entreprise commune Panavia a été fondée pour en assurer la production.

Type : Panavia Tornado IDS
Pays de production : Union européenne
Utilisation : Chasseur-bombardier
Envergure : 8,60 m à 13,91 m
Longueur : 16,72 m
Motorisation: 2 moteurs Turbo Union RB199-34 Mk.103, resp. Mk.101 d'une poussée de 74,7 kN (7 620 kp) chacun
Poids maximum au décollage : 27 215 kg
Vitesse maximale : 2 300 km/h
Autonomie : 2 775 km
Plafond : 15 000 m
Équipage : 2 personnes
Armement : 2 canons automatiques de 27 mm, 8 165 kg d'armes embarquées (Sidewinder, Maverick, entre autres) fixés à huit emplacements extérieurs

Polikarpov I-16

Avion de chasse monomoteur à ailes surbaissées à portée libre à structure en bois (vol initial le 21/12/1933). Cet avion se caractérisait par un bon équilibre entre la vitesse, la maniabilité et l'armement. Il a été engagé du côté des Républicains durant la guerre civile espagnole. C'est depuis cet avion que, en 1939, des tirs de missiles ont pour la première fois été effectués.

Type : Polikarpov I-16 Type 24
Pays de production : Union soviétique
Utilisation : Avion de chasse
Envergure : 8,88 m
Longueur : 6,04 m
Motorisation: 1 moteur en étoile M-62 de 735 kW (1 000 CV)
Poids maximum au décollage : 2 060 kg
Vitesse maximale : 489 km/h
Autonomie : 600 km
Plafond : 9 470 m
Équipage : 1 personne
Armement : 4 mitrailleuses de 7,62 mm, 200 kg de bombes ou 6 missiles RS-82 fixés sous les ailes.

Republic P-47 Thunderbolt

Avion de chasse monomoteur, à ailes demi-surélevées à portée libre, entièrement exécuté en métal (vol initial le 06/05/1941). Le Thunderbolt fut l'avion de chasse le plus lourd à avoir été engagé dans la Seconde Guerre mondiale. Le P-47C apparaît dès 1943 sur la scène des opérations militaires en Europe, mais son autonomie était trop faible. Au lieu de servir de chasseur d'escorte, les Thunderbolt ont souvent été utilisés comme chasseur-bombardier. En considérant les différentes versions, plus de 15 600 unités ont été produites (dont env. 12 500 en exécution D).

Type : Republic P-47D
Pays de production : États-Unis
Utilisation : Avion de chasse
Envergure : 12,42 m
Longueur : 11,01 m
Motorisation: 1 moteur Pratt & Whitney R-2800-59 Double Wasp d'une puissance de 1 865 kW (2 535 CV)
Poids maximum au décollage : 8 200 kg
Vitesse maximale : 686 km/h (à 9 150 m d'altitude)
Autonomie : 950 km
Plafond : 12 800 m
Équipage : 1 personne
Armement : 6–8 mitrailleuses de 12,7 mm, jusqu'à 1 175 kg de bombes ou 10 missiles

Republic F-84 Thunderjet/Thunderstreak

Chasseur-bombardier monoréacteur à ailes demi-surélevées avec empennage cruciforme (vol initial du prototype le 28/02/1946), initialement muni d'ailes droites, puis, dès la version 84F, d'ailes en delta (Thunderstreak). Jusqu'en 1953, ce sont quelque 4 450 appareils de série qui ont été construits et exportés vers de nombreux pays. Cet appareil a été engagé durant la guerre de Corée mais ne soutenait pas la comparaison avec le MiG-15. Les avions détenus par l'armée de l'air des États-Unis (USAF) passèrent à la garde nationale au début des années 1960 ou furent revendus à de petits pays dans lesquels ils sont restés très longtemps en service.

Type : Republic F-84F
Pays de production : États-Unis
Utilisation : Chasseur-bombardier
Envergure : 11,13 m
Longueur : 11,73 m
Motorisation: 1 moteur Allison J35 d'une poussée de 21,8 kN (2 222 kp)
Poids maximum au décollage : 12 200 kg
Vitesse maximale : 998 km/h
Autonomie : 2 390 km
Plafond : 13 180 m
Équipage : 1 personne
Armement : 6 mitrailleuses de 12,7 mm, 8 missiles de 12,7 mm, 900 kg de bombes

Republic F-105 Thunderchief

Chasseur-bombardier monoréacteur à ailes demi-surélevées avec empennage conventionnel (vol initial le 22/10/1955). Cet appareil devait, en tant que chasseur-bombardier supersonique, pouvoir emporter aussi bien des armes conventionnelles que nucléaires. Ces appareils ont été engagés durant la guerre du Vietnam.

Type : Republic F-105D
Pays de production : États-Unis
Utilisation : Chasseur-bombardier
Envergure : 10,64 m
Longueur : 19,58 m
Motorisation: 1 moteur Pratt & Whitney J75-19W d'une poussée de 118 kN (12 300 kp) avec postcombustion
Poids maximum au décollage : 23 835 kg
Vitesse maximale : 2 285 km/h
Autonomie : 2 410 km
Plafond : 15 240 m
Équipage : 1 personne
Armement : 1 canon automatique M61A1 Vulcan de 20 mm, jusqu'à 6 350 kg d'armes embarquées

Saab 21

Chasseur monoréacteur à double empennage (1950), premier avion à réaction construit en Suède et simultanément le seul à avoir été transformé pour passer d'un entraînement par hélice arrière (21A, voir illustration) à une propulsion par réacteur (21R) et à avoir ensuite été construit en série. En tout, 298 appareils ont été produits de 1945–1949 avec une propulsion par hélice, 64 autres ayant été construits de 1950–1952 avec un entraînement par réacteur. Cet avion était toutefois handicapé par sa courte durée d'engagement (46 minutes) et sa faible autonomie.

Type : Saab 21
Pays de production : Suède
Utilisation : Chasseur et avion de combat
Envergure : 11,60 m
Longueur : 10,45 m
Motorisation: 1 moteur De Havilland Goblin 3 d'une poussée de 14,71 kN (1 500 kp)
Poids maximum au décollage : 4 990 kg
Vitesse maximale : 800 km/h
Autonomie : 720 km
Plafond : 12 000 m
Équipage : 1 personne
Armement : 1 canon de 20 mm, 4 mitrailleuses de 13,2 mm, 2 000 kg d'armes fixées à six emplacements sous les ailes

Saab 37 Viggen

Avion de chasse monoréacteur à ailes surbaissées avec de grands canards décalés vers le haut (vol initial le 08/02/1967) construit pour succéder au Saab 35 Draken. Cet appareil a été modifié pour assumer des missions de chasse et d'assaut, ainsi que pour des tâches de reconnaissance.

Type : Saab JA 37
Pays de production : Suède
Utilisation : chasseur d'interception pouvant être engagé par tous les temps
Envergure : 10,60 m
Longueur : 16,40 m
Motorisation: 1 turboréacteur à double flux Volvo Flygmotor RM8B d'une poussée de 125 kN (12 750 kp)
Poids maximum au décollage : 20 500 kg
Vitesse maximale : 2 125 km/h
Autonomie : plus de 1 000 km
Plafond : 15 500 m
Équipage : 1 personne
Armement : 1 canon automatique de 30 mm, missiles disposés en sept emplacement extérieurs, bombes en option

Saab 39 Gripen

Chasseur monoréacteur à ailes demi-surélevées et canards mobiles (vol initial le 09/12/1988) appelé à remplacer, en tant qu'avion polyvalent léger, le Saab 37 Viggen. Les Gripen sont employés comme avions d'interception, comme chasseurs appelés à prendre le contrôle de l'espace aérien ainsi que pour des missions de reconnaissance.

Type : Saab JAS 39
Pays de production : Suède
Utilisation : Avion de chasse
Envergure : 8,40 m
Longueur : 14,10 m
Motorisation: 1 turboréacteur à double flux Volvo Flygmotor RM12 d'une poussée de 80,5 kN (8 200 kp)
Poids maximum au décollage : 14 000 kg
Vitesse maximale : 2 450 km/h
Autonomie : plus de 3 000 km
Plafond : 18 500 m
Équipage : 1 personne
Armement : 1 canon automatique de 27 mm, 6 missiles air-air, autres armes (max. 5 000 kg)

Saab 105/Sk 60

Chasseur et avion d'entraînement biréacteur à ailes hautes avec empennage en T (vol initial du prototype le 29/06/1963). Outre sa fonction première d'avion d'entraînement (Sk 60), il est aussi utilisé comme avion léger de combat et de reconnaissance. Le pilote et le co-pilote (respectivement l'aspirant-pilote) sont assis côte à côte. La version du Saab destinée à l'exportation, portant la désignation 105 XT, fut vendue à l'Autriche dès 1970 (voir illustration).

Type : Saab 105 XT
Pays de production : Suède
Utilisation : Avion de combat et de reconnaissance
Envergure : 9,50 m
Longueur : 10,50 m
Motorisation : 2 moteurs General Electric J85-GE-17B d'une poussée de 12,65 kN (1 290 kp) chacun
Poids maximum au décollage : 6 500 kg
Vitesse maximale : 825 km/h
Autonomie : 2 770 km (avec des réservoirs supplémentaires)
Plafond : 13 700 m
Équipage : 2 personnes
Armement : 1 canon automatique et des missiles (max. 2 000 kg)

SEPECAT Jaguar

Chasseur-bombardier biréacteur à ailes hautes (vol initial du prototype le 08/09/1968) issu d'un projet commun franco-britannique. La France reçut 200 appareils en remplacement du F-100 Super Sabre, la Grande-Bretagne acquit pour sa part 202 exemplaires en remplacement du Hawker Hunter.

Type : SEPECAT Jaguar
Pays de production : France, Grande-Bretagne
Utilisation : Chasseur-bombardier
Envergure : 8,69 m
Longueur : 15,52 m
Motorisation: 2 moteurs Rolls-Royce/ Turbóméca Adour Mk811 d'une poussée de 37,4 kN (3 815 kp) chacun

Poids maximum au décollage : 15 700 kg
Vitesse maximale : 1 750 km/h
Autonomie : 1 000–1 400 km
Plafond : 15 240 m
Équipage : 1 personne
Armement : 2 canons de 30 mm dans le fuselage, 7 emplacements extérieurs pouvant emporter jusqu'à 4 763 kg d'armes

SPAD S.VII

Avion de chasse monomoteur biplan (vol initial en 1916). Cet appareil a été, à partir de la deuxième version de série munie de moteurs plus puissants, engagé avec succès durant la Première Guerre mondiale. Hormis l'armée de l'air française, les forces aériennes britanniques, belges, russes et d'autres pays firent usage de cet avion. Le S.XI, plus grand et biplace, a été développé sur la base du SPAD S.VII.

Type : SPAD S.VII (2e série)
Pays de production : France
Utilisation : Avion de chasse
Envergure : 7,82 m
Longueur : 6,16 m
Motorisation: 1 moteur en ligne Hispano-Suiza 8Ac-V8 de 134 kW (180 CV)
Poids maximum au décollage : 755 kg
Vitesse maximale : 190 km/h à 2 000 m d'altitude
Autonomie d'engagement : 2 h 15 min
Plafond : 5 485 m
Équipage : 1 personne
Armement : 1 mitrailleuse de 7,7 mm synchronisée

SPAD S.XIII

Avion de chasse monomoteur biplan (vol initial du prototype le 04/04/1917), version perfectionnée du S.VII. La partie frontale ronde du radiateur du moteur en V donnait l'impression qu'il s'agissait d'un avion avec moteur en étoile. Les S.XIII avaient une plus grande envergure et un armement plus performant que leurs prédécesseurs.

Type : SPAD S.XIII
Pays de production : France
Utilisation : Avion de chasse
Envergure : 8,10 m
Longueur : 6,30 m
Motorisation: 1 moteur Hispano-Suiza 8B-V8 de 164 kW (220 CV)
Poids maximum au décollage : 845 kg
Vitesse maximale : 234 km/h
Autonomie : 300 km
Plafond : 6 650 m
Équipage : 1 personne
Armement : 2 mitrailleuses de 7,7 mm synchronisées

Sukhoï Su-7B

Chasseur monoréacteur à ailes demi-surélevées et ailes portantes fortement en forme de flèche (vol initial du prototype en 1955). Afin de réduire la longueur d'envol, il pouvait être équipé de fusées d'aide au décollage, ce qui lui permettait d'entrer en action depuis des places d'aviation de campagne. Il a été employé en tant que chasseur-bombardier standard des forces armées aériennes soviétiques ainsi que comme chasseur d'interception et chasseur d'assaut. En dehors de l'Union soviétique, il a volé dans toute une série d'autres états.

Type : Sukhoï Su-7B
Pays de production : Union soviétique
Utilisation : Chasseur-bombardier
Envergure : 8,90 m
Longueur : 17,38 m
Motorisation: 1 moteur Lioulka AL 7 F1 d'une poussée de 88,2 kN (9 000 kp) au maximum
Poids maximum au décollage : 13 500 kg
Vitesse maximale : 1 700 km/h
Plafond : 18 000 m
Autonomie : 1 450 km
Équipage : 1 personne
Armement : 2 canons automatiques de 30 mm, des bombes ou des missiles à des emplacements situés sous les ailes

Sukhoï Su-24

Chasseur-bombardier biréacteur à ailes hautes rabattables (vol initial du Su-19 en 1970). Les développements ultérieurs ont conduit du Su-19 biplace aux Su-24 (1974) et Su-24-M (1986) en passant par le Su-19M modifié. Le Su-24 a été le premier avion soviétique à avoir un système intégré d'avionique (viseur de bombes, calculateur de contrôle d'armes, système de navigation).

Type : Sukhoï Su-24 M
Pays de production : Union soviétique
Utilisation : Chasseur-bombardier
Envergure : 17,64 m / 10,50 m
Longueur : 21,29 m
Motorisation: 2 turboréacteurs Lioulka AL-21F-3 d'une poussée de 110 kN (11 200 kp) chacun
Poids maximum au décollage : 39 700 kg
Vitesse maximale : 1 450 km/h
Autonomie : 2 500 km
Plafond : 12 000 m
Équipage : 1 personne
Armement : 1 canon automatique de 23 mm, 8 000 kg d'armes embarquées placées à l'extérieur

Sukhoï Su-30

Avion de chasse biréacteur à double empennage latéral (vol initial en décembre 1989) se basant sur le Su-27. Une famille d'appareils était prévue sur la base d'une plateforme commune, soit des chasseurs de domination aérienne, des chasseurs d'interception à longue distance et des appareils polyvalents. Le Su-30 est depuis 1992 au service des forces aériennes russes. Il existe les versions apparentées suivantes : le Su-32 en tant que bombardier tactique et le Su-33 en version pour les troupes navales.

Type : Sukhoï Su-30 MKK
Pays de production : Russie
Utilisation : Chasseur-bombardier
Envergure : 14,70 m
Longueur : 21,94 m
Motorisation: 2 moteurs Lioulka AL-31F d'une poussée de 122,6 kN (12 440 kp) avec postcombustion
Poids maximum au décollage : 33 000 kg
Vitesse maximale : 2 125 km/h
Autonomie : 3 000 km
Plafond : 17 500 m
Équipage : 2 personnes
Armement : 1 canon GSch-301 de 30 mm, 6 000 kg d'armes embarquées fixées en 10 emplacements extérieurs

Sukhoï Su-33

Chasseur-bombardier biréacteur dérivant du Su-27 et destiné à être embarqué sur des porte-avions (vol initial du prototype en 1985). L'empennage horizontal et les ailes peuvent être rabattues. La marine russe reçut en 1994 les premiers appareils, desquels 24 sont en service sur le seul porte-avion russe (Amiral Kousnetsov) existant actuellement (Su-33 MK : monoplace, Su-33 KUB : biplace).

Type : Sukhoï Su-33
Pays de production : Russie
Utilisation : Chasseur-bombardier
Envergure : 14,70 m
Longueur : 21,19 m
Motorisation: 2 moteurs Lioulka AL-31F d'une poussée de 122,6 kN (12 440 kp) avec postcombustion
Poids maximum au décollage : 33 000 kg
Vitesse maximale : 2 300 km/h
Autonomie : 3 000 km
Plafond : 17 000 m
Équipage : 1–2 personnes
Armement : 1 canon GSch-301 de 30 mm, 6 500 kg d'armes embarquées en 12 emplacements extérieurs

Supermarine Spitfire

Chasseur monomoteur britannique à ailes surbaissées à portée libre (vol initial du prototype le 05/03/1936). En cours de production, la puissance des turbines a été doublée, la vitesse maximale accrue d'un tiers et la capacité ascensionnelle augmentée de 80 pour cent. Cet appareil était très apprécié des pilotes. Lors de la guerre d'Angleterre, ces chasseurs ont eu avec les Hawker Hurricane la principale responsabilité des combats contre l'aviation militaire allemande (Luftwaffe). Plus de 20 000 Spitfires, se déclinant en 24 versions et en de nombreuses sous-versions, ont été construits.

Type : Supermarine Spitfire Mk.1
Pays de production : Grande-Bretagne
Utilisation : Avion de chasse
Envergure : 11,23 m
Longueur : 9,12 m
Motorisation: 1 moteur Rolls-Royce Merlin Mk.2 de 758 kW (1 030 CV)
Poids maximum au décollage : 2 415 kg
Vitesse maximale : 571 km/h
Autonomie : 805 km
Plafond : 10 360 m
Équipage : 1 personne
Armement : 8 mitrailleuses de 7,7 mm

Tupolev I-4/ANT-5

Avion de chasse monomoteur sesquiplan monomât entièrement exécuté en métal (début des essais en juillet 1927). Cet avion a été produit à 370 exemplaires qui ont été engagés dans les formations de chasse. À partir de 1934, le I-4 a été progressivement affecté à des tâches de formation.

Type : Tupolev I-4 (ANT-5)
Pays de production : Union soviétique
Utilisation : Avion de chasse
Envergure : 11,40 m (en haut), 5,70 m (en bas)
Longueur : 7,28 m
Motorisation: 1 moteur en étoile M-22 (Gnôme-Rhône GR-9ASB) de 353 kW (480 CV)
Poids maximum au décollage : 1 430 kg
Vitesse maximale : 231 km/h
Autonomie : 840 km
Plafond : 7 000 m
Équipage : 1 personne
Armement : 2 mitrailleuses de 7,62 mm, 4 bombes de 50 kg

Tupolev Tu-128 (Tu-28B)

Avion de chasse biréacteur à ailes demi-surélevées à portée libre et en forme très marquée de delta (livré en 1961). Cet avion était conçu pour servir de chasseur d'interception sur de longues distances et a vraisemblablement été un des plus lourds avions de chasse jamais construit. Le Tu-128M a été produit dès 1971, avec la possibilité de pouvoir aussi intervenir dans un espace aérien proche du sol (500–1 500 m).

Type : Tupolev T-128M
Pays de production : Union soviétique
Utilisation : Avion de chasse
Envergure : 17,53 m
Longueur : 30,06 m
Motorisation: 2 moteurs Lioulka AL-7F d'une poussée de 99,1 kN (10 105 kp) chacun
Poids maximum au décollage : 43 260 kg
Vitesse maximale : 1 910 km/h
Autonomie : 2 460 km
Plafond : 15 600 m
Équipage : 2 personnes
Armement : 4 missiles air-air à longue portée, 2 missiles R-4TM et 2 missiles R-4RM

Vought F4U Corsair

Chasseur monoréacteur à ailes surbaissées à portée libre et à double flèche (vol initial du prototype le 29/05/1940). La livraison du Corsair n'a pu avoir lieu qu'en juillet 1942 en raison de modifications qui avaient été souhaitées. En raison de la forte demande durant la Seconde Guerre mondiale, Goodyear et Brewster ont aussi construit ce modèle sous licence sous un autre nom. Ces appareils ont été utilisés par le corps des Marines et l'armée navale nord-américaine (US-Navy) avant tout dans les opérations de guerre du Pacifique. Durant la guerre de Corée, ils ont servi de chasseur d'assaut en appui aux forces terrestres.

Type : Chance Vought F4U-1
Pays de production : États-Unis
Utilisation : Avion de chasse
Envergure : 12,49 m
Longueur : 9,99 m
Motorisation: 1 moteur Pratt & Whitney R-2800-8 de 1 491 kW (2 027 CV)
Poids maximum au décollage : 6 280 kg
Vitesse maximale : 631 km/h
Autonomie : 1 722 km
Plafond : 11 310 m
Équipage : 1 personne
Armement : 6 mitrailleuses M2 de 12,7 mm, jusqu'à 1 000 kg de bombes embarquées

Vought F7U Cutlass

Avion de chasse biréacteur (vol initial du prototype le 29/09/1948). Suite à une spécification de l'armée nord-américaine datant de 1945, il s'agissait de développer un avion de chasse biréacteur pouvant atteindre une vitesse de plus de 900 km/h et s'élever à environ 12 000 m. Le Cutlass a été produit à 162 exemplaires et fut le premier avion à avoir franchi le mur du son en piqué.

Type : Chance Vought 346 F7U-1
Pays de production : États-Unis
Utilisation : Avion de chasse
Envergure : 11,78 m
Longueur : 12,06 m
Motorisation: 2 moteurs Westinghouse J34-WE-42 d'une poussée de 15,57 kN (1 588 kp) chacun
Poids maximum au décollage : 14 400 kg
Vitesse maximale : 1 115 km/h
Autonomie : 1 050 km
Plafond : 12 200 m
Équipage : 1 personne
Armement : 4 canons de 20 mm, une bombe ou un missile

Vought A-7 Corsair II

Chasseur-bombardier monoréacteur à ailes hautes (vol initial le 27/09/1965). Cet appareil avait été conçu comme avion d'attaque léger embarqué sur un porte-avions. Dès la fin de l'année 1967, cet avion a été engagé par la marine de guerre nord-américaine (US-Navy) dans des combats au-dessus du Vietnam. Ce chasseur-bombardier a aussi été affecté à des bases terrestres et a volé pour des forces aériennes d'autres pays.

Type : Vought A-7D
Pays de production : États-Unis
Utilisation : Chasseur-bombardier
Envergure : 11,81 m
Longueur : 14,06 m
Motorisation: 1 turboréacteur à double flux Allison TF41 d'une poussée de 64,5 kN (6 580 kp)
Poids maximum au décollage : 19 050 kg
Vitesse maximale : 1 123 km/h
Autonomie : 1 150 km
Plafond : 12 800 m
Équipage : 1 personne
Armement : 1 mitrailleuse M61 de 20 mm, 4 310 kg d'armes embarquées sous le fuselage et les ailes

Westland Whirlwind

Avion de chasse bimoteur à ailes surbaissées avec un empennage cruciforme (vol initial du prototype le 11/10/1938). Il était conçu en tant que chasseur à longue distance et se caractérisait par une vitesse élevée et un armement puissant. Les problèmes de moteur de cet appareil n'ont cependant jamais pu être complètement éliminés.

Type : Westland Whirlwind
Pays de production : Grande-Bretagne
Utilisation : Chasseur-bombardier
Envergure : 13,72 m
Longueur : 9,83 m
Motorisation: 2 moteurs Rolls-Royce Peregrine I V-12 d'une puissance de 650 kW (885 CV) chacun
Poids maximum au décollage : 5 175 kg
Vitesse maximale : 576 km/h
Autonomie : 1 290 km
Plafond : 9 240 m
Équipage : 1 personne
Armement : 4 canons automatiques de 20 mm, 453 kg de bombes

AB
3693
NAVY

Avions de reconnaissance

La recon - naissance

Les premiers engagements militaires d'aéronefs se font avec des avions de reconnaissance. Les commandants de troupes étaient jadis à la recherche d'emplacements surélevés pour conserver une vue d'ensemble. L'aviation leur donnait maintenant la possibilité de disposer d'une butte d'observation volante et surtout mobile. Les possibilités d'engagement des avions de reconnaissance et les exigences qu'ils devaient remplir ont évolué tout au long de l'histoire militaire. Un principe de base a subsisté : détecter ce qui est caché ou camouflé, que ce soit des rampes de missiles, des sous-marins ou des mouvements de troupe nocturnes, et les combattre le cas échéant. Des appareils spéciaux fonctionnent de plus comme unités de commandement, donc ont effectivement un rôle de « butte d'observation volante » et brouillent les communications ennemies au moyens de dispositifs de combats électroniques.

AEG B.I

Avion de chasse monomoteur biplan. Précurseur du modèle C de AEG, qui rencontra plus de succès et était armé. Cet avion de reconnaissance non armé avait déjà été remplacé avant la fin de l'année 1914 par le AEG B.II, une version améliorée mais qui restait toujours peu performante et qui fut en service jusqu'à la fin de la guerre en tant qu'avion de formation des pilotes.

Type : AEG B.I
Pays de production : Allemagne
Utilisation : Avion de reconnaissance
Envergure : 14,50 m
Longueur : 10,50 m
Motorisation : 1 moteur en ligne Benz FX de 74 kW (100 CV)
Poids maximum au décollage : 1 040 kg
Vitesse maximale : 110 km/h
Plafond : 2 500 m
Équipage : 2 personnes

Airspeed AS 39 Fleet Shadower

Avion de reconnaissance quadrimoteur à ailes hautes haubannées (vol initial le 18/10/1940) conçu dès 1939 pour l'observation des avions embarqués sur des porte-avions. Toutefois, seul un prototype a été construit, car les exigences posées au niveau des caractéristiques de vol n'ont pas pu être tenues.

Type : Airspeed AS 39
Pays de production : Grande-Bretagne
Utilisation : Avion de reconnaissance
Envergure : 16,26 m
Longueur : 12,20 m
Motorisation : 4 moteurs Niagara V de 97 kW (132 CV) chacun
Poids maximum au décollage : 3 146 kg
Vitesse maximale : 202 km/h
Autonomie : 1 000 km
Plafond : 4 500 m
Équipage : 3 personnes

Arado Ar 240

Avion de chasse bimoteur à ailes surbaissées à portée libre avec empennage en H (vol initial du prototype en juin 1940). Conçu en tant qu'avion de destruction, bombardier rapide et chasseur de nuit, l'Ar 240 était un concurrent direct du Me 210 et du He 219, mais ses caractéristiques de vol étaient cependant très problématiques. Il a essentiellement été employé pour des reconnaissances le long de la côte du Channel.

Type : Arado Ar 240
Pays de production : Allemagne
Utilisation : Avion de reconnaissance
Envergure : 16,59 m
Longueur : 13,45 m
Motorisation : 2 moteurs Daimler-Benz DB 603A d'une puissance de 1 305 kW (1 774 CV)
Poids maximum au décollage : 10 700 kg
Vitesse maximale : 670 km/h
Autonomie : 2 090 km
Plafond : 9 800 m
Équipage : 2 personnes
Armement : 6 mitrailleuses 151, jusqu'à 2 000 kg de bombes à l'extérieur

Avro 500

Avion polyvalent monomoteur biplan (vol initial du prototype le 03/12/1912). Développé dès 1911 comme avion militaire biplace, il devait surtout répondre à des exigences particulières au niveau de la durée de vol et de la capacité de chargement. Au total 21 appareils ont été construits pour servir d'avions d'observation et de liaison, pour effectuer des transports légers et pour la formation des pilotes jusqu'au début de la Première Guerre mondiale.

Type : Avro 500 E
Pays de production : Grande-Bretagne
Utilisation : Avion polyvalent
Envergure : 10,97 m
Longueur : 8,84 m
Motorisation : moteur rotatif Gnôme de 37 kW (50 CV)
Poids maximum au décollage : 617 kg
Vitesse maximale : 100 km/h
Autonomie : 220 km
Plafond : plus de 1 300 m
Équipage : 2 personnes

Avro 504

Avion de reconnaissance monomoteur (vol initial en juillet 1913). En partie en raison de son plafond opérationnel, l'Avro 504 était le seul moyen de combat efficace contre les dirigeables Zeppelin allemands. Il a été employé jusque dans les années 1930, essentiellement en tant qu'avion de formation. Les nombreuses versions allant jusqu'à des avions amphibies ainsi qu'une production sous licence ont représenté un nombre total de plus de 10 000 appareils produits.

Type : Avro 504 K
Pays de production : Grande-Bretagne
Utilisation : Avion de reconnaissance
Envergure : 10,97 m
Longueur : 8,97 m
Motorisation : moteur rotatif Le Rhône Clerget 9 B de 96 kW (130 CV)
Poids maximum au décollage : 830 kg
Vitesse maximale : 169 km/h
Autonomie : 245 km
Plafond : 5 800 m
Équipage : 2 personnes
Armement : 1 mitrailleuse, 45 kg de bombes

Avro 555 Bison

Avion de reconnaissance monomoteur biplan avec fuselage sous forme de cadre en tubes d'acier entoilé (vol initial des prototypes en 1921, 1922 et 1923). Conçu en tant qu'avion de reconnaissance de la marine pour être embarqué sur des porte-avions, cet appareil n'a été produit qu'en quelques dizaines d'exemplaires.

Type : Avro 555 Mk.1a Bison
Pays de production : Grande-Bretagne
Utilisation : Avion de reconnaissance
Envergure : 14,02 m
Longueur : 10,97 m
Motorisation : 1 moteur Napier Lion II de 358 kW (487 CV)
Poids maximum au décollage : 2 631 kg
Vitesse maximale : 177 km/h
Autonomie : 550 km
Plafond : 4 265 m
Équipage : 3 personnes
Armement : 1 mitrailleuses de 7,7 mm

Blackburn B-26 Botha

Avion de reconnaissance bimoteur à ailes hautes à portée libre, prévu pour avoir aussi une fonction de bombardier-torpilleur (vol initial le 28/12/1938). En raison de difficultés sur les groupes propulseurs, les B-26 mis en exploitation fin 1939 ont déjà été retirés du service en 1944.

Type : Blackburn B-26 Botha Mk.I
Pays de production : Grande-Bretagne
Utilisation : Avion de reconnaissance
Envergure : 17,98 m
Longueur : 15,58 m
Motorisation : 2 moteurs Bristol Perseus X A de 683 kW (928 CV) chacun
Poids maximum au décollage : 8 369 kg
Vitesse maximale : 401 km/h
Autonomie : 2 044 km
Plafond : 5 335 m
Équipage : 4 personnes
Armement : 3 mitrailleuses de 7,7 mm, env. 900 kg de bombes/bombes marines ou 1 torpille

Blériot XI La Manche/XI-2

Avion de reconnaissance monomoteur Louis Blériot fut le premier homme qui, avec cet avion conçu par ses soins en 1908, traversa pour la première fois le détroit de la Manche le 25/07/1909. Durant la Première Guerre mondiale, le Blériot XI a été utilisé comme avion de reconnaissance et d'observation de l'artillerie par la France et l'Italie.

Type : Blériot XI-2
Pays de production : France
Utilisation : Avion de reconnaissance
Envergure : 8,45 m
Longueur : 10,25 m
Motorisation : 1 moteur rotatif Gnôme-7B de 52 kW (71 CV)
Poids maximum au décollage : 625 kg
Vitesse maximale : 106 km/h
Autonomie d'engagement : 3 h 30 min
Plafond : 200 m
Équipage : 1 personne

Blohm & Voss BV 142

Avion de reconnaissance quadrimoteur à ailes surbaissées et en forme de double flèche, ainsi qu'avec un double empennage (vol initial le 11/10/1938). Initialement développé sur la base de l'hydravion Ha 139 en tant qu'avion terrestre destiné au trafic transatlantique, il ne fut cependant pas produit malgré la construction de quatre prototypes. Les prototypes, reconvertis pour assumer des engagements guerriers, ont été mis hors service en 1942.

Type : Blohm & Voss BV 142 V2/U1
Pays de production : Allemagne
Utilisation : Avion de reconnaissance
Envergure : 29,35 m
Longueur : 20,45 m
Motorisation : 4 moteurs BMW 132H1 d'une puissance de 610 kW (830 CV) chacun
Poids maximum au décollage : 16 700 kg
Vitesse maximale : 375 km/h
Autonomie : 4 400 km
Plafond : 6 800 m
Équipage : 4–5
Armement : 5 mitrailleuses 15 de 7,9 mm, environ 400 kg de bombes embarquées

Boeing RC-135

Avion de reconnaissance quadriréacteur dérivant du modèle de base C-135. Construit en 17 exemplaires depuis 1964 et constamment modernisé, le RC-135 a entre autres été engagé durant l'opération « Tempête du désert », en Haïti, en Bosnie et en Irak.

Type : Boeing RC-135
Pays de production : États-Unis
Utilisation : Avion de reconnaissance
Envergure : 44,40 m
Longueur : 46,60 m
Motorisation : 4 turboréacteurs à double flux Pratt & Whitney TF33-P-5 d'une poussée de 71 kN (7 231 kp) chacun
Poids maximum au décollage : env. 152 400 kg
Vitesse maximale : 966 km/h
Autonomie : 6 500 km
Plafond : 13 400 m
Équipage : 5 personnes

Boeing E-3 Sentry

Avion de reconnaissance quadriréacteur dérivant du Boeing 707-320B, muni d'ailes surbaissées à portée libre (vol initial le 09/02/1972). Cet appareil était le premier à être équipé du système AWACS (Airborne warning and control system) développé par Boeing dans le cadre de l'OTAN afin de surveiller l'espace aérien et de transmettre rapidement une alerte.

Typ : Boeing E-3 Sentry
Pays de production : USA
Utilisation : avion de transmission rapide d'alertes et de contrôle de l'espace aérien
Envergure : 44,45 m
Longueur : 46,68 m
Poids maximum au décollage : 157 400 kg
Motorisation : 4 moteurs Pratt & Whitney TF33-100A d'une poussée de 91 kN (9 290 kp) chacun ou 4 moteurs CFM56-2A-2/3 d'une poussée de 106,8 kN (10 890 kp) chacun
Vitesse maximale : 850 km/h
Autonomie d'engagement : 10 heures (sans ravitaillement en vol)
Plafond : plus de 10 670 m
Équipage : 4 + 14–17 spécialistes AWACS en cabine

Breguet Atlantic

Avion de reconnaissance bimoteur à ailes demi-surélevées (vol initial le 21/10/1961), prévu par l'OTAN pour succéder au Lockheed P2 V-7 et livré pour la première fois en 1963. Grâce à de multiples mesures de modernisation, cet appareil est encore en service de nos jours. L'Atlantic sert à la reconnaissance marine, à la poursuite des sous-marins, à combattre des objectifs maritimes, ainsi qu'à des tâches de recherche et de sauvetage.

Type : Breguet 1150 Atlantic
Pays de production : France
Utilisation : Avion de reconnaissance maritime
Envergure : 36,60 m
Longueur : 31,80 m
Motorisation : 2 moteurs Rolls-Royce Tyne RTy20 de 4 410 kW (6 000 CV) chacun
Poids maximum au décollage : 43 500 kg
Vitesse maximale : 650 km/h
Autonomie : 9 000 km
Plafond : 10 000 m
Équipage : 12 personnes
Armement : 1 canon Mk.46, des torpilles, des grenades sous-marines, des mines, des missiles et des armes guidées

British Aerospace Nimrod

Avion de reconnaissance quadriréacteur à ailes surbaissées (vol initial du prototype le 23/05/1967, de la version MR1 le 28/06/1968, de la dernière version MRA4 le 26/08/2004). Cet avion a été développé en se basant directement sur le premier avion à réaction du monde dédié au trafic de passagers, le De Havilland Comet 4C. Il était complètement équipé, avec des techniques recourant aux radars, aux sonars et aux ondes radio.

Type : British Aerospace Nimrod MR1
Pays de production : Grande-Bretagne
Utilisation : Avion de reconnaissance
Envergure : 35,08 m
Longueur : 38,63 m
Motorisation : 4 moteurs Rolls-Royce RB 168-20 Spey Mk.250 d'une poussée de 54 kN (5 506 kp) chacun
Poids maximum au décollage : 87 090 kg
Vitesse maximale : 925 km/h
Autonomie : 9 265 km
Plafond : 13 040 m
Équipage : jusqu'à 13 personnes
Armement : 9 torpilles ou bombes à l'intérieur, d'autres missiles, canons ou mines à l'extérieur

Canadair CL 28 Argus

Avion de reconnaissance maritime quadrimoteur à ailes surbaissées (vol initial le 28/03/1957) qui se base constructivement, tout comme la version civile Canadair CL 44, sur le Bristol 175 Britannia. Le fuselage fut complètement reconstruit, l'ergot à la queue de l'appareil contenait les appareils de recherche permettant de poursuivre les sous-marins. Cet appareil devait pouvoir rester 24 heures en train de voler à basse altitude.

Type : Canadair CL 28
Pays de production : Canada
Utilisation : Avion de reconnaissance maritime
Envergure : 43,40 m
Longueur : 39,30 m
Motorisation : 4 moteurs Wright R-3350-EA1 Cyclone d'une puissance de 2 535 kW (3 446 CV) chacun
Poids maximum au décollage : 71 214 kg
Vitesse maximale : 470 km/h
Autonomie : 9 495 km
Plafond : 7 620 m
Équipage : 15 personnes
Armement : 3 629 kg d'armes embarquées dans le fuselage, 1 724 kg fixées à des emplacements extérieurs

Cessna O-2

Avion de reconnaissance bimoteur (vol initial en janvier 1967), entraîné par des hélices tractrice et propulsive placées à l'avant et à l'arrière. La version militaire du Cessna 337 Skymaster remplaça le Cessna O-1 Bird Dog. Le Cessna O-2 fut entre autres utilisé au Vietnam en tant qu'avion d'observation et pour le marquage d'objectifs. Les derniers des 532 exemplaires de cet avion produit jusqu'en 1970 sont restés en service jusque dans les années 1980 au service de l'armée de l'air des États-Unis.

Type : Cessna O-2 A
Pays de production : États-Unis
Utilisation : Avion de reconnaissance
Envergure : 11,63 m
Longueur : 9,07 m
Motorisation : 2 moteurs Continental IO-360-GB de 157 kW (213 CV) chacun
Poids maximum au décollage : 2 100 kg
Vitesse maximale : 420 km/h
Autonomie : 2 288 km
Plafond : 9 500 m
Équipage : 2 personnes
Armement : mitrailleuse de 7,62 mm, missiles légers fixés sous les ailes

Consolidated PB4Y Privateer

Avion de reconnaissance quadrimoteur à ailes hautes (vol initial le 20/09/1943), variante destinée à la marine du B-24 Liberator. Le fuselage du B-24 fut prolongé et rendu plus résistant aux impacts de projectiles. Il a eu plus de 700 exemplaires construits, qui ont surtout été utilisés dans la zone du Pacifique, et certains d'entre eux sont restés en service jusqu'en 2002 pour lutter contre les incendies.

Type : Consolidated PB4Y-2
Pays de production : États-Unis
Utilisation : Avion de reconnaissance
Envergure : 33,53 m
Longueur : 22,73 m
Motorisation : 4 moteurs Pratt & Whitney R-1830-94 d'une puissance de 1 007 kW (1 369 CV) chacun
Poids maximum au décollage : 29 480 kg
Vitesse maximale : 381 km/h
Autonomie : 4 506 km
Plafond : 6 310 m
Équipage : 11 personnes
Armement : 12 mitrailleuses de 12,7 mm, jusqu'à 5 800 kg de bombes

DFS 228

Avion de reconnaissance monoréacteur (vol initial en 1943) ; développement du prototype en tant qu'avion de reconnaissance d'altitude (avec deux caméras infrarouges Zeiss), muni dès 1941 d'un moteur-fusée qui devait permettre d'atteindre une vitesse supersonique. Plus de 40 vols d'essai furent effectués jusqu'à la fin de la guerre (ill. : DFS 228 sur Dornier Do-217). Les connaissances obtenues devaient conduire à la construction du DFS 228 V2, dont le prototype fut cependant détruit au début de l'année 1945.

Type : DFS 228 V1
Pays de production : Allemagne
Utilisation : Avion de reconnaissance
Envergure : 17,60 m
Longueur: 10,59 m
Motorisation : 1 moteur-fusée Walter HWK 109-509 A-1 d'une poussée de 15,7 kN (1 600 kp)
Poids maximum au décollage : 4 200 kg
Vitesse maximale : 900 km/h
Autonomie : 1 050 km
Plafond : 10 000 m
Équipage : 1 personne

Fieseler Fi 156 Storch

Avion polyvalent monomoteur biplan à décollage et atterrissage courts (STOL) (vol initial le 24/04/1936). Produits de 1937 à 1945 à environ 2 900 exemplaires et engagés essentiellement comme avions de combat et de reconnaissance. Après la guerre en France et en Tchécoslovaquie, il a continué à être produit et a servi de base à des perfectionnements ultérieurs. Certains exemplaires volent de nos jours encore.

Type : Fieseler Fi 156 C 2
Pays de production : Allemagne
Utilisation : Avion de reconnaissance
Envergure : 14,25 m
Longueur : 9,90 m
Motorisation : 1 moteur Argus As 10C-3 de 175 kW (238 CV)
Poids maximum au décollage : 1 325 kg
Vitesse maximale : 175 km/h
Autonomie : 470 km
Plafond : 5 300 m
Équipage : 2 personnes + 1 pilote
Armement : 1 mitrailleuse 15 de 7,92 mm

Focke-Wulf Fw 189 Eule

Avion de reconnaissance bimoteur à ailes surbaissées avec double empennage (vol initial en 1938). Cet appareil fut engagé pour des reconnaissances rapprochées en raison de l'usage auquel il était destiné, son fuselage (une nacelle posée sur la partie centrale des ailes) était largement vitré et offrait une bonne vue circulaire ; des équipements photographiques se trouvaient à bord.

Type : Focke-Wulf Fw 189 A-1
Pays de production : Allemagne
Utilisation : Avion de reconnaissance
Envergure : 18,40 m
Longueur : 11,90 m
Motorisation : 2 moteurs Argus As 410 A-1 de 345 kW (465 CV) chacun
Poids maximum au décollage : 3 950 kg
Vitesse maximale : 317 km/h
Autonomie : 940 km
Plafond : 7 000 m
Équipage : 3 personnes
Armement : 4 mitrailleuses de 7,92 mm, 4 bombes de 50 kg

Focke-Wulf Fw 200 Condor

Avion de reconnaissance quadrimoteur (vol initial le 27/07/1937). Construit en tant qu'avion transatlantique destiné au transport de passagers, le Fw 200 a été transformé au début de la Seconde Guerre mondiale et engagé comme avion de reconnaissance maritime sur longue distance et comme bombardier de marine dans l'Atlantique nord.

Type : Focke-Wulf Fw 200 C-1 Condor
Pays de production : Allemagne
Utilisation : Avion de reconnaissance
Envergure : 30,86 m
Longueur : 23,85 m
Motorisation : 4 moteurs BMW 132 G de 735 kW (1 000 CV) chacun
Poids maximum au décollage : 17 000 kg
Vitesse maximale : 430 km/h
Autonomie : 1 770 km
Plafond : 7 500 m
Équipage : 4 personnes
Armement : 2 mitrailleuses 151 de 20 mm, 4 mitrailleuses 15 de 7,92 mm, jusqu'à 5 600 kg de bombes

Grumman S-2 Tracker

Avion de reconnaissance bimoteur (vol initial du prototype le 04/12/1952). En service depuis 1954 jusque dans les années 1970, principalement pour des missions de surveillance maritime et comme avion de chasse contre les sous-marins. Après sa mise hors service, quelques unités continuèrent à être utilisées comme avions de lutte contre les incendies. En tout 1186 appareils en différentes versions ont été construits, dont quelques-uns ont été exportés et sont encore en service aujourd'hui.

Type : Grumman S-2 F-1
Pays de production : États-Unis
Utilisation : Avion de reconnaissance maritime
Envergure : 21,23 m
Longueur : 12,88 m
Motorisation : 2 moteurs Wright R-1820-82WA Cyclone d'une puissance de 1 137 kW (1 546 CV) chacun
Poids maximum au décollage : 11 900 kg
Vitesse maximale : 462 km/h
Autonomie : 1 350 km
Plafond : 6 710 m
Équipage : 4 personnes
Armement : 2 180 kg de torpilles, de missiles et de mines sous-marines

Grumman OV-1 Mohawk

Avion de reconnaissance bimoteur à ailes demi-surélevées avec triple empennage et entraînement par turbopropulseur (vol initial le 14/04/1959). En service de 1959 à 1996. Cet appareil était initialement non armé, mais il fut équipé de missiles de défense après les expériences faites lors de la guerre du Vietnam. 380 appareils ont été produits entre 1957 et 1969.

Type : Grumman OV-1
Pays de production : États-Unis
Utilisation : Avion de reconnaissance
Envergure : 14,63 m
Longueur : 13,69 m
Motorisation : 2 moteurs Avco Lycoming T53-L-701 de 1 044 kW (1 420 CV) chacun
Poids maximum au décollage : 8 085 kg
Vitesse maximale : 491 km/h
Autonomie : 1 728 km
Plafond : 9 240 m
Équipage : 2 personnes

Iliouchine Il-20

Avion de reconnaissance quadrimoteur à ailes surbaissées à portée libre et avec une structure entièrement métallique. Cet appareil dérivait de l'avion civil Il-18. Il était utilisé pour le balayage radar, la cartographie, l'écoute des communications radio et la prise de vue aérienne. À l'époque de la guerre froide, il a fréquemment été observé lors de missions de surveillance des zones maritimes des états membres de l'OTAN.

Type : Iliouchine Il-20
Pays de production : Union soviétique
Utilisation : Avion de reconnaissance
Envergure : 37,42 m
Longueur : 35,90 m
Motorisation : 4 moteurs Ivtchenko AI-20M de 3 126 kW (4 250 CV) chacun
Poids maximum au décollage : 64 000 kg
Vitesse maximale : 675 km/h
Autonomie : 6 500 km
Plafond : 10 000 m
Équipage : 4 + 8 personnes

Iliouchine Il-38

Avion de reconnaissance maritime quadrimoteur à ailes surbaissées dérivant de l'avion civil de transport de passagers Il-18 (en service depuis 1967/68). La version destinée à la marine a un plus long fuselage et un ergot arrière bien apparent pour la localisation magnétique. Une version modifiée fut construite en 1979, avec 82 tonnes de poids au décollage et 9 tonnes de charge emportées.

Type : Iliouchine Il-38
Pays de production : Union soviétique
Utilisation : Avion de reconnaissance maritime
Envergure : 37,40 m
Longueur : 40,83 m
Motorisation : 4 moteurs Ivtchenko AI-20M de 3 675 kW (5 000 CV) chacun
Poids maximum au décollage : 63 500 kg
Vitesse maximale : 645 km/h
Autonomie : 7 240 km
Plafond : 8 000 m
Équipage : 12 personnes
Armement : grenades sous-marines, torpilles à tête chercheuse et armes guidées fixées à des emplacements extérieurs

Iliouchine A-50

Avion de reconnaissance quadriréacteur à ailes hautes (vol initial des prototypes en 1982). Cet appareil se base sur l'avion de transport Il-76. Il est essentiellement engagé pour la surveillance de l'espace aérien, mais il sert aussi de poste de commandement volant et de centrale de relais pour l'échange d'informations importantes relatives aux combats et peut conduire les avions de combat vers des objectifs ennemis.

Type : Iliouchine A-50
Pays de production : Union soviétique
Utilisation : Avion de reconnaissance
Envergure : 50,54 m
Longueur : 46,59 m
Motorisation : 4 moteurs Soloviev D-30KP d'une poussée de 117,7 kN (12 000 kp) chacun
Poids maximum au décollage : 172 370 kg
Vitesse maximale : 850 km/h
Autonomie : 7 300 km
Plafond opérationnel : 13 000 m
Équipage : 15-16 personnes
Armement : 2 mitrailleuses de 23 mm à l'arrière, dispositifs de contre-mesures électroniques, infrarouges et leurres induisant les radars en erreur

Junkers Ju 21

Avion de reconnaissance monomoteur à ailes surélevées. Variante d'appareil dérivant du type T 21 construit à Dessau (vol initial à cet endroit le 12/06/1923). Cet appareil devait été engagé comme avion de reconnaissance porteur d'armements. Les réservoirs de carburants placés le long du fuselage (voir illustration) pouvaient être largués en cas de danger. Au total 122 appareils de ce type ont été produits en Union soviétique.

Type : Junkers Ju 21
Pays de production : Union soviétique
Utilisation : Avion de reconnaissance
Envergure : 10,77 m
Longueur : 7,30 m
Motorisation : 1 moteur BMW IIIa-Motor de 136 kW (185 CV)
Poids maximum au décollage : 1 135 kg
Vitesse maximale : 220 km/h
Équipage : 2 personnes

Lockheed PV-2 Harpoon

Avion de patrouille bimoteur, développé en 1943 en se basant sur le PV-1 Ventura. Le Harpoon a des similitudes avec le bombardier A-29 et le modèle 14 Super Electra de Lookheed. Les Harpoon furent impliqués dans les combats à la fin de la Seconde Guerre mondiale autour des îles Aléoutiennes.

Type : Lockheed PV-2H
Pays de production : États-Unis
Utilisation : Avion de reconnaissance maritime
Envergure : 22,82 m
Longueur : 15,88 m
Motorisation : 2 moteurs Pratt & Whitney R-2800-31 Double Wasp d'une puissance de 1 491 kW (2 027 CV)
Poids maximum au décollage : 16 300 kg
Vitesse maximale : 454 km/h
Autonomie : 2 800 km
Plafond : 7 280 m
Équipage : 6 personnes
Armement : 9 mitrailleuses de 12,7 mm, 1 600 kg de bombes, de grenades sous-marines ou de torpilles

Lockheed P-3 Orion

Chasseur de sous-marins quadrimoteur et appareil de reconnaissance marine à longue distance maritime quadrimoteur à ailes surbaissées (vol initial du 2e prototype le 25/11/1959), développé à partir du Lockheed L-188 Electra. Alors que le premier prototype correspondait encore largement au modèle dont dérivait ce type d'avion, des modifications ont été apportées après les premiers tests : le fuselage a été raccourci et exécuté sans fenêtres tandis que le long aiguillon arrière reçut les appareils de localisation magnétique. Cet appareil remplaça les P-2 Neptune dans la lutte contre les sous-marins. La production en série commença en 1961 et, depuis 1969, la version P-3 C a été équipée avec les équipements électroniques les plus modernes pour leur époque. Trois avions ont été pourvus d'antennes radar rotatives et ont servi à la surveillance côtière par la douane états-unienne.

Type : Lockheed P-3
Pays de production : États-Unis
Utilisation : Chasseur de sous-marins et avion de reconnaissance marine à longue distance maritime
Envergure : 30,37 m
Longueur : 35,61 m
Motorisation : 4 moteurs à turbopropulseurs Allison T56-A-14 de 3 645 kW (4 955 CV)
Poids maximum au décollage : 61 000 kg
Vitesse maximale : 761 km/h
Autonomie : 3 500–8 900 km
Plafond : 8 625 m
Équipage : 10 personnes
Armement : 9 000 kg d'armes : 3 290 kg à l'intérieur (grenades sous-marines, torpilles), 5 782 kg à l'extérieur (par exemple AGM-84 Harpoon)

Lockheed U-2

Avion de reconnaissance d'altitude monoréacteur à ailes demi-surélevées. Sa mission était d'effectuer des reconnaissances à des altitudes supérieures à 20 000 m, car l'on considérait que l'avion était alors hors d'atteinte des missiles de défense aérienne comme des avions de chasse d'interception. Le U2 a des caractéristique de vol particulières grâce à sa forme rappelant celle d'un planeur. Le 1er mai 1960, un U-2 fut abattu au-dessus de l'Union soviétique, ce qui se traduisit par de considérables remous politiques. Un autre U2 fut abattu en 1962 au-dessus de Cuba.

Type : Lockheed U-2
Pays de production : États-Unis
Utilisation : Avion de reconnaissance d'altitude
Envergure : 24,38 m
Longueur : 15,24 m
Motorisation : 1 moteur Pratt & Whitney J75-P-13 d'une poussée de 66,7 kN (6 800 kp)
Poids maximum au décollage : 7 815 kg
Vitesse maximale : 794 km/h
Autonomie : 4 635 km
Plafond : 21 335 m
Équipage : 1 personne

Lockheed SR-71 Blackbird

Avion de reconnaissance biréacteur à ailes demi-surélevées à portée libre, avec une voilure en forme de delta et un double empennage, un fuselage et des surfaces construites en titane (vol initial du prototype le 16/04/1961). Cet avion était conçu pour être engagé à haute altitude et atteindre des grandes vitesses ; il a battu de nombreux records. Jusqu'en 1990, il y avait encore 32 appareils de ce type en service.

Type : Lockheed SR-71A
Pays de production : États-Unis
Utilisation : Avion de reconnaissance stratégique d'altitude
Envergure : 16,94 m
Longueur : 32,74 m
Motorisation : 2 moteurs Pratt & Whitney J-58 JT-11 d'une poussée de 151,1 kN (15 408 kp) avec postcombustion
Poids maximum au décollage : 77 112 kg
Vitesse maximale : 3 529 km/h
Autonomie : 5 400 km (sans ravitaillement en vol)
Plafond : max. 26 213 m
Équipage : 2 personnes

Lockheed S-3 Viking

Avion de combat et de reconnaissance bimoteur à ailes hautes embarqué à bord de porte-avions (vol initial le 21/01/1972). Cet avion au service de la marine de guerre nord-américaine (US Navy) a remplacé depuis 1974 les anciens et lents appareils Grumman S-2. Il a pour mission de détecter et combattre les sous-marins. Les surfaces portantes et les empennages étaient rabattables, le détecteur magnétique d'anomalies (MAD ; capteur de déviation de champ magnétique) placé à l'arrière pouvait être déployé en cas de besoin.

Type : Lockheed S-3
Pays de production : États-Unis
Utilisation : Chasseur de sous-marins et avion de reconnaissance marine
Envergure : 20,93 m (rabattu 8,99 m)
Longueur : 16,26 m
Poids maximum au décollage : 23 800 kg
Motorisation : 2 moteurs GE TF-34-GE-400B d'une poussée de 41,26 kN (4 207 kp)
Vitesse maximale : 816 km/h (au niveau de la mer)
Autonomie : 3 700 km
Plafond : 12 200 m
Équipage : 4 personnes
Armement : max. 1 780 kg d'armes embarquées : des missiles AGM-84 Harpoon et AGM-65 Maverick, des mines, des missiles, des bombes et des torpilles

Martin P4M Mercator

Avion de patrouille bimoteur à ailes demi-surélevées (vol initial le 20/10/1946). Cet appareil disposait, outre de deux moteurs en étoile, de deux réacteurs afin d'avoir plus de puissance lors des décollages et en situations de combats. Les réacteurs étaient également alimentés avec du kérosène. Malgré ce concept de motorisation qui posait des problèmes, certains appareils sont restés en service jusqu'en 1960.

Type : Martin R4M-1
Pays de production : États-Unis
Utilisation : Avion de patrouille
Envergure : 34,75 m
Longueur : 25,50 m
Motorisation : 2 moteurs Pratt & Whitney R-4360-8 de 2 423 kW (3 295 CV), 2 turboréacteurs Allison J33-A-23 d'une poussée de 20,4 kN (2 080 kp) chacun
Poids maximum au décollage : 40 088 kg
Vitesse maximale : 660 km/h
Autonomie : 4 570 km
Plafond : 10 500 m
Équipage : 3-4 personnes (9 au maximum)
Armement : 4 canons automatiques de 20 mm, 2 mitrailleuses de 12,7 mm, 2 722 kg de bombes

McDonnell RF-101 Voodoo

Avion de reconnaissance biréacteur à ailes demi-surélevées à portée libre (vol initial du prototype en mai 1954) ; il est considéré comme le premier avion de reconnaissance supersonique. La version de reconnaissance a été développée en se basant sur le McDonnell F-101. Cet avion n'était pas armé, mais équipé des techniques photographiques les plus avancées pour son époque. C'est avec un avion de ce type que furent prises en 1962 au-dessus de Cuba les photos des rampes de missiles soviétiques. À noter qu'il a aussi été employé au Vietnam.

Type : RF-101 Voodoo
Pays de production : États-Unis
Utilisation : Avion de reconnaissance
Envergure : 12,09 m
Longueur : 21,11 m
Motorisation : 2 moteurs Pratt & Whitney J57 d'une poussée de 66,7 kN (6 800 kp) avec postcombustion
Poids maximum au décollage : 23 100 kg
Vitesse maximale : 1 610 km/h
Autonomie : 3 315 km
Plafond : 13 060 m
Équipage : 1 personne

Messerschmitt Bf 161

Avion de reconnaissance bimoteur, perfectionnement du Bf 110 B. À l'exception de l'avant du fuselage, qui fut prolongé d'un mètre afin d'y loger l'équipement photographique, cette variante sous forme d'avion de reconnaissance est largement identique au modèle de base tel qu'il fut utilisé dans la légion Condor. Après la construction de trois prototypes, aucune production en série ne débuta.

Type : Messerschmitt Bf 161
Pays de production : Allemagne
Utilisation : Avion de reconnaissance
Envergure : 16,25 m
Longueur : env. 13,30 m
Motorisation : 2 moteurs DB 600A d'une puissance de 706 kW (960 CV)
Équipage : 2 personnes
Armement : 1 mitrailleuse 15 de 7,92 mm

Mitsubishi Ki-46-III

Avion de reconnaissance bimoteur à ailes surbaissées à portée libre (vol initial le 14/11/1939). Cet avion était primitivement conçu en tant que chasseur à longue distance mais, après sa mise en service, il a été utilisé pour des reconnaissances à longue distance et comme avion d'entraînement (entraînement des équipages). La version Ki-46-IIIb a été utilisée pour mener des missions d'attaque à basse altitude. Cet avion était particulièrement convaincant par sa forme aérodynamique particulièrement réussie.

Type : Mitsubishi Ki-46-III
Pays de production : Japon
Utilisation : Avion de reconnaissance
Envergure : 14,70 m
Longueur : 11,00 m
Motorisation : 2 moteurs en double étoile Mitsubishi Ha-112-II de 1 100 kW (1 500 CV) chacun
Poids maximum au décollage : 5 720 kg
Vitesse maximale : 630 km/h (à 6 000 m d'altitude)
Autonomie : 4 000 km
Plafond : 10 500 m
Équipage : 2 personnes

Rockwell/North American OV 10 Bronco

Avion de reconnaissance bimoteur à ailes hautes avec double empennage (vol initial du prototype le 16/07/1965, appareil de série le 06/08/1967). Le fuselage est exécuté sous forme de nacelle centrale, les nacelles des moteurs se terminent sous forme des deux supports d'empennage alors que les empennages latéraux sont reliés par un empennage horizontal placé en hauteur. La mission de cet avion est d'effectuer des reconnaissances armées. Le Bronco sert en outre d'avion léger de transport de fret et d'avion-ambulance.

Type : Rockwell OV-10A
Pays de production : États-Unis
Utilisation : Avion de reconnaissance
Envergure : 12,20 m
Longueur : 12,67 m
Motorisation : 2 moteurs Garret T-76-G10/12 de 525 kW (715 CV) chacun
Poids maximum au décollage : 6 690 kg
Vitesse maximale : 450 km/h
Autonomie : 620 km
Plafond : 7 300 m
Équipage : 2 personnes
Armement : 4 mitrailleuses de 7,62 mm, 1 633 kg d'armes fixées dans quatre emplacements sous les ailes

Tupolev R-6 (ANT-7)

Avion de reconnaissance bimoteur à ailes surbaissées à portée libre et structure entièrement métallique (vol initial le 11/09/1929). Jusqu'en 1932, 45 appareils de la version de reconnaissance de l'avion polyvalent ANT-7 ont été produits. Le survol du pôle nord par Gromov avec un des ces appareils le 5 mai 1937 est resté célèbre.

Type : Tupolev R-6 (ANT-7)
Pays de production : Union soviétique
Utilisation : Avion de reconnaissance
Envergure : 23,20 m
Longueur : 15,06 m
Motorisation : 2 moteurs à 12 cylindres en ligne M-17F de 526 kW (715 CV) de puissance au décollage
Poids maximum au décollage : 6 472 kg
Vitesse maximale : 230 km/h
Autonomie : 800 km
Plafond : 4 900 m
Équipage : 3-4 personnes
Armement : 5 mitrailleuses de 7,62 mm, 500 kg de bombes

Avions de transport militaires

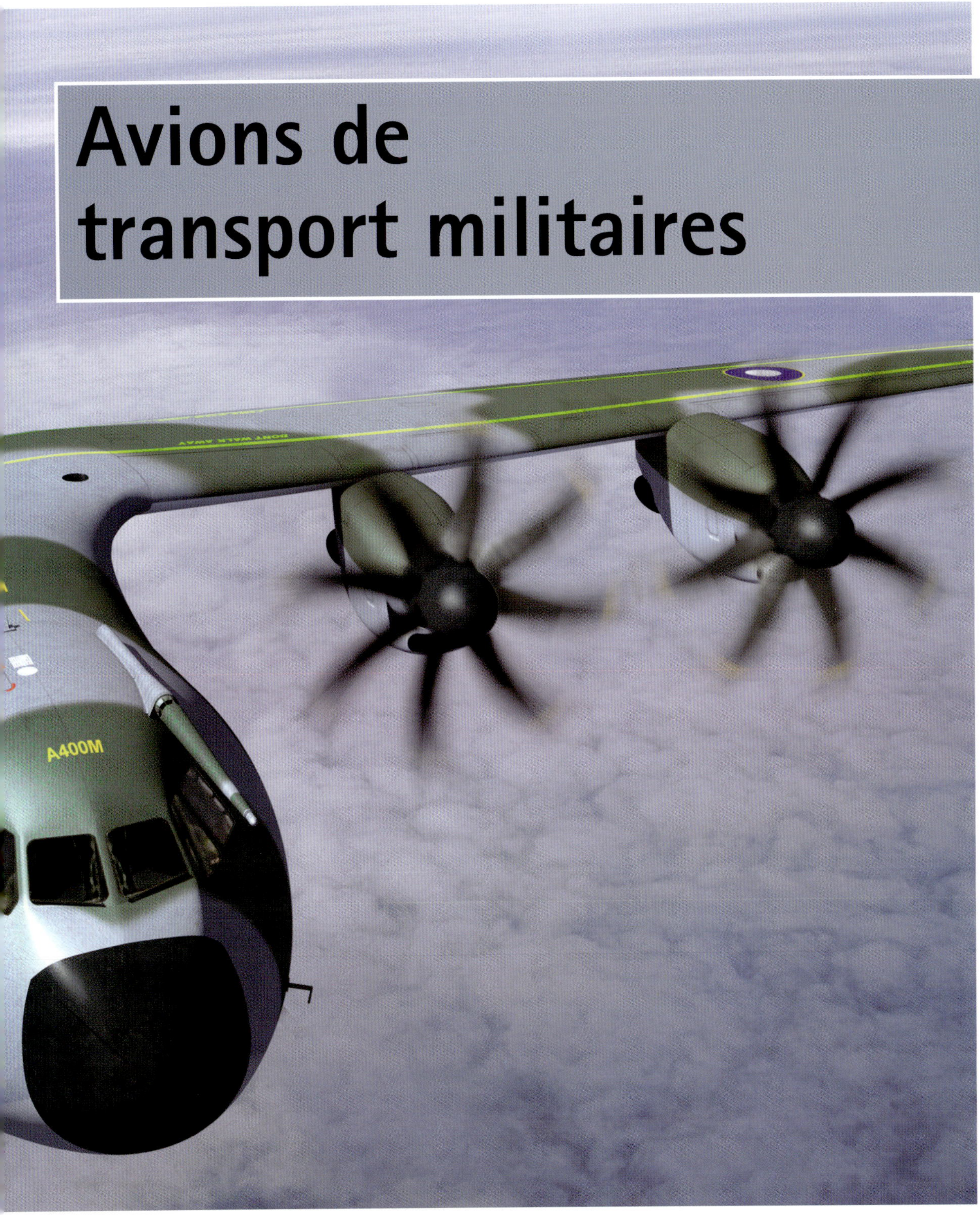

Avions de transport militaires

Les tâches de transport militaires sont par nature très différentes des exigences posées au transport dans un cadre civil : ainsi, par exemple lors du transport de soldats et de parachutistes, les critères de confort ne sont pas déterminants. Les avions de transport engagés dans les zones de conflit sont en général armés. Dans le cadre du soutien aux troupes au sol, des avions de transports ont même été convertis en de véritables appareils de combat afin de leur confier des missions tactiques particulières. Les différences entre les avions de transport militaires et civils sont à bien des égards ténues, et c'est pourquoi il n'est pas étonnant qu'un type ou l'autre d'avion soit employé dans ces deux secteurs d'activité. Les avions de transport militaires à grande capacité ont ainsi fait leurs preuves lors de missions humanitaires.

Aeritalia G.222

Avion de transport militaire bimoteur à ailes surélevées et à décollage et atterrissage courts (STOL) (vol initial le 18/07/1970). Les différents composants de cet appareil proviennent de différents constructeurs italiens, le montage final s'est fait chez Aeritalia à Naples. 108 unités en différentes versions ont été produites (entre autres pour l'exportation), mais le principal client reste l'armée de l'air italienne. Cette dernière a mis en service cet avion en 1978 pour effectuer des transports de troupe.

Type : Aeritalia G.222
Pays de production : Italie
Utilisation : avion de transport
Envergure : 28,70 m
Longueur : 22,70 m
Motorisation : 2 moteurs General Electric T-64-GE-P4D de 2 536 kW (3 448 CV) chacun
Poids maximum au décollage : 26 500 kg
Vitesse maximale : 540 km/h
Autonomie : 1 260 à 4 940 km
Plafond : 7 620 m
Équipage : 4 personnes
Chargement : 44 personnes ou 8 500 kg de fret

Airbus A400M

Avion quadrimoteur pour transports militaires. Doté de technologies innovantes, rapide et pouvant être ravitaillé en vol, capable d'utiliser des pistes d'atterrissage courtes et non revêtues, cet avion peut être engagé pour des missions stratégiques et tactiques. Après un retard de livraison de plusieurs années, le futur du A400M semble incertain. Son problème principal réside dans ses immenses propulseurs entraînés par hélices.

Type : Airbus A400M
Pays de production : Union européenne
Utilisation : Avion de transport
Envergure : 42,40 m
Longueur : 42,10 m
Motorisation : 4 TP400-D6 Turboprop de 8 200 kW (11 150 CV)
Poids maximum au décollage : 141 000 kg
Vitesse maximale : 800 km/h
Autonomie : max. 9 000 km
Plafond : 12 120 m
Équipage : 4-5 personnes
Chargement : 37 000 kg ou 116 parachutistes ou 66 brancards pour blessés et 25 accompagnants

Airtech CN-235

Avion polyvalent de transport bimoteur du constructeur espagnol Airtech (Aircraft Technology Industries) sous forme de projet commun entre l'entreprise espagnole CASA et la firme indonésienne IPTN (vol initial le 11/11/1983). Plus de 250 unités ont jusqu'à présent été construites. La version CN-235MPA sert d'avion de patrouille pour la marine et est équipée d'un radar de recherche à balayage sur 360°.

Type : Airtech CN-235
Pays de production : Espagne
Utilisation : Avion de transport
Envergure : 25,81 m
Longueur : 21,35 m
Motorisation : 2 moteurs General Electric CT7-9C3 de 1 397 kW (1 900 CV) chacun
Poids maximum au décollage : 15 800 kg
Vitesse maximale : 460 km/h
Autonomie : 1 773 km
Plafond : 7 620 m
Chargement : 40 personnes ou 4 300 kg de fret
Armement : 2 AM-39 Exocet ou 2 torpilles Mk.46 (version pour la marine)

Alenia C-27 Spartan

Avion de transport bimoteur à ailes hautes, empennage conventionnel, décollage et atterrissage courts (STOL) (vol initial du prototype le 12/05/1999). Cet appareil a été développé communément avec Lookheed Martin sous forme de perfectionnement du modèle G.222 et est engagé pour des opérations stratégiques à courte et moyenne portée, comme par exemple des vols d'évacuation et de ravitaillement.

Type : Alenia C-27A
Pays de production : Italie
Utilisation : Avion de transport
Envergure : 28,70 m
Longueur : 22,70 m
Motorisation : 2 moteurs Allison AE2100D3 de 3 090 kW (4 200 CV) chacun
Poids maximum au décollage : 30 000 kg
Vitesse maximale : 565 km/h
Autonomie : jusqu'à 2 500 km/h
Plafond : plus de 8 000 m
Équipage : 3 personnes
Chargement : 53 personnes / 42 parachutistes ou 10 000 kg de fret

Antonov An-12

Avion de transport militaire quadrimoteur à ailes hautes et à entraînement par turbopropulseur (vol initial le 16/12/1956). Il a été initialement développé parallèlement à l'appareil An-10 pour le transport de passagers et était appelé à être l'avion de transport standard des forces armées aériennes soviétiques. L'An-12 peut-être considéré comme le pendant soviétique au C-130 nord-américain. Après la fin de la guerre froide, il a aussi été employé pour des transports civils. Quelque 1 250 appareils ont été produits en série de 1959 à 1973.

Type : Antonov An-12 BP
Pays de production : Union soviétique
Utilisation : Avion de transport
Envergure : 38,00 m
Longueur : 33,10 m
Motorisation : 4 moteurs Ivtchenko AI-20M de 3 126 kW (4 250 CV) chacun
Poids maximum au décollage : 61 000 kg
Vitesse maximale : 770 km/h
Autonomie : 3 600 km
Plafond : 10 200 m
Équipage : 5-6 personnes
Chargement : 132 personnes / 90 soldats ou 20 000 kg de fret
Armement : 2 mitrailleuses de 23 mm

Antonov An-26

Avion de transport bimoteur dérivant des types An-24T et An-24 RT (1967). Les grandes portes placées à l'arrière permettent le chargement et le déchargement de grandes voitures. La rampe de chargement située sous le fuselage permet de larguer des parachutistes ou des charges lorsque l'avion est en vol. Cet appareil dispose d'une grue de bord et peut-être adapté en 30 minutes à différents types d'affectation.

Type : Antonov An-26
Pays de production : Union soviétique
Utilisation : Avion de transport
Envergure : 29,20 m
Longueur : 23,80 m
Motorisation : 2 moteurs Ivtchenko AI-24WT de 2 103 kW (2 860 CV) chacun, 1 réacteur RU 10A-30 d'une poussée de 7,85 kN (800 kp)
Poids maximum au décollage : 24 000 kg
Vitesse de marche : 440 km/h
Autonomie : max. 9 000 km
Plafond : 8 400 m
Équipage : 4-5 personnes
Chargement : 5 500-6 300 kg ou 39 passagers / 30 parachutistes

BAC (Vickers) VC-10

Avion quadriréacteur de ravitaillement et de transport avec ailes surbaissées et empennage en T. Dérivant de la version pour passagers, l'avion de ravitaillement a connu plus de succès et s'est révélé plus durable que son prédécesseur. Il a été mis en service en 1982. Ces avions de ravitaillement peuvent distribuer du carburant à deux avions simultanément. Plusieurs VC-10 affectés auparavant à des tâches civiles ont encore été convertis en avion de ravitaillement en 1994.

Type : VC-10 C-1K
Pays de production : Grande-Bretagne
Utilisation : Avion de ravitaillement et de transport
Envergure : 44,55 m
Longueur : 48,36 m
Motorisation : 4 moteurs Conway RCo.43 d'une poussée de 100,1 kN (10 207 kp) chacun
Poids maximum au décollage : 146 060 kg
Vitesse maximale : 935 km/h
Autonomie : 11 600 km
Plafond : 11 580 m

Bell/Boeing V-22 Osprey

Avion bimoteur à rotors pivotants à usage militaire, avec double empennage et groupe propulseurs placés dans des nacelles orientables fixées à l'extrémité des ailes (vol initial du prototype le 19/03/1989). Cet appareil peut décoller et atterrir verticalement (VTOL), il peut décoller comme un hélicoptère et poursuivre ensuite son vol comme un avion en pivotant ses rotors de 90°. La phase critique est à cet égard la transition du vol en sustentation au vol horizontal. Après une longue période d'essais, la production en série pour l'armée de l'air, la marine de guerre et le corps des Marines des États-Unis a pu commencer.

Type : Bell/Boeing V-22
Pays de production : États-Unis
Utilisation : Avion à rotors pivotants
Envergure : 13,97 m
Diamètre du rotor : 11,58 m
Longueur de fuselage : 17,48 m
Motorisation : 2 moteurs Rolls-Royce AE 1107C-Liberty d'une puissance de 4 586 kW (6 235 CV) chacun fixés à des nacelles pivotantes
Poids maximum au décollage : 23 495 kg (en VTOL)
Vitesse maximale : 510 km/h
Autonomie : 1 182 km
Plafond : 7 925 m
Passagers : 24 soldats équipés + 2 membres d'équipage

Boeing C-97 Stratofreighter

Avion de transport quadrimoteur à ailes demi-surélevées à portée libre (vol initial le 09/11/1944), équivalent militaire du Boeing 377 civil. En se basant sur la technique du bombardier B-29, une version a en particulier été modifiée pour en faire un appareil de ravitaillement (KC-97) appelé à avoir une importante fonction d'appui lors d'opérations stratégiques. En tout, 888 appareils ont été produits en différentes versions de 1947 à 1958.

Type : Boeing C-97
Pays de production : États-Unis
Utilisation : Avion de transport
Envergure : 43,07 m
Longueur : 35,81 m
Motorisation : 4 moteurs Pratt & Whitney Wasp Major de 2 610 kW (3 561 CV) chacun
Poids maximum au décollage : 79 379 kg
Vitesse maximale : 604 km/h
Autonomie : 6 920 km
Plafond : 10 668 m
Passagers : 96 personnes équipées + 4 membres d'équipage

Boeing C-135 Stratolifter

Avion de transport quadriréacteur à ailes surbaissées à portée libre (vol initial en tant que KC-135 le 31/08/1956) conçu comme variante de base militaire parallèlement au Boeing 707 et destinée à assumer différentes tâches de transport et d'appui. Ces appareils sont depuis le plus longtemps au service de l'armée de l'air des États-Unis (USAF). La version sous forme d'avion de transport a été produite à 60 exemplaires.

Type : Boeing C-135 A (Boeing 717-157)
Pays de production : États-Unis
Utilisation : Avion de transport
Envergure : 39,90 m
Longueur : 41,00 m
Motorisation : 4 moteurs Pratt & Whitney J57-P-59W d'une poussée de 61,2 kN (6 233 kp) chacun
Poids maximum au décollage : 125 000 kg
Vitesse maximale : 970 km/h
Autonomie : 14 800 km
Plafond : 10 700 m
Équipage : 5 personnes
Chargement : 125 personnes ou 35 000 kg de fret

Boeing KC-135 Stratotanker

Avion de ravitaillement quadriréacteur (vol initial le 31/08/1956), pendant militaire du Boeing 707 civil, en service depuis la guerre du Vietnam jusqu'à l'opération « Tempête du désert » en Irak. En tout, 732 appareils ont été produits de 1954 à 1965 et quelques appareils (plusieurs fois modernisés) volent encore de nos jours.

Type : Boeing KC-135 E
Pays de production : États-Unis
Utilisation : Avion de ravitaillement
Envergure : 39,99 m
Longueur : 41,53 m
Motorisation : 4 moteurs Pratt & Whitney TF-33-PW-102 d'une poussée de 80 kN (8 154 kp) chacun
Poids maximum au décollage : 148 000 kg
Vitesse maximale : 852 km/h
Autonomie : 2 400 km
Plafond : 15 300 m
Équipage : 4–5 personnes
Chargement : 90,72 tonnes de kérosène

Boeing C-17 Globemaster III

Avion polyvalent de transport quadriréacteur (vol initial le 15/09/1991) ; mis en service en 1995 et utilisé depuis dans le monde entier pour des tâches militaires et humanitaires. Grâce à un ravitaillement dans les airs, le Globemaster peut pratiquement atteindre chaque point de la terre sans escales. Cet appareil doit continuer à être produit jusqu'en 2008.

Type : Boeing C-17 Globemaster III
Pays de production : États-Unis
Utilisation : Avion de transport
Envergure : 51,75 m
Longueur : 52,76 m
Motorisation : 4 turboréacteurs à double flux Pratt & Whitney F117-PW-100 d'une poussée de 180 kN (18 355 kp) chacun
Poids maximum au décollage : 265 352 kg
Vitesse maximale : 805 km/h
Autonomie : 4 500 km
Plafond : 13 716 m
Équipage : 3 personnes
Chargement : 102 personnes équipées ou 70 000 kg de fret

CASA C-212 Aviocar

Avion de transport bimoteur à ailes surélevées avec train d'atterrissage fixe. Cet appareil convient à un usage sur des places d'aviation non revêtues ou dans des régions non desservies. Au lieu d'emporter du fret, cet appareil peut aussi transporter 25 parachutistes ou 12 malades et 4 médecins. Différentes versions spéciales ont également été construites.

Type : CASA C-212-300
Pays de production : Espagne
Utilisation : Avion de transport
Envergure : 20,40 m
Longueur : 16,20 m
Motorisation : 2 moteurs Allied Signal TPE 331 10R de 493 kW (670 CV)
Poids maximum au décollage : 7 700 kg
Vitesse de marche : 308 km/h
Autonomie : max. 1 920 km
Plafond : 7 950 m
Équipage : 2 personnes
Chargement : 2 870 kg ou 25 parachutistes

Curtiss C-46 Commando

Avion de transport bimoteur à ailes demi-surélevées (vol initial le 26/03/1940). Cet avion est resté en retrait du célèbre DC-3/C-47, même si le Curtiss Commando était pour son époque le plus grand avion bimoteur du monde. En raison de leur autonomie et leur robustesse, les Commando ont avant tout été utilisés en Asie et dans le Pacifique.

Type : Curtiss C-46R
Pays de production : États-Unis
Utilisation : Avion de transport sur moyenne distance
Envergure : 32,92 m
Longueur : 23,30 m
Motorisation : 2 moteurs Pratt & Whitney R-2800-34 Double Wasp d'une puissance de 1 566 kW (2 130 CV) chacun
Poids maximum au décollage : 22 680 kg
Vitesse maximale : 435 km/h
Autonomie : 2 897 km
Plafond : 6 700 m
Équipage : 3-5 personnes
Chargement : 8 200 kg ou jusqu'à 62 passagers

DFS 230

Avion de transport non motorisé, planeur à ailes hautes affecté au transport de charges embarquées avec fuselage en tubes d'acier recouverts de tissu (vol initial en 1937). Cet appareil, dont l'existence était maintenue strictement secrète, a rencontré un vif succès au début de la guerre. Puis il a toujours été davantage affecté à des vols sanitaires et de ravitaillement, car sa capacité limitée à neuf soldats s'était révélée trop limitée. Environ 1 600 exemplaires ont été produits en différentes versions jusqu'en 1944.

Type : DFS 230 A-1
Pays de production : Allemagne
Utilisation : Planeur servant au transport de charges embarquées
Envergure : 21,98 m
Longueur : 11,24 m
Poids maximum au décollage : 2 100 kg
Équipage : 2 personnes
Armement : 1 mitrailleuse de 7,9 mm
Capacité : 9 passagers

Douglas C-47

Avion de transport bimoteur, version militaire du Douglas DC-3 (vol initial le 17/12/1935). Le C-47 (désigné aussi d'autres manières) constituait l'essentiel de la flotte nord-américaine d'avions de transport au cours de la Seconde Guerre mondiale. Des C-47 ont aussi été utilisés en grand nombre durant le pont aérien de Berlin.

Type : Douglas C-47
Pays de production : États-Unis
Utilisation : Avion de transport
Envergure : 29,98 m
Longueur : 19,66 m
Motorisation : 2 moteurs Pratt & Whitney R-1830-92 Twin Wasp d'une puissance de 895 kW (1 216 CV) chacun
Poids maximum au décollage : 13 190 kg
Vitesse de marche : env. 280–300 km/h
Autonomie : 2 160 km
Plafond : 7 350 m
Équipage : 4 personnes
Chargement : jusqu'à 3 400 kg
Armement : 3 mitrailleuses de 7,62 mm Minigun sur le côté gauche (Gunship I sur l'AC-47)

Douglas C-74 Globemaster

Avion de transport quadrimoteur à ailes surbaissées à portée libre (vol initial le 05/09/1945). Commandé à 50 exemplaires en 1942 à la force aérienne de l'armée des États-Unis sous forme d'avion de transport transatlantique. En raison de la fin de la guerre, seules 14 unités furent construites ; ces avions restèrent en service jusqu'en 1959 (ils furent entre autres aussi employés durant le pont aérien de Berlin). Les expériences faites avec le C-74 servirent au développement du C-124 Globemaster II.

Type : Douglas C-74
Pays de production : États-Unis
Utilisation : Avion de transport
Envergure : 37,86 m
Longueur : 13,34 m
Motorisation : 4 moteurs Pratt & Whitney R-4360-49 de 2 422 kW (3 293 CV) chacun
Poids maximum au décollage : 78 000 kg
Vitesse maximale : 500 km/h
Autonomie : 12 500 km
Plafond : 6 600 m
Équipage : 4–5 personnes
Chargement : 125 personnes ou 22 680 kg de fret

Douglas C-124 Globemaster II

Avion de transport quadrimoteur à ailes surbaissées (vol initial du prototype le 27/11/1949). Le C-124 Globemaster II a été développé à partir du Douglas C-74 Globemaster et livré en 448 exemplaires entre 1950 et 1955. Un plancher intermédiaire a été construit pour le transport de troupes. Les C-124 ont rempli des missions de transport et de ravitaillement diversifiées en Asie du sud-est. Ils se sont révélés économiques à l'emploi et sont restés en service jusqu'en 1974.

Type : Douglas C-124 C
Pays de production : États-Unis
Utilisation : Avion de transport
Envergure : 53,08 m
Longueur : 39,62 m
Motorisation : 4 moteurs Pratt & Whitney R-4360-63A Wasp Major d'une puissance de 2 800 kW (3 807 CV) chacun
Poids maximum au décollage : 88 225 kg
Vitesse maximale : 515 km/h
Autonomie : 6 480 km
Plafond : 5 600 m
Équipage : 8 personnes
Chargement : 200 personnes ou 31 070 kg de fret

Fairchild C-82 Packet

Avion de transport bimoteur à ailes hautes avec double empennage latéral relié par un empennage horizontal (vol initial le 10/09/1944). Certains de ces appareils ont aussi été utilisés lors du pont aérien sur Berlin. Le perfectionnement de cet avion déboucha sur la production du C-119.

Type : Fairchild C-82
Pays de production : États-Unis
Utilisation : Avion de transport
Envergure : 32,31 m
Longueur : 23,47 m
Motorisation : 2 moteurs Pratt & Whitney R-2800-85s d'une puissance de 1 566 kW (2 130 CV) chacun
Poids maximum au décollage : 24 493 kg
Vitesse maximale : 400 km/h
Autonomie : 3 440 km
Plafond : 8 230 m
Passagers : 41 parachutistes + 5 membres d'équipage

Fairchild C-119 Flying Boxcar

Avion de transport bimoteur à ailes surélevées avec nacelle de fuselage et double support d'empennage (1948). Redéfinition du C-82 Packet avec une section de fuselage plus aérodynamique (cockpit à l'extrémité avant) et des moteurs plus puissants. Au total 1184 appareils se déclinant en différentes versions ont été produits. Certains appareils reçurent dans les années 1960 un réacteur supplézmentaire sur le fuselage.

Type : Fairchild C-119
Pays de production : États-Unis
Utilisation : Avion de transport
Envergure : 33,32 m
Longueur : 26,36 m
Poids maximum au décollage : 33 780 kg
Motorisation : 2 moteurs Wright R-3350-85 Duplex Cyclone d'une puissance de 2 610 kW (3 550 CV) chacun
Vitesse maximale : 476 km/h à 5 200 m d'altitude)
Autonomie : 3 200–3 660 km
Plafond : 6 700 m
Chargement : 62 soldats / 35 civières ou 4 500 kg de fret

Fairchild AC-119 Gunship III

Avion de combat bimoteur à ailes hautes et double empennage, servant d'appui aux troupes aux sols et dérivant de l'avion de transport C-119 Flying Boxcar. Ces appareils ont surtout été employés comme avions d'assaut pendant la guerre du Vietnam. L'armement était typiquement concentré sur un côté du fuselage, l'avion effectuant un vol circulaire autour de son objectif et combattant avec son flanc « protégé ».

Type : Fairchild AC-119K
Pays de production : États-Unis
Utilisation : Avion de combat
Envergure : 33,30 m
Longueur : 26,36 m
Motorisation : 2 moteurs Wright R-23350-89W d'une puissance de 2 525 kW (3 433 CV) chacun, 2 turboréacteurs General Electric J85-GE-17 d'une poussée de 12,8 kN (1 293 kp) chacun
Poids maximum au décollage : 36 469 kg
Vitesse maximale : 402 km/h
Autonomie : 3 186 km
Équipage : 4–8 personnes
Armement : 2 canons automatiques de 20 mm, 4 mitrailleuses de 7,62 mm

Fairchild C-123 Provider

Avion de transport bimoteur à ailes hautes (vol initial du prototype le 14/10/1949) ; équipé ultérieurement, soit entre 1955 et 1968, de deux réacteurs supplémentaires avec un changement de désignation (C-123K). 320 appareils ont été produits en tout. Ils sont restés en service de 1955 à 1979, entre autres en tant qu'avions de sauvetage et au service des garde-côtes.

Type : Fairchild C-123
Pays de production : États-Unis
Utilisation : Avion de transport
Envergure : 33,53 m
Longueur : 23,09 m
Motorisation : 2 moteurs Pratt & Whitney R-2800-99W d'une puissance de 1 864 kW (2 534 CV) chacun
Poids maximum au décollage : 27 240 kg
Vitesse maximale : 394 km/h
Autonomie : 3 380 km
Plafond : 7 300 m
Équipage : 2 personnes
Chargement : 13 000 kg ou 62 personnes

General Aircraft Hamilcar

Planeur non motorisé destiné au transport de charges embarquées ; modèle à ailes hautes soutenu par les mâts du train d'atterrissage (vol initial du prototype le 27/03/1942). L'Hamilcar a été conçu pour le transport de véhicules ou de charges, avec une capacité permettant d'emporter un petit blindé de 7 tonnes ou deux jeeps, et ce spécialement en vue du débarquement en Normandie. Lors du « D-day » du débarquement, quelque 70 des 412 unités produites furent employées. Quelques appareils avaient été équipés de deux moteurs Bristol Mercury 31 pour faciliter le décollage.

Type : General Aircraft GAL 49
Pays de production : Grande-Bretagne
Utilisation : Planeur servant au transport de charges embarquées
Envergure : 33,53 m
Longueur : 20,73 m
Poids maximum au décollage : 16 329 kg
Vitesse maximale : 241 km/h
Autonomie : jusqu'à 2 700 km
Équipage : 2 personnes
Chargement : 40 personnes ou 8 000 kg de fret

Junkers Ju 52

Avion de transport trimoteur à ailes surbaissées à portée libre et structure entièrement métallique. Outre les versions civiles, des modèles militaires du Ju 52 ont déjà été produits et employés avant la Seconde Guerre mondiale. Durant la guerre civile espagnole, ils ont été utilisés par la légion Condor en tant que bombardiers d'appui et avions de combat pour des engagements nocturnes. Ils furent pour cela équipés d'emplacements pour mitrailleuses et de dispositifs pour larguer 1 500 kg de bombes. Durant la Seconde Guerre mondiale, le Ju 52 a constitué l'essentiel de la flotte de transport de l'armée de l'air allemande (Luftwaffe).

Type : Junkers Ju 52/3m g53
Pays de production : Allemagne
Utilisation : Avion de transport
Envergure : 29,95 m
Longueur : 19,90 m
Motorisation : 3 moteurs BMW 132 T de 610 kW (830 CV) chacun
Poids maximum au décollage : 10 500 kg
Vitesse maximale : 305 km/h
Autonomie : 1 300 km
Plafond : 5 500 m
Équipage : 3 personnes
Armement : 1 mitrailleuses de 13 mm (dans le cockpit), 2 mitrailleuses de 7,92 mm dans les fenêtres latérales

Junkers Ju 352

Avion de transport trimoteur à ailes surbaissées à portée libre et structure mixte en raison de la pénurie croissante de matériaux stratégiques tels que l'aluminium (vol initial le 01/10/1943). Jusqu'à l'interdiction définitive de construire des avions à plusieurs moteurs prise en automne 1944, 44 appareils avaient été livrés. La plupart d'entre eux ont volé dans le groupe des transports de grande capacité de la flotte aérienne du Reich allemand.

Type : Junkers Ju 352
Pays de production : Allemagne
Utilisation : Avion de transport
Envergure : 34,21 m
Longueur : 24,60 m
Motorisation : 3 moteurs Bramo 323B-2 d'une puissance de 735 kW (1 000 CV) chacun
Poids maximum au décollage : 19 600 kg
Vitesse de marche : 240 km/h
Autonomie : 1 700 km
Plafond : 6 000 m
Équipage : 3 personnes
Armement : 2 mitrailleuses 151/ 20 dans une tourelle placée sur le fuselage

Junkers Ju 290

Avion de transport quadrimoteur à ailes surbaissées à portée libre avec double empennage latéral (vol initial le 16/07/1942). Cet appareil constituait un perfectionnement de l'avion civil Ju 90. Les premiers avions livrés ont immédiatement été engagés dans le ravitaillement aérien de Stalingrad. Les appareils de la série A-5, employés comme avions de reconnaissance maritime et à longue distance, portaient des armes pouvant être larguées.

Type : Junkers Ju 290 A-5
Pays de production : Allemagne
Utilisation : Avion de transport, avion de reconnaissance maritime
Envergure : 42,00 m
Longueur : 28,64 m
Motorisation : 4 moteurs BMW 801 D-2 de 1 250 kW (1 700 CV) chacun au décollage
Poids maximum au décollage : 44 970 kg
Vitesse de marche : 360 km/h
Autonomie : 6 150 km
Plafond : 6 010 m
Équipage : 5-6 personnes
Armement : 2 tourelles avec chacune une mitrailleuse 151, une mitrailleuse 151 à l'arrière, 2 mitrailleuses dans les fenêtres latérales, une en dessous du poste de pilotage

Kawasaki C-1

Avion de transport biréacteur à ailes hautes en forme de flèche et empennage en T (vol initial le 12/11/1970). Ces avions devaient remplacer les anciens Curtiss C-46 employés par l'armée de l'air japonaise. Le chargement des marchandises encombrantes se faisait par une rampe placée à l'arrière.

Type : Kawasaki C-1A
Pays de production : Japon
Utilisation : Avion de transport
Envergure : 30,60 m
Longueur : 29,00 m
Motorisation : 2 moteurs Pratt & Whitney JT8D-9 d'une poussée de 64,5 kN (7 580 kp) chacun
Poids maximum au décollage : 45 000 kg
Vitesse de marche : 685 km/h
Autonomie : 3 350 km
Plafond : 12 000 m
Équipage : 5 personnes
Chargement : 60 soldats complètement équipés ou 45 parachutistes (max. 11 900 kg)

Lissounov Li-2

Avion de transport bimoteur à ailes surbaissées ; fabrication soviétique sous licence du Douglas DC-3 (depuis 1938). Des exécutions militaires ont été construites en série depuis 1943. Outre des tâches de transport, le Li-2WW (Variante Voyenny) a aussi assumé un rôle de bombardier sur le front de guerre.

Type : Lissounov Li-2WW
Pays de production : Union soviétique
Utilisation : Avion de transport
Envergure : 28,83 m
Longueur : 19,65 m
Motorisation : 2 moteurs M-62IR de 735 kW (1 000 CV) chacun
Poids maximum au décollage : 1 535 kg
Vitesse maximale : 270 km/h
Autonomie : 2 600 km
Plafond : 5 600 m
Équipage : 1–2 personne(s)
Armement : 3 mitrailleuses de 7,62 mm, 1 mitrailleuse de 12,7 mm, 1 000–2 000 kg de bombes ou de missiles

Lockheed C-130 Hercules

Avion de transport quadrimoteur (vol initial du prototype le 23/08/1954). Construit en plus de 40 versions (non seulement pour des tâches de transport, mais aussi comme avion de ravitaillement en carburant, de sauvetage en mer, d'observation météorologique, de surveillance et d'extinction des incendies), il est un des avions les plus construits au monde et les plus diversement utilisables.

Type : Lockheed C-130 H
Pays de production : États-Unis
Utilisation : Avion de transport
Envergure : 40,40 m
Longueur : 29,80 m
Motorisation : 4 turbines à hélice Allison T56-A-15 avec turbocompresseur à suralimentation de 3 160 kW (4 300 CV) de puissance chacune
Poids maximum au décollage : 79 380 kg
Vitesse maximale : 618 km/h
Autonomie : 8 120 km
Plafond : 8 070 m
Équipage : 5 personnes
Chargement : 19 350 kg de fret ou 128 soldats complètement équipés / 92 parachutistes

Lockheed AC-130

Avion de transport modifié, muni d'une plateforme d'armement se basant sur le C-130. Cet appareil de transport fut équipé de mitrailleuses Minigun et de canons automatiques à plusieurs recharges, afin de voler en cercle autour des objectifs et de les combattre ainsi avec le flanc « protégé » de l'avion.

Type : Lockheed AC-130A
Pays de production : États-Unis
Utilisation : Avion de transport et de combat
Envergure : 40,41 m
Longueur : 29,79 m
Motorisation : 4 moteurs Allison T56-A-7 d'une puissance de 3 020 kW chacun
Poids maximum au décollage : 70 300 kg
Vitesse de marche : 590 km/h
Autonomie : 2 400 km
Plafond : 7 570 m
Équipage : 13 personnes
Armement : 2 canons automatiques 40 mm, 2 canons automatiques de 20 mm, 4 mitrailleuses de 7,62 mm Minigun (tir de grenades de 105 mm sur l'AC-130H, canons de 25 mm sur le type AC-130U)

Lockheed C-141 Starlifter

Avion de transport stratégique quadrimoteur (premier vol le 17.12.1963) ; successeur du modèle à hélice des forces armées aériennes nord-américaines (USAF). Une rampe de chargement placée à l'arrière permet l'embarquement de charges volumineuses et encombrantes, mais celles-ci peuvent aussi, à l'instar des parachutistes, être larguées en vol. Les deux derniers appareils de ce type, en version C141B, ont été mis hors service par l'USAF en 2004.

Type : Lockheed C-141A
Pays de production : États-Unis
Utilisation : Avion de transport
Envergure : 48,80 m
Longueur : 44,20 m
Motorisation : 4 moteurs Pratt & Whitney TF-33P7 de 91 kN (9 280 kp) chacun
Poids maximum au décollage : 143 600 kg
Vitesse maximale : 919 km/h
Autonomie : 6 566 km
Plafond : 10 970 m
Équipage : 5 personnes
Chargement : 28 800 kg de fret ou 155 soldats équipés / 123 parachutistes / 80 civières

Lockheed C-5 Galaxy

Avion de transport quadriréacteur à ailes hautes à portée libre avec un empennage en T (vol initial du prototype le 30/06/1968), jusqu'en 1982 le plus grand avion du monde. L'espace intérieur a deux ponts qui peuvent être affectés de manière variable ou combinée pour le transport de passagers ou de fret. Après la construction de 8 avions d'essais et de 81 avions de série, la production a été interrompue en 1972. La version C-5B munie d'une voilure et d'une avionique améliorée est sortie en 1985 (vol initial le 10/09/1985). Grâce à un programme de modernisation complet, les Galaxy C-5B/C vont rester au service des forces armées aériennes nord-américaines jusqu'en 2040.

Type : Lockheed C-5B
Pays de production : États-Unis
Utilisation : Avion de transport
Envergure : 67,90 m
Longueur : 75,50 m
Poids maximum au décollage : 380 000 kg
Motorisation : 4 moteurs General Electric TF39-GE-1C d'une poussée de 195 kN (19 880 kp) chacun
Vitesse maximale : 932 km/h
Autonomie : 4 440 km
Plafond : 11 000 m
Équipage : 4–8 personnes
Chargement : max. 131 000 kg ou 345 soldats complètement équipés

Messerschmitt Me 321 Gigant

Planeur servant au transport de charges avec des ailes hautes haubannées (vol initial en mars 1941). Cet avion à été développé en 1940 vue de l'invasion de la Grande-Bretagne par l'opération « Loup de mer ». Il pouvait emporter un blindé P IV ou 200 soldats complètement équipés. Comme il n'y avait au début pas d'avions de remorquage adaptés à disposition, il fallait remorquer le Me 321 avec trois Messerschmitt Bf 110. Cependant, en cas de problèmes sur un des appareils remorqueurs en phase de décollage, c'est l'ensemble du convoi qui menaçait de s'écraser. L'avion remorqueur He-111 Z a ensuite été spécialement construit pour assumer cette tâche.

Type : Messerschmitt Me 321
Pays de production : Allemagne
Utilisation : Planeur servant au transport de charges embarquées
Envergure : 55,00 m
Longueur : 28,15 m
Poids maximum au décollage : 34 400 kg
Vitesse de marche : 180 km/h
Équipage : 3 personnes
Armement : 2-4 mitrailleuses de 15 mm

Nord Aviation N 2501 Noratlas

Avion de transport bimoteur à ailes surélevées à portée libre avec double empennage (vol initial le 30/11/1950). Cet appareil devait remplacer le Douglas C-47. Grâce à sa grande trémie de chargement à l'arrière, il pouvait aussi transporter des charges encombrantes. Le Noratlas a été utilisé par les armées de l'air de beaucoup de pays, entre autres aussi comme avion de transport dans les zones de combat et pour le débarquement de parachutistes.

Type : Nord Aviation N 2501
Pays de production : France
Utilisation : Avion de transport
Envergure : 32,50 m
Longueur : 21,96 m
Motorisation : 2 moteurs SNECMA Hercules 730 de 1 500 kW (2 040 CV) chacun
Poids maximum au décollage : 22 000 kg
Vitesse maximale : 440 km/h
Autonomie : 2 500 km
Plafond : 7 500 m
Équipage : 5 personnes
Chargement : 45 personnes ou 8 458 kg de fret

Transall C-160

Avion de transport militaire bimoteur à ailes surélevées (vol initial le 25/02/1963). Le Transall, développé en tant que projet commun franco-allemand, est en service depuis 1968, bien plus longtemps que ce qui était prévu à l'origine. Des modernisations et renforcements ont constamment eu lieu durant cette période. Le Transall doit être remplacé par l'Airbus A400M en 2010.

Type : Transall C-160
Pays de production : France, Allemagne
Utilisation : Avion de transport
Envergure : 40,00 m
Longueur : 32,40 m
Motorisation : 2 moteurs Rolls-Royce Tyne 20 MK 22 de 4 222 kW (5 740 CV) chacun
Poids maximum au décollage : 49 150 kg
Vitesse maximale : env. 513 km/h
Autonomie : max. 1 850 km
Plafond : 8 230 m
Équipage : 5 personnes
Chargement : 16 000 kg ou 96 personnes au maximum

Index alphabétique

Glossaire

Aviation générale : en anglais « General Aviation (GA) », aviation civile, majoritairement privée (vols privés et commerciaux, y compris les hélicoptères de secours entre autres) ; l'ensemble du trafic aérien civil à l'exception du trafic de ligne et charter effectué par les compagnies d'aviation. Elle comprend aussi bien les mouvements aériens effectués à vue que les vols effectués selon les règles de navigation aux instruments dans les espaces aériens contrôlés et non contrôlés. En se référant au nombre d'aéronefs et aux mouvements aériens (et non aux revenus provenant de trafic de voyageurs et du fret), l'aviation civile générale représente le plus important segment de l'aviation civile.

Appareil Lichtenstein : appareil radar qui équipa à partir de 1942 les chasseurs-bombardiers allemands engagés dans la Seconde Guerre mondiale.

APU : Auxiliary Power Unit = groupe auxiliaire de puissance, fournissant en règle générale de l'énergie électrique et le cas échéant l'air comprimé ou la pression hydraulique pour permettre un fonctionnement autonome des équipements de l'avion au sol sans que les turbines principales doivent fonctionner.

Avion à ailes demi-surélevées : désigne un avion dont les ailes sont placées à mi-hauteur du fuselage.

Avion à ailes hautes : désigne un avion dont les ailes sont placées au-dessous du niveau des yeux du pilote, mais cependant au-dessus du fuselage.
Avion à ailes parasol : désigne un avion dont les ailes porteuses sont placées tel un baldaquin au-dessus du siège du pilote.

Avion à ailes surbaissées : désigne un avion dont les ailes sont placées sous la face inférieure du fuselage.

Avion à ailes surélevées : désigne un avion dont les ailes sont placées au-dessus de l'arête supérieure du fuselage.

BOAC : British Overseas Airways Corporation, compagnie aérienne britannique créée en 1937, qui a donné naissance, après sa fusion intervenue avec British European Airways en 1974, à la compagnie British Airways.

Canards : disposition d'aile, respectivement disposition constructive d'un avion avec une voilure principale fortement décalée vers l'arrière et un empennage horizontal avancé vers l'avant du fuselage, donc placé devant les ailes.

Cobra de Pougatchev : redressement rapide du nez de l'avion en vol ascensionnel accompagné d'un énorme accroissement de la résistance de l'air, position verticale momentanée de l'avion, puis redressement, pour éviter une perte d'altitude à l'arrière, avec la partie frontale de l'avion dans le sens du vol, accélération et transition vers un vol horizontal.

ECM : abréviation de « Electronic counter Measures » (Contre-mesures électroniques). Moyen de combat électronique utilisant le spectre électromagnétique et qui doit empêcher ou limiter les possibilités d'un ennemi d'en faire de même et ainsi que servir respectivement à induire l'ennemi en erreur.

ECM : abréviation de « Electronic flight instrument system » (système d'information de vol électronique).

EICAS : abréviation pour « Engine indication and crew alerting system », soit le système électronique de surveillance des groupes propulseurs.

Entraînement à l'hydrogène : concept d'utilisation de carburant alternatif visant à remplacer le kérosène. Un avion Martin B-57 a déjà été équipé à titre d'essai de moteurs fonctionnant à l'hydrogène en 1957.

FAA : abréviation de « Federal aviation administration », soit l'autorité de surveillance du trafic aérien aux États-Unis.

FAI : Fédération aéronautique internationale, soit l'Organisation internationale non étatique et non commerciale pour la navigation aérienne et spatiale qui donne des informations sur les records établis et contrôle ceux-ci.

Glass cockpit (planche de bord tout écran) : désignation en jargon de l'aviation du système d'information de vol électronique dont l'affichage se fait par le biais d'écrans (d'où le nom en anglais).

ICAO : International civil aviation organisation, organisme dont le siège est à Montréal et qui a été fondée en 1944 suite à une convention sur l'aviation civile internationale.

IFR : pilotage d'un avion selon les règles de vol aux instruments (Instrument flight rules).

Licence ATPL : abréviation de « Airline Transport Pilot Licence » (en français : licence des pilotes de transport), délivré en Allemagne par l'office fédéral de l'aviation à Braunschweig et qui donne droit au pilotage commercial d'avions et d'hélicoptères en tant que pilote compétent.

NVA : abréviation désignant l'« Armée populaire nationale » (Nationale Volks - armee), soit les forces armées de l'ex-RDA (actives de 1956 à 1990).

Puissance effective : puissance d'un hélice ou d'une turbine à gaz mesurée sur l'arbre de transmission, la poussée résiduelle n'étant pas prise en considération.

RAF : Royal Air Force, désigne l'armée de l'air des forces armées britanniques. Outre la RAF, les forces navales (fleet air arm of the Royal Navy) et l'armée de terre (Army) disposent d'une force aérienne.

RLM : abréviation du Ministère de l'aviation du IIIe Reich (Reichsluftfahrtministerium), plus haute autorité allemande en matière d'aviation civile et militaire entre 1933 et 1945.

SAR : abréviation pour « Search and rescue » (recherche et sauvetage), service de recherche et de sauvetage en trafic aérien et maritime.

Schräge Musik : jargon de pilotes désignant les deux canons de 20 ou 30 mm qui se trouvaient derrière le cockpit et pouvaient tirer de biais vers le haut selon un angle de 65° à 80°. Ces canons équipaient les chasseurs nocturnes bimoteurs durant la Seconde Guerre mondiale. Ce dispositif permettait d'attaquer depuis en bas les bombardiers britanniques dans l'angle mort où ils ne disposaient pas de système de défense.

STOL : abréviation pour « Short take-off and landing », soit décollage et atterrissage courts.

STOVL : abréviation pour « Short take-off and vertical landing », soit décollage court et atterrissage vertical.

TNT : abréviation de trinitrotoluène, un explosif servant d'échelle de comparaison pour mesurer l'effet des substances explosives (appelés équivalents TNT).

Transition : passage d'un vol vertical à un vol horizontal ou vice-versa dans le cas d'avions à décollage et/ou atterrissage verticaux

Traité de Varsovie : alliance militaire des états à gouvernement communiste dirigée par l'Union soviétique (1955–1991) ; également appelé pacte de Varsovie en Europe de l'ouest.

USAAC : « United States army air corps », soit la désignation du corps aérien de l'armée des États-Unis de 1926 à 1941.

USAAF : « United States army air force », soit la désignation de la force aérienne de l'armée des États-Unis de 1941 à 1947.

USAF : « United States air force », soit la désignation de l'armée de l'air des États-Unis. Outre l'armée de l'air (USAF), la marine (Navy), l'armée de terre (Army), le corps des Marines, les garde-côtes et la garde nationale disposent d'une flotte considérable d'avions et d'hélicoptères.

VSTOL : abréviation pour « Vertical short take-off and landing », soit décollage et atterrissage courts/verticaux.

VTOL : abréviation pour « Vertical take-off and landing », soit décollage et atterrissage verticaux.

Crédits photographiques

AERO Vodochody a.U Letiste, République tchèque : 21 en bas
AeroAuctioneer, Neufra/Riedlingen : 103 en bas à g.
Airbus S.A.S., Cesson Sévigné, France : 5 8. Image du haut., 15, 26 au milieu, 27 en haut, 234/235, 236 en bas
AirNikon, airliners.net : 21 en haut, 198 au milieu
Airport Brussels, Belgique : 99 en bas.
Airport Journals, Main, U.S.A. : 76 en haut
AirTran Airways, airtran.com : 44 en bas
andis-hangar.com : 159 en haut, 200 au milieu
Archiv Fred Müller-Romminger, Bad Reichenhall : 151 en haut
Archiv-Fliegerrevue, Berlin : 32 en bas, 36 en haut, 36 en bas, 60 en haut
Beechcraft Vertrieb & Service GmbH, Augsbourg : 37 en haut, 37 en bas
Olaf Bichel, Munich: 197 en haut, 197 en bas, 242 en haut
Bildarchiv AirKraft, Mayence : 5 7. Image du haut, 8, 9 à g., 31 en haut., 33 en bas, 39 en bas, 40 en haut, 41 au milieu, 47 en bas à g., 51 en haut, 52 en bas, 53 en haut, 55 en bas, 57 en haut, 58 en haut, 68 en bas, 69 en haut, 72 en haut, 85 en bas à g., 88 au milieu, 88 en bas, 98 en haut, 115 en haut, 115 en bas, 118 en haut, 120 en haut, 127 en bas, 128 en haut, 128 en bas, 129 en bas, 149 en haut, 171 en bas, 187 au milieu, 201 en haut, 207 en haut, 210 en haut, 213 en haut, 215 en bas, 216/ 217, 218, 220 en haut, 220 en bas, 223 en bas à g., 224 en bas, 225 en haut, 227 en bas, 233 en bas
Detlef Billig, Berlin : 28 en bas, 30 en bas, 35 en bas, 48 en haut, 54 en haut, 68 en haut, 84 en bas, 88 en haut, 177 en haut à dr.
boeing.com, U.S.A. : 45 en bas
Bombardier Inc., Montreal, Canada : 46 en haut, 46 en bas, 47 en haut, 49 en bas, 76 en bas, 77 en bas, 77 en haut
Boulton Paul Association, Royaume-Uni : 171 au milieu
Nico Braas, Almere-Buiten, Pays-Bas : 99 en haut, 111 en bas, 119 en haut, 124 en haut, 125 en bas, 146 au milieu, 146 en bas, 148 en bas, 148 en haut, 177 en bas, 180 au milieu, 186 en bas, 190 en bas, 200 au milieu, 219 en haut, 220 au milieu, 225 en bas, 243 en haut, 146 en haut, 247 en haut, 251 en haut
Antonio Camarasa, airliners.net : 90 en haut
Michael Carter, airliners.net : 123 en haut
Cessna Aircraft Company, Wichita, U.S.A. : 50 en haut, 50 au milieu, 50 en bas
Dassault Falcon Jet Corp., South Hackensack, U.S.A. : 52 en haut
Deutsches Wehrkundearchiv, Herford : 11 en haut à g., 11 en haut à dr., 11 en bas, 28 en haut, 34 au milieu, 34 en haut, 38 au milieu, 38 en bas, 63 au milieu, 63 en bas, 64 en bas, 64 en haut, 73 en bas, 83 en haut, 95 en bas, 105 en bas, 106 en bas, 114 en haut, 114 en bas, 121 en bas, 121 en bas, 122 en bas, 127 en haut, 132 en haut, 133 en haut, 133 en bas, 136 en haut, 136 au milieu, 140 en haut, 146 au milieu, 147 en haut, 147 en bas, 150 en haut, 150 au milieu, 154 en haut, 158 en haut, 158 en bas, 160 au milieu, 160 en bas, 164 en haut, 165 en bas, 169 en haut, 169 au milieu, 169 en bas, 170 en bas, 182 en bas, 187 en haut, 191 en haut, 196 en bas, 202 en haut, 209 en bas, 219 au milieu, 219 en bas, 221 en bas, 225 au milieu, 232 en haut
Frank Doering, flugzeugbilder.de : 48 en haut
Antonio Camarasa, airliners.net : 30 en haut
Ralph Duenas, airlinespotters : 21 au milieu
Ron Dupas, 1000aircraftphotos.com : 140 en bas, 144 en bas, 146 en haut, 181 en bas, 194 en haut
Dutch Airforce, Netherlands : 102 en haut
EADS Deutschland GmbH, Munich : 60 en bas
edcotescollection.com, photo : Courtesy of Geoff Goodall : 105 au milieu
EL AL-Airlines,elal.co.il : 44 au milieu
Embraer S.A., São José dos Campos, Brésil : 61 en haut, 61 au milieu, 61 en bas, 62 en haut, 62 en bas, 63 en haut
Leonid Faerberg, airliners.net : 117 en haut
Federal Aviation Administration Fairbanks ATCT, Alaska, U.S.A. : 152 en bas
Richard Ferriere, airliners.net : 90 en bas
Flap International, Brésil : 25 en bas à g.
Flughafen Dresden GmbH, Dresde : 20
Flugzeugbau Rolf Helmrich, Großpösna : 98 en bas
Foto Galerie Koninklijke Marine, La Haye, Pays-Bas 223 en haut
Photographe inconnu : 144 au milieu
Stephen Galea, jetpilot.dk : 13 à gauche, 101 en bas, 143 en haut, 184 en haut, 188 en bas, 198 en bas, 240 en bas
Bob Garrard, airliners.net : 51 en bas, 82 en haut, 83 en bas
U. Grüschow, Berlin : 133 au milieu 143 en bas, 212 en bas, 237 en haut
Gulfstream Aerospace Corporation, Dallas/ Texas, U.S.A. : 66 en bas, 67 en haut.
Gareth Hector, hyperscale.com : 187 en bas
Hans Rolink, Scheemda, Pays-Bas : 84 en haut
Werner Horvath, airliners.net : 139 en haut, 173 en haut, 177 en haut à g., 179 en bas, 180 en bas, 186 en haut, 237 en bas
Richard Hunt, airliners.net : 120 en bas
Iliouchine Aircraft, Moscou, Russie : 227 en haut à g.
Interlake International Pilot Training, Manitoba, Canada : 86 en haut
iwmcollectionsmorg.uk : 202 en bas à droite
JSADF, Japon : 232 en bas
Junkers Bildarchiv, S+P Media AG, Munich : 73 en haut, 72 en bas, 105 en haut, 228 en haut
Stefan Kessler, airliners.net : 106 en haut
Eberhard Kirschner, Glattbrugg, Suisse : 190 en bas, 199 en bas, 211 en haut, 212 en haut, 241 en haut, 245 en bas, 251 au milieu
Kogo, wikipedia.org : 107 en haut
Manfred Kretzschmar, Berlin : 38 en haut
W.T. Larkins, 1000aircraftphotos.com : 125 au milieu
D. Lausberg, jetphotos.de : 238 en bas, 241 en haut, 249 en haut, 250 en bas, 251 en bas
Phil Lee of First Air, U.S.A. : 34 en bas
Ruud Leeuw, ruudleeuw.com : 70 en haut
Joachim Lippl, airliners.net : 109 en bas
Brian Lockett, Goleta Air & Space Museum, U.S.A. : 226 en haut
Lockheed Aeronautics Company, Wichita, U.S.A. : 193 en haut, 193 en bas
luftarchiv.de : 39 en haut
Lufthansa-Archiv, Francfort : 14, 41 en bas, 42 en haut, 43 en bas, 49 au milieu, 74 en haut, 75 en bas à gauche
Chris Makerson, airliners.net : 123 en bas
Rolf Manteufel, www.planeboys.de : 27 en bas
Alfredo la Marca, airliners.net : 119 en bas à droite
Andy Martin, jetphotos.net : 49 en haut
Jean Martorell, airliners.net : 119 en bas à g.
Frank Mink, airliners.net : 5 3. Image du haut, 96/97
Mitteldeutscher Rundfunk, Leipzig : 102 en bas
Motivschmiede, Kassel : 9 à droite, 56 en haut, 74 en bas, 75 en haut, 79 en haut, 100 en haut, 125 en haut, 188 en haut
Darren Mottram, airliners.net : 54 en bas à droite
NASA, Washington DC, U.S.A. : 13 à dr., 16, 17, 139 en bas, 226 en bas
U. Noble, United Kingdom Flying Displays and Museum, Royaume-Uni : 144 en haut
Grzesiek Okruszek, airliners.net : 110 en haut
Old Rhinebeck Aerodrome, Rhinebeck/NY, U.S.A. : 100 au milieu
PAN-AM Airlines History, U.S.A. : 40 en bas, 41 en haut
Den Pascoe, airliners.net : 126 en haut
Yevgeny Pashin, airliners.net : 117 en bas
Pegase.tv, La Haye Fouassière, France : 79 en bas
Adrian Pingstone, airliners.net : 95 en haut, 164 en bas
Gerhard Plomitzer, airliners.net : 33 en haut, 47 en bas à dr, 53 en bas, 54 en bas à dr., 67 en bas, 81 en haut, 94 en haut, 94 en bas, 95 au milieu, 138 en bas, 142 au milieu, 145 en bas, 151 en bas, 159 en bas, 170 en haut, 174 en bas, 175 en bas, 176 en haut, 176 en bas, 178 au milieu, 178 en bas, 178 en bas, 179 en haut, 180 en haut, 183 en bas, 185 en haut, 185 en bas, 189 en bas, 192 en haut, 192 au milieu, 195 en bas à g.,196 en haut, 199 en haut, 200 en bas, 205 en haut, 206 en bas, 209 en haut, 215 en haut, 223 en bas à g., 227 en haut à dr., 230 en bas, 230 au haut, 239 au haut, 246 en bas, 250 en haut
Polskie Zaklady Lodnice Sp.z.o.o., Mielec, Pologne : 87 en bas à droite
Pressestelle Berliner Flughäfen : 12
Pressestelle Berliner Flughäfen, photo G. Wicker : 5 2. Image du haut, 18/19
Pressestelle Berliner Flughäfen, photo L. Schönfeld : 10 à dr, 43 en haut, 43 au milieu, 56 au milieu, 70 en bas, 78 en bas à g., 80 en bas, 82 au milieu, 122 en haut
Fred Quackenbusch, airliners.net : 124 en bas
Patrick Ranfranz, charleslindbergh.com, U.S.A. : 111 en haut
Raytheon Company, Waltham, U.S.A. : 36 au milieu
Sergey Riabsev, airliners.net : 87 en haut
Ian Robertson, airliners.net : 202 en bas à g.
Royal Air Force (RAF) Museum, Royaume-Uni : 132 en bas 158 au milieu
Russian Aircraft Corporation MiG, Moscou Russie : 189 en haut, 200 en haut
Musée de l'aviation russe, Moscou, Russie : 75 en bas à dr, 91 en haut, 91 en bas, 104 en bas, 116 en bas, 149 au milieu, 154 en bas, 156 en bas, 191 en bas, 198 en haut
Saab AB, photographe : Ingemar Thuresson, Suède : 207 en bas
saab-club.com : 157 en bas
Jerry Search, airliners.net : 126 en bas
Sukhoï Company (JSC), Moscou, Russie : 89 en haut, 89 en bas
Musée de l'aviation de Pékin, Chine : 116 en haut
Thorbjörn Brunander Sund, aviation danoise Photo, airliners.net : 110 en bas
Peter Tonna, airliners.net : 78 en bas à droite
Tupolev Aviation, Moscou, Russie : 93 en bas
UK Flying Displays and Museum, airmuseumsuk.org : 107 en bas
United States Air Force (USAF), U.S.A. : 5 5. Image du haut, 6ème image depuis le haut, 10 à g. 129 en bas, 130/131, 134 en haut, 134 en bas, 135 en haut, 135 en bas, 136 en bas, 137 en haut, 137 en bas, 138 en haut, 141 en haut, 141 en bas, 142 en haut, 142 en bas, 150 en bas, 152 en haut, 153 en haut, 153 en bas, 155 en bas, 156 en haut, 165 en haut, 166/167, 170 au milieu, 171 en haut, 173 en bas, 146 en haut, 174 au milieu, 181 en haut, 182 en haut, 183 en haut, 192 au milieu, 194 en bas, 195 en haut, 203 en haut, 203 au milieu, 203 en bas, 204 en haut, 204 en bas, 206 en haut, 206 au milieu, 214 en bas, 222 en bas, 222 en haut, 224 en haut, 224 au milieu, 228 en bas, 229 en haut, 229 en bas, 231 en haut, 231 en bas, 239 en bas, 240 en haut, 241 en bas à dr., 242 en bas, 243 en bas, 244 en bas, 244 en haut, 245 en haut, 247 en bas, 249 en bas
U.S. Navy, Washington DC, U.S.A. : 145 en haut, 172 en haut, 184 en bas
Norm Vargas, aerocon@earthlink.net : 80 en haut
vespa.dk : 108 en haut
Christian Waser, Horw, Suisse : 5 1. Image du haut, 4ème image depuis le haut, 6/7, 22 en bas, 22 en haut, 23 en haut, 23 au milieu, 23 en bas, 24 en haut, 24 en bas, 25 en haut, 25 en bas à dr., 26 en haut, 26 en bas, 29 en haut à g., 29 en haut à dr., 29 en bas, 31 en bas, 32 en haut, 35 en haut, 42 en bas, 44 en haut, 45 au haut, 48 au milieu, 55 en haut, 56 en bas, 57 en bas, 58 au milieu, 58 en bas, 59 au haut, 59 en haut, 65 en bas, 65 en haut, 66 en haut, 66 au milieu, 70 au milieu, 71 en bas, 71 en haut, 78 en haut, 81 en bas, 82 en bas, 85 en haut, 85 en bas à dr, 86 en bas, 87 en bas à g. 92 en haut, 92 au milieu, 92 en bas, 93 en haut, 93 au milieu, 94 au milieu, 100 en bas, 101 en haut, 103 en bas à dr., 104 au haut, 108 au milieu, 108 en bas, 109 en haut, 111 au milieu, 112/113, 149 en bas, 155 en haut, 156 au milieu, 157 en haut, 160 en haut, 161 en haut, 161 en bas, 162 en haut, 162 en bas, 163 en haut, 163 en bas, 168 en haut, 168 en bas, 172 en bas
Gordon S. Williams from the collection of W. T. Larkins, ronsarchive.com : 118 en bas
Russell Williams, russellw.com : 103 en haut
Andreas Zeitler, Munich : 175 en haut, 189 au milieu, 201 en bas, 211 en bas, 221 en haut, 248 en haut